普通高等教育"十三五"规划教材

机械与电气安全

吕建国 刘小刚 苏贺涛 编著

北 京

冶金工业出版社

2024

内 容 简 介

　　本书紧密结合工程实践，较全面地介绍了工业生产中的机械与电气安全知识。全书共十章，内容包括机械安全基础、危险机械安全技术、热加工安全技术、机械安全风险评价、电气安全基础、电击防护技术、电气线路与设备安全、电气防火防爆、雷电和静电安全、电气安全管理。本书具有较强的针对性和实用性，且为方便自学，每章均设置了知识框架结构图、知识导引、重点及难点、学习目标、小结、自测题和参考答案。

　　本书可作为高等院校安全工程专业的教学用书，也可供从事安全生产的技术人员、管理人员和操作人员参考。

图书在版编目（CIP）数据

　　机械与电气安全/吕建国，刘小刚，苏贺涛编著 . —北京：冶金工业出版社，2019.4（2024.8 重印）
　　普通高等教育"十三五"规划教材
　　ISBN 978-7-5024-8046-2

　　Ⅰ . ①机… 　Ⅱ . ①吕… 　②刘… 　③苏… 　Ⅲ . ①机械工程—安全技术—高等学校—教材 　②电气安全—高等学校—教材 　Ⅳ . ①TH188 ②TM08

　　中国版本图书馆 CIP 数据核字（2019）第 058612 号

机械与电气安全

出版发行	冶金工业出版社	**电　话**	（010）64027926
地　　址	北京市东城区嵩祝院北巷 39 号	**邮　编**	100009
网　　址	www.mip1953.com	**电子信箱**	service@ mip1953.com

责任编辑　徐银河　王梦梦　美术编辑　吕欣童　版式设计　禹　蕊
责任校对　卿文春　责任印制　窦　唯
三河市双峰印刷装订有限公司印刷
2019 年 4 月第 1 版，2024 年 8 月第 5 次印刷
787mm×1092mm　1/16；17 印张；409 千字；263 页
定价 45.00 元

投稿电话　（010）64027932　投稿信箱　tougao@cnmip.com.cn
营销中心电话　（010）64044283
冶金工业出版社天猫旗舰店　yjgycbs.tmall.com
（本书如有印装质量问题，本社营销中心负责退换）

前　　言

　　机械设备种类繁多，应用广泛。自动化、智能化的机械设备正在成为工业、农业和人们生活必不可少的重要部分，机械设备本质安全正在成为企业发展和社会和谐的重要标志之一。电能是现代化的基础，已经广泛应用于国民经济的各个部门并深入人们的日常生活之中。随着经济的发展，机械与电气安全问题显得越来越重要。为了在机械的设计、制造、安装、使用、维护等各过程以及发电、送电、变电、配电、用电等各环节中，保障机械与电气设备的本质安全、操作人员的作业安全以及加强各个环节的安全管理，在安全工程专业培养方案中机械与电气安全已被设置为专业主干课程。

　　本书侧重安全技术，以机械与电气危险因素和安全方法为主要叙述对象，重点阐述预防机械与电气事故的理论、技术和方法。主要内容包括机械安全基础、危险机械安全技术、热加工安全技术、机械安全风险评价、电气安全基础、电击防护技术、电气线路与设备安全、电气防火防爆、雷电和静电安全、电气安全管理。在介绍机械的设计、制造、安装、使用、维护保养各过程和发电、送电、变电、配电、用电各环节安全基本常识的基础上，阐述了机械与电气线路设备产生的危险有害因素和主要伤害形式及机理，同时讲述了防止机械和电气事故的措施和基本方法。

　　为帮助学生自学，本书每章开始的内容提要均设置了知识框架结构图、知识导引、重点难点、学习目标等，每章后有小结、自测题，扫描封面二维码可获取自测题参考答案。

　　本书由吕建国、刘小刚、苏贺涛撰写，申奇锦、陈蕊、佟彤也参与了部分编写工作。杨有启教授对本书电气安全部分进行了审阅并提出了许多宝贵意见，程五一教授也对本书提出了许多宝贵意见和建议，在此表示衷心的感谢！同时对本书所有参考文献的作者表示衷心感谢！

　　由于作者水平有限，书中不妥之处欢迎广大读者批评指正。

作　者

2018 年 12 月

目　　录

第一章　机械安全基础

本章内容提要

1. 知识框架结构图

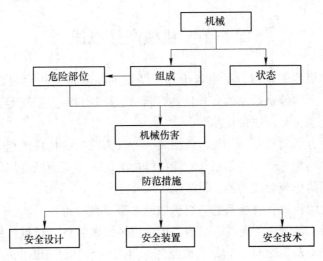

2. 知识导引

现代机械是集多学科技术于一身的复杂系统，其使用范围广，是人类进行生产经营活动不可或缺的重要工具。人类对机械安全的认识与经济发展的不同形态和人类的劳动方式紧密相关，大致经历了安全自发认识、安全局部认识、系统安全认识和安全系统认识四个阶段。

在机械系统中，与安全相关的有人的行为、物（机械、作用对象或物料和作业场所环境）的状态、安全管理水平三要素。机械安全是由组成机械的各部分及整机的安全状态、使用机械的人的安全行为以及机械和人的和谐关系来保证的。因此必须采用系统安全的观点和方法，从人、物、物与人关系三方面来解决机械系统的安全问题。

3. 重点及难点

本章通过对机械产品的组成和状态的概述，重点阐述机械的危险因素以及机械伤害事故的种类和产生原因，在此基础上提出机械本质安全设计、机械安全装置、机械伤害事故的防范措施及安全技术。

4. 学习目标

通过本章的学习，应达到以下目标：

（1）了解机械产品主要类别；

（2）了解机械的组成与状态；

（3）熟悉常用机械的主要危险部位及防护；

（4）掌握机械伤害事故的种类、原因及预防对策；

（5）熟悉机械本质安全设计及要求；

（6）掌握机械安全装置；

（7）掌握机械制造场所安全技术。

5. 教学活动建议

搜集机械伤害事故的历史事件，课间播放相关视频以提高读者学习兴趣。可结合实际情况，针对机械的主要危险部位、机械伤害事故、本质安全、安全装置等内容组织现场教学。

第一节　机械产品概述

机械是机器和机构的总称，是由若干相互联系的零部件按一定规律装配起来的组合体，其中至少有一个零件是运动的，并且具有制动、控制和动力系统等。这种组合体可进行物料加工、搬运、包装、质量检测等。

机械具有三个方面的特征：首先，机械是一种人为的实物构件的组合；其次，机械各部分之间具有确定的相对运动；第三，它能把施加的能量转变为最有用的形式，代替人类的劳动以完成有用的机械功或转换成机械能。

机械包括单台的机械、有联系的一组机械或大型成套设备。

机械工业是指机器制造工业，它是为各行业提供机械装备（机械产品）的产业。机械工业素有"工业的心脏"之称。它是其他经济部门的生产手段，也可说是一切经济部门发展的基础。它的发展水平是衡量一个国家工业化程度的重要标志。

只要是与机械有关的行业都可以说是机械行业，机械行业与国民经济密切相关，属于周期性行业，同时属于资本、技术及劳动力密集型产业。机械行业内部子行业众多，产品覆盖范围广泛，机械行业系统生产的机械产品分为12类。

（1）农业机械：拖拉机、内燃机、播种机、收割机等。

（2）重型矿山机械：冶金机械、矿山机械、起重机械、装卸机械设备等。

（3）工程机械：叉车、铲土运输机械、压实机械、混凝土机械等。

（4）石化通用机械：石油钻采机械、炼油机械、化工机械、气体压缩机、制冷空调机械、造纸机械、印刷机械、塑料加工机械、制药机械等。

（5）电工机械：发电机、变压器、电动机、高低压开关、电焊机、家用电器等。

（6）机床：金属切削机床、锻压机械、铸造机械、木工机械等。

（7）汽车：载货汽车、公路客车、轿车、改装汽车、摩托车等。

（8）仪器仪表：自动化仪表、电工仪器仪表、光学仪器、成分分析仪、汽车仪器仪表、电料机械、电教设备、照相机等。

（9）基础机械：轴承、液压件、密封件、粉末冶金制品、标准紧固件、工业链条、齿轮、模具等。

（10）包装机械：充填机、灌装机、封口机、裹包机、贴标签机、捆扎机、集装机以及自动包装线等。

（11）环保机械：水污染防治设备、大气污染防治设备、固体废物处理设备等。

（12）其他机械。

非机械行业系统生产的主要机械产品有铁道机械、建筑机械、纺织机械、轻工机械、船舶机械等。

根据我国对机械设备安全管理的规定，借用欧盟机械指令中危险机械的概念，从机械使用安全卫生的角度，可以将机械设备分为3类：

（1）一般机械：事故发生概率很小，危险性不大的机械设备。例如：数控机床、加工中心等。

（2）危险机械：危险性较大的、人工上下料的机械设备。例如：木工机械、冲压剪切机械、塑料（橡胶）注射或压缩成型机械等。

（3）特种设备：涉及生命安全、危险性较大的设备设施，例如：承压类设备（锅炉、压力容器和压力管道）、机电类设备（电梯、起重机械、客运索道和大型游乐设施）和厂内运输车辆等。

本书只讨论一般机械和危险机械的安全问题。

第二节　机械的组成与状态

一、机械的组成

机械一般由原动机、传动机构、执行机构、控制系统和支撑装置组成，其结构如图1-1所示。

原动机是机械工作运动的动力源。常用的原动机有电动机、内燃机、人力或畜力（常用于轻小设备或工具，作为特殊场合的辅助动力）和其他形式。

执行机构也称为工作机构，是实现机械应用功能的主要机构。通过刀具或其他器具与物料的相对运动或直接作用，改变物料的形状、尺寸、状态或位置。执行机

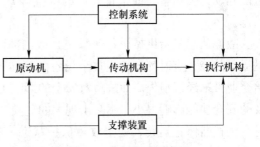

图 1-1　机械组成示意图

构是区别不同功能机械的最有特点的部分，它们之间的结构组成和工作原理往往有很大差别。执行机构及其周围区域是操作者进行作业的主要区域，称为操作区。

传动机构用来将原动机与执行机构联系起来，传递运动和力（或力矩），或改变运动形式。对于大多数机械，传动机构将原动机的高转速低转矩，转换成执行机构需要的较低速度和较大的力（或力矩）。常见的传动机构有齿轮传动、带传动、链传动、曲柄连杆机构等。传动机构包括除执行机构之外的绝大部分可运动零部件。不同功能机械的传动机构可以相同或类似，传动机构是各种不同机械具有共性的部分。

控制系统是人机接口部位，可操纵机械的启动、制动、换向、调速等运动，也可控制

机械的压力、温度或其他工作状态，包括各种操纵器和显示器。显示器可以把机械的运行情况实时反馈给操作者，以便操作者通过操纵器及时、准确地控制、调整机械的状态，保证作业任务的顺利进行，防止发生事故。

支撑装置是用来连接、支撑机械的各个组成部分，承受工作外载荷和整个机械的重量，是机械的基础部分，分为固定式和移动式两类。固定式支撑装置与地基相连（例如机床的基座、床身、导轨、立柱等），移动式支撑装置可带动整个机械运动（例如可移动机械的金属结构、机架等）。支撑装置的变形、振动和稳定性不仅影响加工质量，还直接关系到作业的安全。

此外，还有附属装置，包括安全防护装置、润滑装置、冷却装置、专用的工具装备等，它们对保护人员安全、维持机械的稳定正常运行和进行机械维护保养起着重要的作用。

二、机械的状态

机械安全的源头在设计，质量保证在制造。机械的安全性集中体现在使用阶段中诸环节的各种状态。一般将机械的状态划分为3种。

（一）正常工作状态

正常工作状态是指在机器完好的情况下，机器完成预定功能的正常运转过程中，存在着各种不可避免的但却是执行预定功能所必须具备的运动要素，有些可能产生危害后果。

（二）非正常工作状态

非正常工作状态是指在机器运转过程中，由于各种原因（可能是人员的操作失误，也可能是动力突然丧失或来自外界的干扰等）引起的意外状态，包括故障状态和检修保养状态。

故障状态是指机械设备（系统）或零部件丧失了规定功能的状态。设备的故障，哪怕是局部故障，有时都会造成整个设备的停转，甚至整个流水线、整个自动化车间的停产，给企业带来经济损失。而故障对安全的影响可能会有两种结果。有些故障的出现，对所涉及的安全功能影响很小，不会出现大的危险。例如，当机器的动力源或某零部件发生故障时，使机器停止运转，处于故障保护状态。有些故障的出现，会导致某种危险状态。例如，由于电气开关故障，会产生不能停机的危险；砂轮轴的断裂，会产生砂轮飞甩的危险；速度或压力控制系统出现故障，会产生速度或压力失控的危险等。

检修保养状态是指对机器进行维护和修理作业时（包括保养、修理、改装、翻建、检查、状态监控和防腐润滑等）机器的状态。尽管检修保养一般在停机状态下进行，但其作业的特殊性往往迫使检修人员采用一些超常规的做法。

（三）非工作状态

非工作状态指机器停止运转处于静止的状态，在正常情况下，机械基本是安全的；但不排除由于环境照度不够，导致人员与机械悬凸结构的碰撞、结构垮塌、室外机械在风力作用下的滑移或倾覆、堆放的易燃易爆原材料的燃烧爆炸等。

第三节　机械设备的危险部位及防护

一、机械的危险区

危险区是指使人员面临损伤风险的机械内部或周围的某一区域。就大多数机械而言，机械的危险区主要在传动机构、执行机构及其周围区域。传动机构和执行机构集中了机械上几乎所有的运动零部件，它们种类繁多、运动方式各异、结构形状复杂、尺寸大小不一，即使在机械正常状态下进行正常操作时，也有可能由于机械能释放或非正常传递而形成危险区。

由于传动机构在工作中不需要与物料直接作用，在作业前调整好后，作业过程中基本不需要操作者频繁接触，所以经常用各种防护装置进行隔离或封装。只要保证防护装置处在完好状态，就可以较好地解决接触性伤害的安全问题。而执行机构及周围的操作区情况较为复杂，由于在作业过程中需要操作者视机器的运行状况不断地调整机械状态，人体的某些部位不得不经常进入或始终处于操作区，使操作区成为机械伤害的高发区，因此成为安全防护的重点，而且不同种类机械的工作原理区别很大，表现出来的危险有较大差异，因此又成为安全防护的难点。

二、机械设备危险部位

机械设备可造成碰撞、夹击、剪切、卷入等多种伤害，主要危险部位包括：

（1）旋转部件和成切线运动部件间的咬合处。如动力传输皮带和皮带轮、链条和链轮、齿条和齿轮等。

（2）旋转的轴。如联轴器、心轴、卡盘、丝杠等。

（3）含有凸块或空洞的旋转部件。如风扇叶、凸轮、飞轮等。

（4）对向旋转部件的咬合处。如齿轮、轧钢机、橡胶开炼机、混合辊等。

（5）旋转部件和固定部件的咬合处。如辐条手轮或飞轮和机床床身、旋转搅拌机和无防护开口外壳搅拌装置等。

（6）接近类型。如锻锤的锤体、动力压力机的滑枕等。

（7）通过类型。如金属刨床的工作台及其床身、剪切机的刀刃等。

（8）单向滑动。如带锯边缘的齿、砂带磨光机的研磨颗粒、凸式运动带等。

（9）旋转部件与滑动之间的危险。如某些平板印刷机面上的机构、纺织机床等。

三、机械传动机构的防护

机械设备常见的传动机构有啮合传动机构、皮带传动机构、联轴器等。这些机构的高速旋转易造成卷入、绞伤等事故，因而有必要把传动机构危险部位加以防护，以保护操作者的安全。

为了保证机械设备的安全运行和操作人员的安全和健康，所采取的安全措施一般可分为直接、间接和指导性三类。直接安全技术措施是在设计机器时，考虑消除机器本身的不安全因素；间接安全技术措施是在机械设备上采用和安装各种安全有效的防护装置，克服在使用过程中产生的不安全因素；指导性安全技术措施是制定机器安装、使用、维修的安全规定及设置标志，以提示或指导操作程序，从而保证安全作业。

（一）啮合传动机构的防护

啮合传动有齿轮（直齿轮、斜齿轮、伞齿轮、齿轮齿条）啮合传动、蜗轮蜗杆传动、链条传动等。在齿轮传动机构中，两轮开始啮合的地方最危险。

齿轮传动机构必须装置全封闭型的防护装置。在机器外部绝不允许有裸露的啮合齿轮，不管啮合齿轮处在何种位置，因为即使啮合齿轮处在操作人员不常去的地方，在维护保养机器时有可能与其接触而带来不必要的伤害。在设计和制造机器时，应尽量将齿轮装入机座内，而不使其外露。对于一些老设备，如发现啮合齿轮外露，就必须进行改造，加上防护罩。没有防护罩的齿轮传动机构不得使用。

防护装置的材料可用钢板或铸造箱体，必须坚固牢靠，并保证在机器运行过程中不发生振动。

防护装置要便于开启、便于机器的维护保养，即要求能方便地打开和关闭。为了引起工作人员的注意，防护装置内壁应涂成红色，最好装电气联锁，使得防护装置在开启的情况下机器停止运转。

防护装置本身不应有尖角和锐利部分，并尽量使之既不影响机器的美观，又起到安全作用。

（二）皮带传动机构的防护

皮带传动机构传动平稳，噪声小，结构简单，维护方便。因此，皮带传动机构广泛应用于机械传动中。皮带传动的传动比精确度较齿轮啮合传动的传动比差，但是当过载时，皮带打滑，起到了过载保护作用。由于皮带摩擦后易产生静电放电现象，故不适用于容易发生燃烧或爆炸的场所。

皮带传动机构的危险部分是皮带接头处、皮带进入皮带轮的地方。皮带传动装置的防护罩可采用金属骨架的防护网，与皮带的距离不要小于50mm，设计要合理，不要影响机器的运行。一般传动机构离地面2m以下，要设防护罩。但在下列3种情况下，即使在2m以上也应加以防护：皮带轮之间的距离在3m以上；皮带宽度在15cm以上；皮带回转的速度在9m/min以上。这样万一皮带断裂，也不至于落下伤人。

皮带的接头一定要牢固可靠。安装皮带时要做到松紧适宜。皮带传动机构的防护可采用将皮带全部遮盖起来的方法，或采用防护栏杆防护。

（三）联轴器的防护

一切突出于轴面而不平滑的部件（键、固定螺钉等）均增加了轴的危险因素。联轴器上突出的螺钉、销、键等均可能给操作人员带来伤害。因此对联轴器的安全要求是其上没有突出的部分，即采用沉头螺钉，使之不突出轴面；为彻底排除隐患，根本的办法就是加防护罩，最常见的是Ω型防护罩。

第四节 机 械 伤 害

一、主要危险和有害因素

机械装置运行过程中存在着多种形式的危险、有害因素，包括物体打击、机械伤害、触电、灼烫等。

（1）物体打击：是指物体在重力或其他外力的作用下产生运动，打击人体而造成人身伤亡事故。不包括主体机械设备、车辆、起重机械、坍塌等引发的物体打击。

（2）车辆伤害：企业机动车辆在行驶中引起的人体坠落和物体倒塌、飞落、挤压造成的伤亡事故。不包括起重提升、牵引车辆和车辆停驶时发生的事故。

（3）机械伤害：是指机械设备运动或静止部件、工具、加工件直接与人体接触引起的挤压、碰撞、冲击、剪切、卷入、绞绕、甩出、切割、切断、刺扎等伤害。不包括车辆、起重机械引起的伤害。

（4）起重伤害：是指各种超重作业（包括起重机安装、检修、试验）中发生的挤压、坠落、物体（吊具、吊重物）打击等造成的伤害。

（5）触电：包括各种设备设施的触电、电工作业的触电、雷击等。

（6）灼烫：是指火焰烧伤、高温物体烫伤、化学灼伤（酸、碱、盐、有机物引起的体内外的灼伤）、物理灼伤（光、放射性物质引起的体内外的灼伤）。不包括电灼伤和火灾引起的烧伤。

（7）火灾伤害：包括火灾造成的烧伤和死亡。

（8）高处坠落：是指在高处作业中发生坠落造成的伤害事故。不包括触电坠落事故。

（9）坍塌：是指物体在外力或重力作用下，超过自身的强度极限或因结构稳定性破坏而造成的事故，如挖沟时的土石塌方、脚手架坍塌、堆置物倒塌、建筑物坍塌等。不包括矿山冒顶片帮和车辆、起重机械、爆破引起的坍塌。

（10）火药爆炸：是指火药、炸药及其制品在生产、加工、运输、贮存中发生的爆炸事故。

（11）化学性爆炸：是指可燃性气体、粉尘等与空气混合形成爆炸混合物，接触引爆物体时发生的爆炸事故（包括气体分解、喷雾、爆炸等）。

（12）物理性爆炸：包括锅炉爆炸、容器超压爆炸等。

（13）中毒和窒息：包括中毒、缺氧窒息、中毒性窒息。

（14）其他伤害：是指除上述以外的伤害，如摔、扭、挫、擦等伤害。

就机械零件而言，对人产生伤害的因素有以下几方面：

（1）形状和表面性能：切割要素、锐边、利角部分、粗糙或过于光滑。

（2）相对位置：相对运动，运动与静止物的相对距离小。

（3）质量和稳定性：在重力的影响下可能运动的零部件的位能。

（4）质量、速度和加速度：可控或不可控运动中的零部件的动能。

（5）机械强度不够：零件、构件的断裂或垮塌。

（6）弹性元件的位能：在压力或真空下的液体或气体的位能。

二、机械伤害类型

机械伤害是指机械做出强大的功能作用于人体的伤害。机械伤害往往会造成惨重的后果，如绞死、挤死、压死、碾死、被弹出物体打死、磨死等。机械伤害事故的种类主要有：

（1）机械设备零、部件做旋转运动时造成的伤害。例如机械设备中的齿轮、皮带轮、滑轮、卡盘、轴、光杠、丝杠、联轴节等零、部件都是做旋转运动的。旋转运动造成人员伤害的主要形式是绞伤和物体打击伤。

（2）机械设备的零、部件做直线运动时造成的伤害。例如锻锤、冲床、切断机的刀头、牛头刨床的床头、龙门刨床的床面及桥式吊车大、小车和升降机构等都是做直线运动的。做直线运动的零、部件造成的伤害事故主要有压伤、砸伤、挤伤。

（3）刀具造成的伤害。例如车床上的车刀、铣床上的铣刀、钻床上的钻头、磨床上的砂轮、锯床上的锯条等。刀具在加工零件时造成的伤害主要有烫伤、刺伤、割伤。

（4）被加工零件造成的伤害。机械设备在对零件进行加工的过程中，有可能对人身造成伤害。被加工零件固定不牢甩出打伤人，例如车床卡盘夹不牢工件，在旋转时就会将工件甩出伤人。被加工的零件在吊运和装卸过程中，可能造成砸伤。

（5）电气系统造成的伤害。工厂里使用的机械设备，其动力绝大多数是电能，因此每台机械设备都有自己的电气系统，包括电动机、配电箱、开关、按钮、局部照明灯以及接零（地）导线等。电气系统对人的伤害主要是电击和电伤。

（6）手工具造成的伤害。手工具即手动工具，是借助于手来拧动或施力的工具。可导致的危害主要有被工具的刃口或锋利部分割伤、被尖利部分刺伤、被工具夹伤、锤击时击伤手部、使用的工具失控击伤、工作中产生的切屑或化学溶剂溅伤等。

（7）其他伤害。机械设备除去能造成上述各种伤害外，还可能造成其他一些伤害。例如有的机械设备在使用时伴随着强光、高温，还有的释放出化学能、辐射能，以及尘毒危害物质等，这些对人体都可能造成伤害。

三、机械伤害的主要原因

造成机械伤害的主要原因是人的不安全行为和机械的不安全状态。

（一）人的不安全行为

人的不安全行为有以下几方面。

（1）检修、检查机械过程中不注重安全措施会造成机械伤害事故。如人进入设备检修、检查作业，不切断电源，未挂"有人工作，不准合闸"警示牌，未设专人监护等措施而造成严重后果。有的因当时受定时电源开关作用或发生临时停电等因素误判而造成事故。也有的虽然对设备断电，但因未等至设备惯性运转彻底停住就下手工作，同样造成严重后果。

（2）在机械运行中进行清理积料、捅卡料、上皮带蜡等作业。

（3）任意进入机械运行危险作业区进行采样、干活、借道、拣物等。

（4）无证上岗或其他人员乱动机械也会造成机械伤害事故。

（二）机械的不安全状态

缺乏必要的安全装置。如有的机械传动带、齿机、接近地面的联轴节、皮带轮、飞轮等易伤害人体部位没有完好的安全防护装置；还有的人孔、投料口、绞笼井等部位缺护栏及盖板，无警示牌，人疏忽误接触这些部位，就会造成事故。

电源开关布局不合理也是造成机械伤害的原因之一。一种情况是有了紧急情况不能立即停车；另一种情况是好几台机械开关设在一起，极易造成误开机械，引发严重后果。

通风、防毒、防尘、照明、防震、防噪声及气象条件等安全卫生设施缺乏等均能诱发事故。

机械伤害事故发生的原因虽然是多方面的，但根本原因是操作人员的安全意识淡薄。要想降低机械伤害事故的发生率，提高安全意识是非常必要的。

四、机械伤害防范措施

机械伤害风险的大小取决于机器的类型、用途、使用方法与人员的知识、技能、工作态度；同时，还与人们对危险的了解程度和所采取的避免危险的技能有关。正确判断什么是危险和什么时候会发生危险是十分重要的。

预防机械伤害包括两方面的对策。（1）实现机械本质安全。包括消除产生危险的原因；减少或消除接触机器的危险部件的需求；使人们难以接近机器的危险部位（或提供安全装置，使得接近这些部位不会导致伤害）；提供保护装置或者防护服。（2）保护操作者和有关人员安全。包括通过培训来提高人们辨别危险的能力；通过对机器的重新设计，使危险更加醒目（或者使用警示标志）；通过培训提高避免伤害的能力；增强采取必要的行动来避免伤害的自觉性。

第五节　机械安全设计及安全装置

一、机械安全设计

机械安全包括设计、制造、安装调试、使用、维修等各阶段的安全。安全设计可最大限度地减小风险。机械安全设计是指在机械设计阶段，从零件材料到零部件的合理形状和相对位置，从限制操纵力、运动件的质量和速度到减少噪声和振动，采用本质安全技术与动力源，应用零部件间的强制机械作用原理，结合人机工程学原则等多项措施，通过选用适当的设计结构，尽可能避免或减小危险；也可以通过提高设备的可靠性，操作机械化或自动化以及实行在危险区之外的调整、维修等措施，避免或减小危险。

（一）本质安全

本质安全是指机械的设计者在设计阶段采取措施来消除机械危险的一种机械安全方法。一般是通过设计阶段使生产设备或生产系统本身具有安全性，即使在误操作或发生故障的情况下也不会造成伤害事故。具体包括失误-安全功能（误操作不会导致事故发生或自动阻止误操作）、故障-安全功能（设备、工艺发生故障时还能暂时正常工作或自动转变为安全状态）。

为保证机械设备的本质安全，应注意以下几个方面。

（1）采用本质安全技术。本质安全技术是指利用该技术进行机械预定功能的设计和制造，不需要采用其他安全防护措施，就可以在预定条件下执行机械的预定功能时满足机械自身的安全要求。包括：避免锐边、尖角和凸出部分，保证足够的安全距离，确定有关物理量的限值，使用本质安全工艺过程和动力源。

（2）限制机械应力。机械零件的机械应力不超过许用值，并保证足够的安全系数。

（3）材料和物质的安全性。用以制造机械的材料在使用期间不得危及人员的安全或健康。材料的力学特性，如抗拉强度、抗剪强度、屈服强度、冲击韧性等，应能满足执行预定功能的载荷作用要求；材料应能适应预定的环境条件，如有抗腐蚀、耐老化、耐磨损的能力；材料应具有均匀性，防止由于工艺设计不合理，使材料产生残余应力；同时，应避免采用有毒的材料或物质，应能避免机械本身或由于使用某种材料而产生的气体、液体、粉尘、蒸气等物质造成的火灾和爆炸危险。

（4）履行安全人机工程学原则。在机械设计中，通过合理分配人机功能、适应人体特性、人机界面设计、作业空间的布置等方面履行安全人机工程学原则，提高机械设备的操作性和可靠性，使操作者的体力消耗和心理压力降到最低，从而减小操作失误。

（5）设计控制系统的安全原则。机械在使用过程中典型的危险工况有：意外启动、速度变化失控、运动不能停止、运动机械零件或工件脱落飞出、安全装置的功能受阻等。控制系统的设计应考虑各种作业的操作模式或采用故障显示装置，使操作者可以安全地处理。

（6）防止气动和液压系统的危险。采用气动、液压、热能等装置的机械，必须通过设计来避免由于这些能量意外释放而带来的各种危害。

（7）预防电气危害。用电安全是机械安全的重要组成部分，机械中电气部分应符合相关电气安全标准要求。预防电气危害应注意防止电击、短路、过载和静电。

设计中，还应考虑到提高设备的可靠性，降低故障率，以降低操作者查找故障和检修设备的概率；采用机械化和自动化技术，尽量使操作人员远离有危险的场所；考虑调整、维修的安全，减少操作者进入危险区的需要。

（二）失效安全与定位安全

失效安全是指设计者应该保证当机器发生故障时不出危险。这一类装置包括操作限制开关，限制不应该发生的冲击及运动的预设制动装置，设置把手和预防下落的装置，失效安全的限电开关等。

定位安全是指把机器的部件安置到不可能触及的地点，通过定位达到安全。但设计者必须考虑到在正常情况下不会触及而某些情况下可能会接触到的危险部件，例如登着梯子对机器进行维修等情况。

（三）机器布置安全

车间合理的机器安全布局，可以使事故明显减少。安全布局时要考虑如下因素。

（1）空间：便于操作、管理、维护、调试和清洁。

（2）照明：包括工作场所的通用照明（自然光及人工照明，但要防止炫目）和为操作机器而特需的照明。

（3）管、线布置：不要妨碍在机器附近的安全出入，避免磕绊，有足够的上部空间。

（4）维护时的出入安全。

二、机器的安全装置

安全装置是通过自身的结构功能限制或防止机器的某种危险，或限制运动速度、压力等危险因素的装置。

常见的安全装置有固定安全装置、联锁安全装置、控制安全装置、自动安全装置、双手控制安全装置等。

（一）固定安全装置

在可能的情况下，应该通过设置防止接触机器危险部件的固定安全装置。装置应能自动地满足机器运行的环境及过程条件。装置的有效性取决于其固定的方法、开口的尺寸及在其开启后距危险点应有的距离。固定安全装置应设计成只有用诸如改锥、扳手等专用工具才能拆卸的装置。

（二）联锁安全装置

联锁安全装置的基本原理是只有当安全装置关合时，机器才能运转；而只有当机器的危险部件停止运动时，安全装置才能开启。联锁安全装置可采取机械的、电气的、液压的、气动的或组合的形式。在设计联锁装置时，必须保障在发生任何故障时，人员都不会暴露在危险之中。

（三）控制安全装置

要求机器能迅速地停止运动，可以使用控制装置。控制装置的原理是只有当控制装置完全闭合时，机器才能开动；当操作者接通控制装置后，机器的运行程序才开始工作；如果控制装置断开，机器的运动就会迅速停止或者反转。

（四）自动安全装置

自动安全装置的机制是把暴露在危险中的人体从危险区域中移开。它仅能使用在有足够的时间来完成这样的动作而不会导致伤害的环境下，因此，仅限于在低速运动的机器上采用。

（五）隔离安全装置

隔离安全装置是一种阻止身体的任何部分靠近危险区域的设施，例如固定的栅栏等。

（六）可调安全装置

在无法实现对危险区域进行隔离的情况下，可以使用部分可调的固定安全装置。这些安全装置保护作用在很大程度上有赖于操作者的使用、对安全装置正确的调节以及合理的维护。

（七）自动调节安全装置

自动调节安全装置由于工件的运动而自动开启，当操作完毕后又回到关闭的状态。

（八）跳闸安全装置

跳闸安全装置的作用是在操作到危险点之前，自动使机器停止或反向运动。该类装置依赖于敏感的跳闸机构，同时也有赖于机器能够迅速停止（使用刹车装置可能做到这一点）。

（九）双手控制安全装置

双手控制安全装置迫使操纵者要用两只手来操纵控制器。但是，它仅能对操作者而不能对其他有可能靠近危险区域的人提供保护。因此，还要设置能为所有的人提供保护的安全装置。当使用这类装置时，其两个控制之间应有适当的距离，而机器也应当在两个控制开关都开启后才能运转，而且控制系统需要在机器的每次停止运转后重新启动。

三、安全装置的技术要求

在进行安全设计时，必须考虑人的因素。疲劳是导致事故的一个重要因素，设计者要考虑以下几个因素，使人的疲劳降低到最小的程度。

（1）正确地布置各种控制操作装置。

（2）正确地选择工作平台的位置及高度。

（3）提供座椅。

（4）出入作业地点要方便。

在无法使用设计来做到本质安全时，为了消除危险，要考虑使用安全装置。设置安全装置须考虑以下四方面的因素。

（1）强度、刚度和耐久性。

（2）对机器可靠性的影响，例如固体的安全装置有可能使机器过热。

（3）可视性（从操作及安全的角度来看，有可能需要机器的危险部位有良好的可见性）。

（4）对其他危险的控制，例如选择特殊的材料来控制噪声的总量。

机械安全防护装置的基本功能是在人和危险的机械之间构成安全防护屏障，为此必须满足与其保护功能相适应的安全技术要求。

（1）安全防护装置应结构简单，布局合理，具有切实的保护功能，确保人身不受到伤害，不得有锐利的边缘和突缘等新的危险源。

（2）安全防护装置应具有足够的可靠性，在规定的寿命期限内有足够的强度、刚度、稳定性、耐腐蚀性、抗疲劳性，以确保安全。

（3）安全防护装置应与设备运转联锁，保证安全防护装置未起作用之前，设备不能运转；安全防护罩、屏、栏的材料及其至运转部件的距离，应符合《机械安全　防护装置　固定式和活动式防护装置设计与制造一般要求》（GB/T 8196—2003）的规定。

（4）光电式、感应式等安全防护装置应设置自身出现故障的报警装置。

（5）紧急停车开关应保证瞬时动作时能终止设备的一切运动。对有惯性运动的设备，紧急停车开关应与制动器或离合器联锁，以保证迅速终止运行。紧急停车开关的形状应区别于一般开关，颜色为红色。紧急停车开关的布置应保证操作人员易于触及，且不发生危险。设备由紧急停车开关停止运行后，必须按启动顺序重新启动才能重新运转。

防护罩是用来保护操作者安全和健康，预防生产过程中活动部件可能造成的危险。设置安全防护罩应满足如下的安全技术要求。

（1）只要操作者可能触及的活动部件，在防护罩未闭合前，活动部件不能运转。

（2）采用固定防护罩时，操作者触及不到运转中的活动部件。

（3）防护罩与活动部件间有足够的间隙，能避免防护罩和活动部件之间的任何接触。

（4）防护罩应牢固地固定在设备或基础上，拆卸、调节时必须使用工具。

（5）开启式防护罩打开时或一部分失灵时，应使活动部件不能运转或运转中的部件停止运动。

（6）使用的防护罩不允许给生产场所带来新的危险。

（7）不影响操作，在正常操作或维护保养时不需拆卸防护罩。

（8）防护罩必须坚固可靠，以避免与活动部件接触造成损坏和工件飞脱造成伤害。

（9）一般防护罩不准脚踏和站立，必须作平台或阶梯时，应能承受1500N的垂直力，并采取防滑措施。

机械设备的安全防护网应尽量采用封闭结构；当现场需要采用网状结构时，应满足《机械设备防护罩安全要求》对不同网眼开口尺寸的安全距离的规定，见表1-1。安全距离是指防护网外缘与危险区域（人体进入后，可能引起致伤危险的空间区域）间的直线距离。

表1-1　不同网眼开口尺寸的安全距离

防护人体通过部位	网眼开口宽度 （直径、边长、椭圆形孔短轴尺寸）/mm	安全距离/mm
指尖	<6.5	≥35
手指	<12.5	≥92
手掌	<20	≥135
上肢	<47	≥460
足尖	<76（网眼底部与所站面间隙）	150

第六节　机械制造场所安全技术

机械制造场所照明不良，没有安全通道，设备布局不合理，物料堆放不整齐，地面不平等是机械行业的环境危险因素。因此机械制造生产场所应满足如下的安全技术要求。

一、采光

生产场所采光是生产必须的条件，如果采光不良，长期作业容易使操作者眼睛疲劳，视力下降，产生误操作或发生意外伤亡事故。同时，合理采光对提高生产效率和保证产品质量有直接的影响。因此，生产场所要有足够的照度，以保证安全生产的正常进行。

（1）生产场所一般白天依赖自然光，在阴天及夜间则由人工照明采光作补充和代替。

（2）生产场所内照明应满足《工业企业照明设计标准》要求。

（3）对厂房一般照明的光窗设置：厂房跨度大于12m时，单跨厂房的两边应有采光侧窗，窗户的宽度应不小于开间长度的1/2；多跨厂房相连，相连各跨应有天窗，跨与跨之间不得有墙封死。车间通道照明灯要覆盖所有通道，覆盖长度应大于90%车间安全通道长度。

二、通道

通道包括厂区主干道和车间安全通道。厂区主干道是指汽车通行的道路，是保证厂内车辆行驶、人员流动以及消防灭火、救灾的主要通道；车间安全通道是指为了保证职工通行和安全运送材料、工件而设置的通道。

厂区干道的路面要求：车辆双向行驶的干道，宽度不小于5m；有单向行驶标志的主干道，宽度不小于3m。进入厂区门口，危险地段需设置限速牌、指示牌和警示牌。

车间安全通道要求：通行汽车，宽度大于3m；通行电瓶车、铲车，宽度大于1.8m；

通行手推车、三轮车，宽度大于 1.5m；一般人行通道，宽度大于 1m。

通道的一般要求：通道标记应醒目，画出边沿标记。转弯处不能形成直角。通道路面应平整、无台阶、无坑沟。道路土建施工应有警示牌或护栏，夜间要有红灯警示。

三、设备布局

车间生产设备设施的摆放，相互之间的距离，与墙、柱的距离，操作者的空间，高处运输线的防护罩网，与操作人员的安全都有很大关系。如果设备布局不合理或错误，操作者空间窄小，当工件、材料等飞出时，容易造成人员的伤害，造成意外事故。为此，应按设备类型进行合理布局。

设备间距（以活动机构达到的最大范围计算）：大型设备（最大外形尺寸大于 12m 的设备）不小于 2m，中型设备（最大外形尺寸 6~12m 的设备）不小于 1m，小型设备（最大外形尺寸小于 6m 的设备）不小于 0.7m。如果在设备之间有操作工位，则计算时应将操作空间与设备间距一并计算。若大、小设备同时存在时，大、小设备间距按大的尺寸要求计算。

设备与墙、柱距离（以活动机构的最大范围计算）：大型不小于 0.9m，中型不小于 0.8m，小型不小于 0.7m。在墙、柱与设备间有人操作的，应满足设备与墙、柱间和操作空间的最大距离要求。

高于 2m 的运输线应有牢固的防护罩（网），网格大小应能防止所输送物件坠落至地面；对低于 2m 的运输线的起落段两侧应加设护栏，栏高不小于 1.05m。

四、物料堆放

生产场所的工位器具、工件、材料摆放不当，不仅妨碍操作，而且引起设备损坏和工伤事故。为此，应按如下要求堆放。

生产场所要划分毛坯区，成品、半成品区，工位器具区，废物垃圾区。原材料、半成品、成品应按操作顺序摆放整齐且稳固，一般摆放方位与墙或机床轴线平行，尽量堆垛成正方形。

生产场所的工位器具、工具、模具、夹具要放在指定的部位，安全稳妥，防止坠落和倒塌伤人。

产品坯料等应限量存入，白班存放量为每班加工量的 1.5 倍，夜班存放量为加工量的 2.5 倍，但大件不超过当班定额。

工件、物料摆放不得超高，在垛底与垛高之比为 1∶2 的前提下，垛高不超出 2m（单位超高除外），砂箱堆垛不超过 3.5m。堆垛的支撑稳妥，堆垛间距合理，便于吊装。流动物件应设垫块楔牢。

五、地面状态

生产场所地面平坦、清洁是确保物料流动、人员通行和操作安全的必备条件。

为生产而设置的深大于 0.2m、宽大于 0.1m 的坑、壕、池应有可靠的防护栏或盖板。夜间应有照明。

生产场所工业垃圾、废油、废水及废物应及时清理干净，以避免人员通行或操作时滑跌造成事故。

生产场所地面应平坦、无绊脚物。

本章小结

本章主要介绍了机械产品的种类、机械的组成与状态，分析了常用机械的主要危险部位、机械伤害的类型、产生原因、机械伤害的防范措施，阐述了机械安全设计和常用的安全装置，提出了机械制造生产对环境的安全要求。在学习的过程中，要注意结合其他相关学科知识，达到学以致用、举一反三、触类旁通的目的。

自我小结

_____

_____

_____

_____

_____

_____

自测题

一、是非判断题（每题 1 分，共 5 分）

1. 在机器运行的正常状态下没有危险，只有在非正常状态才存在危险。　　（　　）

2. 在机器的设计制造、改造中，如遇安全技术措施和经济利益发生矛盾时，必须优先考虑安全技术上的要求。　　（　　）

3. 联锁安全装置的基本原理是只有当安全装置开启时，机器才能运转；而只有当机器的危险部件停止运动时，安全装置才能关合。　　（　　）

4. 就大多数机械而言，机械的危险区主要在传动机构和执行机构及其周围区域。　　（　　）

5. 在齿轮传动机构中，两轮结束啮合的部位最危险。　　（　　）

二、单项选择题（每题 1 分，共 15 分）

1. 保障机械设备本质安全性的最重要阶段是（　　）。

　　A. 设计阶段　　　　　B. 制造阶段　　　　　C. 安装阶段　　　　　D. 运行阶段

2. 下列针对机械安全防护装置的一般要求中，错误的是（　　）。

　　A. 结构简单、布局合理　　　　　　　B. 有一定的强度、刚度、耐久性

　　C. 可以有锐利的突缘　　　　　　　　D. 与设备运转机构联锁

3. 车间合理的机器布局可以使事故明显减少。下列针对布局应考虑的因素中，错误的是（　　）。

　　A. 空间便于操作、管理、维护、调试和清洁

　　B. 维护时首先保证参观通道

　　C. 管、线布置不应妨碍在机器附近的安全出入，避免磕绊，有足够的上部空间

　　D. 工作场所的通用照明采用自然光及人工照明，但应防止炫目

4. 下列对机械设备安全防护罩的技术要求中，不正确的是（　　）。

　　A. 只要操作工可能触及的活动部件，在防护罩没闭合前，活动部件就不能运转

　　B. 防护罩与活动部件有足够的间隙，避免防护罩和活动部件之间的任何接触

C. 防护罩固定在设备或基础上，可以直接用手拆卸、调节

D. 不影响操作，在正常操作或维护保养时不需拆卸防护罩

5. 操作机械时，防护罩处于关闭位置，而防护罩一旦处于开放位置，就会使机械停止运作，指的是（　　）的运作方式。

A. 固定式防护罩　　　　B. 联锁防护罩　　　　C. 可调式防护罩　　　　D. 活动式防护罩

6. 下列伤害事故中，不属于机械伤害的是（　　）。

A. 夹具不牢导致物件飞出伤人　　　　　　　B. 金属切屑飞出伤人

C. 红眼病　　　　　　　　　　　　　　　　D. 被机器转动部分缠绕造成绞伤

7. 能阻止身体的任何部分靠近危险区域的设施是（　　）。

A. 跳闸安全装置　　B. 隔离安全装置　　C. 联锁安全装置　　D. 控制安全装置

8. 联轴器防护最根本的办法就是加防护罩，最常见的是（　　）防护罩。

A. Ω 形　　　　　　B. V 形　　　　　　C. M 形　　　　　　D. U 形

9. 多跨厂房相连，相连各跨应有天窗，跨与跨之间不得有墙封死。车间通道照明灯要覆盖所有通道，覆盖长度应大于（　　）车间安全通道长度。

A. 80%　　　　　　B. 85%　　　　　　C. 90%　　　　　　D. 95%

10. 在机械设备上采用和安装各种安全防护装置，克服在使用过程中产生的不安全因素，这种安全技术措施是（　　）。

A. 直接安全技术措施　　　　　　　　　　　B. 指导性安全技术措施

C. 间接安全技术措施　　　　　　　　　　　D. 防护性安全技术措施

11. 设计者保证当机器发生故障时不出危险。相关装置包括操作限制开关、限制不应该发生的冲击及运动的预设制动装置、设置把手和预防下落的装置、开关等为（　　）设计。

A. 定位安全　　　　B. 失效安全　　　　C. 本质安全　　　　D. 机器布置

12. 把机器的部件安装到不可能触及的地点，通过定位达到安全。但设计者必须考虑到在正常情况下不会触及的危险部件，而在某些情况下可以接触到的可能，例如，登上梯子维修机器等情况为（　　）设计。

A. 定位安全　　　　B. 失效安全　　　　C. 本质安全　　　　D. 机器布置

13. 把暴露在危险中的人体从危险区域中移开。它只能使用在有足够的时间来完成这样的动作而不会导致伤害的环境下是（　　）。

A. 自动安全装置　　B. 可调安全装置　　C. 双手控制安全装置　　D. 隔离安全装置

14. 在操作到危险点之前，自动使机器停止或反向运动的安全装置是（　　）。

A. 跳闸安全装置　　B. 可调安全装置　　C. 双手控制安全装置　　D. 隔离安全装置

15. 防护人体手掌通过的防护网，其网眼开口宽度为（　　）。

A. <12.5mm　　　　B. <20mm　　　　C. <35mm　　　　D. <40mm

三、多项选择题（每题 2 分，共 10 分。5 个备选项：A、B、C、D、E。至少 2 个正确，至少 1 个错误项。错选不得分；少选，每选对 1 项得 0.5 分）

1. 在无法使用设计来做到本质安全时，为了消除危险，要使用安全装置。安全装置是通过自身的结构功能限制或防止机器的某种危险，或限制运动速度、压力等危险因素的装置。设置安全装置时须考虑的因素有（　　）。

A. 对机器可靠性的影响　　B. 强度、刚度、稳定性和耐久性　　C. 可视性

D. 消除产生危险的原因　　E. 对其他危险的控制

2. 机械设计本质安全包括（　　）等内容。

A. 设计中排除危险部件　　B. 减少或避免在危险区工作　　C. 工作区域穿着工作服

D. 提供自动反馈设备并使运动的部件处于密封状态　　E. 安装防护罩

3. 机器上设置安全防护罩的主要作用是（　　　）。

    A. 使机器外观更美观　　　　B. 将运动零部件与人隔离　　　　C. 防止机器受到损坏

    D. 容纳破坏的运动零件的碎块　　　　　　　　　　　　E. 将有害物质密封

4. 在平面布置方面从安全角度出发，车间布局应考虑的因素有（　　　）。

    A. 生产工艺流程的要求　　　　B. 车间安全通道的要求　　　　C. 足够的光照度和采光要求

    D. 设备之间、设备与墙、柱的安全距离

    E. 原材料、半成品和成品、垃圾废料等功能划分

5. 机械制造场所的状态安全直接或间接涉及设备和人的安全。关于机械制造场所安全技术的说法，正确的是（　　　）。

    A. 采光：自然光（白天）与人工照明（夜间及阴天）相结合，保证有足够的光照度等

    B. 通道：厂区车辆双向行驶的干道宽度不小于 5m，进入厂区门口、危险地段需设置限速限高牌、指示牌和警示牌等

    C. 设备布局：设备间距，大型设备大于 2m，中型设备大于 1m，小型设备大于 0.7m 等

    D. 物料堆放：划分毛坯等生产场所，物料摆放超高有一定限制；工器具放在指定部位；产品坯料等应限量存入

    E. 地面状态：为生产而设置的坑、壕、池应完全封闭

四、填空题（每空 1 分，共 10 分）

1. 机械伤害是指_____做出强大的功能作用于_____的伤害，在劳动中_____与机械接触最为频繁，因此是受机械伤害最多的部位。

2. 保障机械设备的本质安全性的最重要阶段是_____。

3. 机械上常在防护装置上设置为检修用的可开启的活动门，应使活动门不关闭机器就不能开动；在机器运转时，活动门一打开机器就停止运转，这种功能称为_____。

4. 机械一般由_____、_____、_____、_____和支撑装置组成。

5. 在不妨碍机器使用功能前提下，机器的外形设计应尽量避免尖棱利角和突出结构，这是在设计阶段采用的_____技术措施。

五、名词解释（每题 4 分，共 20 分）

1. 本质安全

2. 失效安全

3. 定位安全

4. 机械非正常工作状态

5. 机械伤害

六、问答题（每题 10 分，共 40 分）

1. 试述预防机械伤害的对策措施。

2. 在无法通过设计达到本质安全时，为了消除危险，应补充设计安全装置。设计安全装置时必须考虑哪些因素？

3. 在机械安全设计与机器安装中，车间中设备的合理布局可以减少事故发生。车间布局应考虑的因素有哪些？

4. 简述机械安全防护装置的一般要求。

扫描封面二维码可获取自测题参考答案

第二章 危险机械安全技术

本章内容提要

1. 知识框架结构图

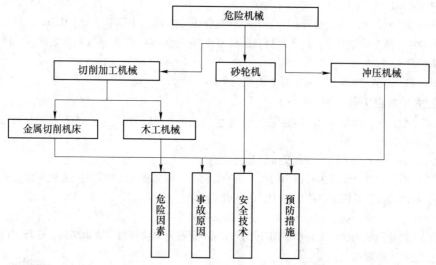

2. 知识导引

欧盟工业机械产品的机械指令规定：金属切削机床、冲压机械、加工木材机械等均属于危险机械。金属切削机床是用切削方法对金属毛坯进行机械加工，以达到预定的形状、精度和表面粗糙度的设备。金属切削机床应用广泛，在工业中起着工作母机的作用。冲压加工是利用金属模具将钢材坯料分离或变形的工艺方法，具有操作简单、生产效率高、尺寸和形状精度高、能冲制复杂零件、容易实现机械化和自动化等优点。木工机械设备较一般金属切削机床更易引起伤害事故，属于危险性较大的机械设备。本章针对上述机械，介绍它们产生事故的类型、事故原因、安全技术以及防护措施。

3. 重点及难点

本章重点是金属切削机床、冲压设备、木工机械在生产使用过程中引起伤害事故的种类、事故的原因、安全技术与防护措施。

4. 学习目标

通过本章的学习，应达到以下目标：

（1）了解各种机床和冲压设备的基本类型和危险有害因素；

（2）掌握金属切削机床的安全设施与安全技术；

（3）掌握冲压设备的事故类型、安全技术及防护措施；

（4）了解砂轮机安全技术；

（5）了解木工机械安全防护装置与安全技术。

5. 教学活动建议

搜集机床与冲压设备相关的伤害事故的历史事件，课间播放相关视频，以提高读者学习兴趣。建议组织现场教学，了解各种机床的危险因素和防护措施。

第一节 金属切削机床安全

一、金属切削机床简介

金属切削加工是用刀具切去金属材料（毛坯）多余的部分，获得具有符合要求的几何形状、尺寸及表面质量等的零件的加工过程。金属切削机床是用切削方法将金属毛坯加工成为零件的高速精密机器，称为"工作母机"，习惯上称为机床。它的运转精度和安全性，不仅影响加工效率、产品质量，而且关系到操作者安全。

金属切削机床的结构特点是在机座上装有支撑和传动工件或刀具的部件，将被加工工件和刀具固定夹牢并带动工件和刀具进行相对运动。刀具和工件的相对运动称切削运动，包括主运动和进给运动。主运动的形式有旋转运动和直线运动两种，进给运动是使切削连续进行下去，从而加工出完整表面所需的运动，一般形式是连续的或间歇的直线运动。

机床的类型不同，结构和应用范围也各不相同。根据加工方式和使用刀具的不同，金属切削机床分为车床、铣床、刨床、钻床、磨床、镗床、拉床、齿轮加工机床、螺纹加工机床、电加工机床和其他机床。根据机床本身重量的不同，分为中小型机床（重量为10t以下）、大型机床（重量为10~30t）、重型机床（重量为30~100t）、超重型机床（重量为100t以上）。根据机床使用范围的不同，分为通用机床、专门化机床、专用机床。根据机床精度的不同，分为普通精度、精密、高精度。此外，机床还可以根据自动化程度等不同进行分类。

二、金属切削机床的危险因素与伤害事故

金属切削机床设备的危险因素主要有：

（1）静止状态的危险因素，包括切削刀具的刀刃；突出较长的机械部分，如卧式铣床立柱后方突出的悬梁。

（2）直线运动的危险因素，包括纵向运动部分，如外圆磨床的往复工作台；横向运动部分，如升降台铣床的工作台；单纯直线运动部分，如运动中的皮带、链条；直线运动的凸起部分，如皮带连接接头；运动部分和静止部分的组合，如工作台与床身；直线运动的刀具，如带锯床的带锯条。

（3）回转运动的危险因素，包括单纯回转运动部分，如轴、齿轮、车削的工件；回转运动的凸起部分，如手轮的手柄；运动部分和静止部分的组合，如手轮的轮辐与机床床身；回转部分的刀具，如各种铣刀、圆锯片。

（4）组合运动危险因素，包括直线运动与回转运动的组合，如皮带与皮带轮、齿条与

齿轮；回转运动与回转运动的组合，如相互啮合的齿轮。

（5）飞出物击伤的危险，飞出的刀具、工件或切屑有很大的动能，都能对人体造成伤害。

在生产操作中，操作者与机床某个局部点发生接触，形成一个协调的运动体系——机床与操作者。当这个体系的两方面都处在最佳状态时，发生事故的可能性很小。但是，当这一体系的某一方面超出正常范围，就会发生冲突而造成事故。根据统计资料可知，发生事故时不发生伤害的情况要比发生伤害的情况多，所以说发生事故并不一定给人造成伤害。但是，发生事故总会使人精神紧张、负担加重，这会成为引起伤害事故的隐患或造成设备损坏。

在机床-操作者这个系统中，由于人更易受生活环境、作业环境、社会环境的影响，切削加工引起的伤害事故中，多半是由人的因素引起的，造成伤害事故的原因如下：

（1）机床在非最佳状态下运转。机床在设计、结构和制造工艺上有缺陷，机床部件、机床附件和安全防护装置的功能退化等均可能导致伤害事故的发生；无防护及保险装置或防护、保险装置有缺陷；机床防护及保险装置未定期检修而失灵，造成伤害；电器设备绝缘不良等。

（2）环境中存在的不安全因素。如工作场地照明不足、灯光刺眼、温度和湿度不适宜，噪声干扰、零件堆放不当及工夹量具摆放不当、无通风、地面有油污、场地狭窄、布局不合理等。

（3）操作人员的不安全行为。安全操作规程不健全或管理不善；无证操作；操作方法不当、用力过猛、使用工具规格不合适或工具磨损；操作者与机床相撞；操作者随意离开运转着的机床；操作者习惯在运转的机床上面递送工夹具；机床运转时，用手代替钩子清除切屑或试图用手拉断长的螺旋形切屑；停机保养或检修，未采取切断电源并挂标志的措施；注意力不集中或思想过于紧张而发生误操作、误动作；采用缩减程序和使用投机取巧的操作方法等。

（4）操作者防护用品穿戴不符合规定。如：未戴防护眼镜、戴手套操作、女工留长辫和披肩长发、未穿紧身工作服、系围巾、戴领带及饰物操作等。

机床伤害事故大体上可分为以下6类。

（1）操作者局部卷入或夹入机床旋转部件而造成的伤害事故。发生这类伤害事故多是因为旋转部分有凸出部分而没有很好的防护装置及操作者的错误操作。如机床上旋转着的鸡心夹，花盘上的紧固螺钉端头，露在机床外面的挂轮、传动丝杠等均有可能将操作者的衣服袖口、领带、头巾角等卷入。这类伤害事故在实际生产中经常发生，如长发工人不戴防护帽而使长发卷入车床丝杠造成头皮脱落的严重伤害事故，钻床操作人员戴手套操作被旋转的钻头将手套连同手一齐卷入造成手损伤的伤害事故。

（2）操作者与机床相碰撞引起的伤害事故。由于操作不当，用力过猛，使用工具规格不合适或工具磨损等，均可能使操作者撞到机床上。如用规格不合适或已磨损的扳手去拧紧螺帽，并且用力过猛，使手打滑离开螺帽，人的身体会因失去平衡而撞在机床上造成伤害事故。操作者或其他人员站在不恰当的位置，可能受到机床运动部件的撞击。如站在平面磨床或牛头刨床的运动部件的运动范围内，而注意力又没有集中到机床上时，就可能被平面磨床的工作台或牛头刨床滑枕撞击。

（3）飞溅的砂轮磨料及切屑造成的伤害事故。飞溅的磨料和崩碎切屑极易伤害人的眼睛。据统计，切削加工中，眼睛受伤的数目占伤害事故的35%左右。

（4）操作人员滑倒或跌倒而造成的事故。这类伤害事故主要是由于工作现场环境不好，如照明不足、地面或脚踏板不平整或被油泥污染、机床布置不合理、通道狭窄、零件或半成品堆放不合理等原因所造成。

（5）触电事故。由于设备接地不良、漏电或照明未采用安全电压而造成的触电事故。

（6）物体打击事故。加工细长杆轴料时尾部无防弯装置或托架，甩击伤人；零部件装卡不牢，飞出击伤人体。砂轮有裂纹或装卡不符合规定，发生砂轮碎片伤人事故。

三、机床的安全设施

（一）机床防护装置

防护装置是机床结构的组成部分，在机械传动部位，均应安装可靠的防护装置。装设防护装置的目的是为了防止操作者与机床运动部件、切削刀具、被加工件接触而造成的伤害，以及避免切屑、润滑冷却液伤人。防护装置主要有防护罩、防护挡板、防护栏杆。

防护罩用于隔离外露的旋转部件，如皮带轮、链轮、齿轮、链条、旋转轴、法兰盘和轴头。其作用是将机床的旋转部位与人体隔开，防止人体某部位受伤。

防护挡板用于隔离磨屑、切屑和润滑冷却液，避免其飞溅伤人。一般用钢板、铝板和塑料板作材料。妨碍操作人员观察的挡板，可用透明的材料制作。

防护栏杆是指对某些不能在地面操作的设备，在其危险区域、高处、走台处应设置栏杆；容易伤人的大型机床运动部位，如龙门刨床床身两端也应加设栏杆，以防工作台往复运动时撞人。栏杆结构应符合国标《固定式钢梯及平台安全要求》（GB 4053.3—2009）的规定。

在危险性很高的部位，防护装置应设计成顺序联锁结构，当取下或打开防护装置时，机床的动力源就被切断。

（二）机床保险装置

保险装置是可以使设备不出危险和免受损失的装置，主要是为了提高机床设备工作可靠性。当某一零部件发生故障或出现超载时，保险装置动作，迅速停止设备工作或转入空载运行。机床上安装的保险装置有超负荷保险装置、行程保险装置和安全保险装置。超负荷保险装置在机器超负荷运行时能自动脱开，使其停车。行程保险装置可以保证当运动部件到达预定的位置时，运动部件上的挡块压下行程开关，使其停车或自动返回。安全保险装置是当机床发生故障时通过声或光的显示，提醒操作者注意并采取相应措施。

（三）联锁与制动装置

联锁装置用于控制机床设备操作顺序，避免动作不协调而发生事故。联锁装置有顺序动作联锁装置和意外事故联锁装置。顺序动作联锁装置是保证在上一个动作未完成前，下一个动作不能进行的机构。意外事故联锁装置是指在突然断电时，机器的补偿机构（如蓄电器、止回阀等）立即起作用或停车的机构。

制动装置是指发生突然事故时，能及时停止机床运转的机构。

四、金属切削机床安全技术

(一) 机床运转常见的异常现象

机床运转时出现的异常现象有温升异常、转速异常、振动或噪声过大、出现撞击声、输入输出参数异常、机床内部缺陷等。

温升异常常见于各种机床所使用的电动机及轴承齿轮箱。温升超过允许值时，说明机床超负荷或零件出现故障，严重时能闻到润滑油的恶臭和看到白烟。

转速异常是指机床运转速度突然超过或低于正常转速，可能是由于负荷突然变化或机床出现机械故障。

机床由于振动和噪声过大而产生的故障率占整个故障的 60%～70%。其原因是多方面的，如机床设计不良、机床制造缺陷、安装缺陷、零部件动作不平衡、零部件磨损、缺乏润滑、机床中进入异物等。

输入输出参数异常包括加工精度变化、效率变化、功率异常、质量异常、加料量突然降低等。

机床零部件松动脱落、进入异物、转子不平衡均可能产生撞击声。

机床内部缺陷包括组成机床的零件出现裂纹、电气设备设施绝缘质量下降及由于腐蚀而引起的缺陷等。

以上现象，都是事故的前兆和隐患。事故预兆除利用人的听觉、视觉和感觉可以检测到一些明显的现象（冒烟、噪声、振动、温度变化等）外，主要应使用安装在生产线上的控制仪器和测量仪表检测。

(二) 运动机械易损件的故障检测

一般机械设备的故障多表现为容易损坏的零件，通常称为易损件。运动机械的故障往往都是指易损件的故障。提高易损件的质量和使用寿命、及时更新报废件，是预防事故的重要任务。

零部件故障检测的重点是传动轴、轴承、齿轮、叶轮，其中滚动轴承和齿轮的损坏更为普遍。

滚动轴承的损伤现象主要有：滚珠砸碎、断裂、压坏、磨损、化学腐蚀、电腐蚀、润滑油变质，保持架损坏、裂纹；检测的参数有振动、噪声、温度、磨损残余物分析和组成件的间隙。

齿轮装置的故障主要有齿轮本体损伤（包括齿和齿面损伤），轴、键、接头、联轴节的损伤；轴承的损伤；检测的参数有噪声、振动、齿轮箱漏油、发热。

(三) 金属切削机床常见危险因素的控制措施

金属切削机床常见危险因素的控制措施有：（1）设备可靠接地，照明采用安全电压；（2）楔子、销子不能突出表面；（3）用专用工具，戴护目镜；（4）尾部安防弯装置及设料架；（5）零部件装卡牢固；（6）及时维修安全防护、保护装置；（7）选用合格砂轮，装卡合理；（8）加强检查，杜绝违章现象，穿戴好劳动保护用品。

五、车床安全

车床是机床的一种，是用车刀对旋转的工件进行车削加工的机床。在机械加工行业中车床被认为是所有设备的工作"母机"。车床主要用于加工轴、盘、套和其他具有回转表面的工件，以圆柱体为主，是机械制造和修配工厂中使用最广的一类机床。

车床主要由主轴箱、进给箱、溜板箱、刀架、尾架、光杠、丝杠、床身和冷却装置组成。

在车床上用车刀进行的切削加工称为车削。车削的主运动是工件的旋转，进给运动是由刀具的直线移动完成的。

现代车床的动力部分、带传动部分和齿轮传动部分一般都放在防护罩或封闭的箱体内，所以这些传动部件造成的伤害并不大。从车床的结构及运动特点来看，不安全因素主要有：工件及夹紧装置（如：卡盘、花盘、鸡心夹、顶夹）的旋转；切削过程所产生的高温切屑。

对于旋转工件，应保证夹具有良好的工作状态；后顶尖保持良好的润滑；加工长棒料时，采用安全装置将人与棒料隔开。

对于旋转夹具，应使用安全型鸡心夹头或采用安全拨盘，在卡盘上装设安全防护罩。

对于切屑，应根据切屑的种类及对安全操作的影响，采用相应的防护措施。

带状屑缠绕在工件或刀具表面且不易清除，不仅划伤工件表面、损坏刀具，而且极易伤人，常采用断屑的方法，在车刀上磨出断屑槽或台阶或采用断屑器、硬质合金刀片。

崩碎屑的铁屑崩成碎片飞出极易伤人，且造成机床导轨表面研损。操作者应戴护目镜，在车床上安装活动的或透明的防护挡板；采用脆铜卷屑车刀，变崩碎切屑为卷状切屑；也可用气流或乳化液对切屑进行冲洗，改变切屑的射出方向。

对切削下来的带状切屑、螺旋状长切屑，应用钩子进行清除，切勿用手拉。

六、铣床安全

铣床系指主要用铣刀在工件上加工各种表面的机床。可以加工平面、沟槽，也可以加工各种曲面、齿轮等。铣床有卧式铣床或立式铣床，也有大型的龙门铣床。

和车削不同，铣削加工中刀具在主轴驱动下高速旋转为主运动，而被加工工件做缓慢的直线运动为进给运动，工件也可以固定，但此时旋转的刀具还必须移动（同时完成主运动和进给运动）。铣削加工的不安全因素主要是高速旋转的铣刀和铣床工作时产生的切屑飞出伤人；其次是未夹紧的工件及受力不均产生的振动和噪声。

铣刀是多刃刀具，几个刀齿同时加工，铣削力较大，所以安装工件时，要夹紧夹牢；装卸工件时，如工作台未退到安全处，手过分地靠近锋利的铣刀或操作人员从主轴上卸下铣刀时，用手扶托铣刀，会造成划割事故。

铣削加工时，操作者应穿紧身工作服，袖口扎紧；长发者要戴防护帽；高速铣削时要戴防护镜；铣削铸件时应戴口罩；操作时严禁戴手套。

在开始切削时，铣刀必须缓慢地向工件进给，切不可有冲击现象，以免影响机床精度或损坏刀具刃口。加工工件要垫平、卡紧，以免工作过程中，发生松脱造成事故。调整速度和变向，以及校正工件、工具时均需停车后进行。铣床运转时不得调整、测量工件和改变润滑方式，以防手触及刀具碰伤手指。使用扳手紧固工件时，用力方向应避开铣刀。

为防止铣刀伤害事故，在旋转的铣刀上可安装防护罩。加工过程中尽量避免手靠近转动的铣刀，可在切削液导管上装手柄。为防止切屑飞出可装切屑防护罩。

七、刨床安全

刨床是用刨刀对工件的平面、沟槽或成型表面进行刨削的直线运动机床。刨床分为牛头刨床和龙门刨床。牛头刨床为小型刨床，加工时滑枕带动刨刀做往复直线运动，工作台带动工件做间歇的进给运动。每个往复运动中，刀具都要切入工件，刀具受冲击易崩刃或工件滑出造成伤害事故。滑枕则可能使操作者的手挤在刀具与工件之间，或将操作者身体挤向固定物体。此外刨削时飞溅出的切屑也宜伤人。为防止上述事故，除严格按操作规程进行操作外，还应在工作台周围设置防护挡板。

龙门刨为大型刨床，加工时工作台带动工件往复运动。不安全因素是运动的工作台撞击操作者或将操作者压向固定物体。此外，加工大型零件时工人往往站在工作台上调整工件或刀具，由于机床失灵会造成伤害事故。为防止上述事故，应在龙门刨端部设置固定式或可调整防护栏杆；同时应保证工作台和工作台上的工件刨削时伸出床身的最远点和墙壁之间的距离不小于700mm。

刨削加工时工件、刀具、夹具必须装夹牢固。工作前刀锋与工件之间应有一定的间隙，首次吃刀不要太深，以防碰坏刀刃或伤人。机床运转时禁止装卸工作、调整刀具、测量检查工件和清除切屑；操作者严禁离开工作岗位。工作结束后，应关闭机床电器系统和切断电源，进行清理、润滑机床。

八、钻床安全

钻床指加工过程中工件不动，让刀具移动，将刀具中心对正孔中心，并使刀具转动的机床。钻削加工的刀具是钻头，通常钻头旋转为主运动，钻头轴向移动为进给运动。钻床结构简单，加工精度相对较低，可钻通孔、盲孔，更换特殊刀具，可扩、铰孔或进行攻丝等加工。钻床有台式钻床和立式钻床。钻削加工的不安全因素是旋转的主轴、钻头及装夹钻头用的夹具、随钻头一起转动的长螺旋形切屑。

为确保钻削加工的安全，操作者工作前要对钻床和工、夹具进行全面检查，确认无误方可操作。工作中严禁戴手套。钻头缠有长铁屑时，要停车清理，用刷子或铁钩清除，严禁用手拉。在刀具旋转时，不准翻转、夹压或测量工件，手不准触摸旋转的刀具。使用摇臂钻时，横臂回转范围内不准站人，不准有障碍物。工件结束时，将横臂降到最低位置，主轴箱靠近主轴，并且要夹紧。

钻削时产生的带状切屑在钻头的螺旋槽内卷成螺旋带排出时，随钻头一起旋转易甩在操作者的手、脸上造成伤害，有时甚至钩住头发，将头发卷入旋转的钻头上，十分危险。为避免带状切屑伤人，应采取断屑措施。

设置钻床安全保护装置可降低操作区的危险性，保护在操作区的操作人员和其他人员，比如栅栏、双手控制装置、联锁控制装置等。

九、磨床安全

磨床是利用磨具对工件表面进行磨削加工的机床。大多数的磨床是使用高速旋转的砂轮进行磨削加工的。磨削加工应用范围很广，通常作为零件精加工工序，是借助磨具的切削作用，除去工件表面的多余层，使工件表面质量达到预定要求的加工方法。磨削加工速度快、温度高、磨削过程历时短；磨削加工可获得较高的加工精度和很小的表面粗糙度；既可加工软材料，也可加工硬材料；切削深度很小，一次行程中所能切除的金属层很薄。

由于磨具的特殊结构和磨削的特殊加工方式，存在的危险有害因素危及操作者的安全和身体健康，危害具体主要有以下几个方面。

（1）机械伤害。机械伤害是指磨削机械本身、磨具或被磨削工件与操作者接触、碰撞所造成的伤害。例如，人员与磨削机械运动零件的接触造成伤害，与磨具粗糙表面接触造成擦伤，夹持不牢的加工件甩出伤人等。高速运动磨具破坏后碎块飞甩打击伤人，是磨削机械最严重的伤害事故。

（2）噪声危害。磨削机械是高声机械，磨削噪声来自多因素的联合作用，除了磨削机械自身的传动系统噪声、干式磨削的排风系统噪声和湿式磨削的冷却系统噪声外，磨削加工切削动能大、速度高是产生磨削噪声的主要原因。尤其是粗磨、切割、抛光和薄板磨削作业以及使用风动砂轮机，噪声更大，严重损伤操作者听力。

（3）粉尘危害。磨削加工是微量切削，会产生大量的粉尘。据测定，干式磨削产生的粉尘中，小于$5\mu m$的颗粒平均占90%。长期大量吸入磨削粉尘会导致肺组织纤维化，引起尘肺病。

（4）磨削液危害。湿式磨削采用磨削液，对改善磨削的散热条件，防止工件表面烧伤和裂纹，冲洗磨屑，减少摩擦，减少粉尘有很重要的作用。但是，长期接触磨削液可引起皮炎；油基磨削液的雾化会损伤人的呼吸器官；磨削液的种类选择不当，会浸蚀磨具、降低其强度、增大磨具破坏的危险。

（5）火灾危害。研磨用的易燃易爆稀释剂、油基磨削液及其雾化、磨削火花是引起火灾的不安全因素。

为防止磨削加工造成伤害事故，在磨床上需装设安全防护装置，常用的有防护罩、联锁装置、防溅挡板、防护栏板。

磨床加工时，最不安全的因素是高速运转的砂轮，对操作者健康有害的是在磨削过程中所产生的粉尘，此外还有由于砂轮选择不当而造成砂轮破碎事故。因此，在磨削工件时，一定要根据具体磨削条件来选用相适应的砂轮。

砂轮是由磨料、结合剂混合后，经过高温、高压制造而成，是由磨料、结合剂、孔隙三要素组成的非均质体。其中，磨具表面无数高硬度的锋利磨粒作为刀具起切削作用，在砂轮高速旋转时，磨粒切除工件上一层薄金属，形成光洁精确的加工表面；结合剂黏结磨粒使磨具形成适于不同加工要求的各种形状，并在磨削过程中保持形状稳定；孔隙用来容屑、散热，均匀产生自励效果，避免整块崩落失去砂轮合适的廓形。磨料、粒度、结合剂、组织、硬度、形状和尺寸是砂轮的六大特性，对砂轮安全有很大影响。砂轮的选择原则如下：

（1）磨料：根据加工材料的性能选择。

（2）粒度：根据工件表面粗糙度和加工精度选择。

（3）硬度：工件硬选软砂轮，工件软选硬砂轮；加工精度高选中等硬度的砂轮；磨内圆、平面时较磨外圆时砂轮的硬度要低；磨削力大时硬度要高一些。

（4）黏合剂：常用无机黏合剂，但薄而大的砂轮用有机黏合剂。

（5）组织：一般外圆、内圆、平面、无心磨削及刃磨用砂轮都采用中等组织的砂轮。

（6）砂轮的形状和尺寸：根据工件的形状和尺寸选择。

第二节　砂轮机安全

砂轮机是机械工厂最常用的机械设备之一，砂轮机除了具有磨削机床的某些共性要求外，还具有转速高、结构简单、适用面广、一般为手工操作等特点。砂轮机在制作工具中使用频繁，一般无固定人员操作，有的维护保养较差，砂轮质脆易碎，极易伤人。

（1）砂轮机的开口方向应尽可能朝向墙，不能正对着人行通道或附近有设备及操作的人员。如果砂轮机已安装在设备附近或通道旁，在距砂轮机开口处 1～1.5m 处应设置高1.8m 金属网加以屏蔽隔离。砂轮机不得安装在有腐蚀性气体或易燃易爆场所内。砂轮机安装场所应保持地面干燥。砂轮机使用现场应保证足够的照度。

（2）砂轮机的安全防护装置有防护罩和挡屑板。

1）防护罩是砂轮机最主要的防护装置，砂轮机防护罩要有足够的强度（一般钢板厚度为 1.5～3mm）和有效的遮盖面。悬挂式或切割砂轮机最大开口角度小于等于 180°；台式和落地式砂轮机，最大开口角度小于等于 125°，在砂轮主轴中心线水平面以上开口角度小于等于 65°；防护罩安装要牢固，防止因砂轮高速旋转松动、脱落；防护罩与砂轮之间的间隙要匹配，新砂轮与罩壳板正面间隙应为 20～30mm，罩壳板的侧面与砂轮间隙为10～15mm。

2）防护罩在主轴水平面以上开口大于等于 30°时必须设挡屑板。挡屑板应能够随砂轮的磨损而调节与砂轮圆周表面的间隙，两者之间的间隙小于等于 6mm。挡屑板应有足够的强度，能有效地挡住砂轮碎片和飞溅的火星；且应牢固地安装在防护罩壳上。挡屑板的宽度应大于防护罩外圆部分宽度。

（3）托架安装牢固可靠；托架要有足够的面积和强度；托架靠近砂轮一侧的边棱应无凹陷、缺角；托架位置应能随砂轮磨损及时调整间隙，间隙应小于等于 3mm；托架台面的高度与砂轮主轴中心线应等高或略高于砂轮中心水平面 10mm；砂轮直径小于等于 150mm时可不装设托架。

（4）切割砂轮机的法兰盘直径不得小于砂轮直径的 1/4，其他砂轮机的法兰盘直径应大于砂轮直径的 1/3，以增加法兰盘与砂轮的接触面；砂轮左右的法兰盘直径和压紧宽度的尺寸必须相等；法兰盘应有足够的刚度，压紧面紧固后必须保持平整和均匀接触；法兰盘应无磨损、变曲、不平、裂纹、不准使用铸铁法兰盘。

（5）砂轮与法兰盘之间必须衬有柔性材料软垫（如石棉、橡胶板、纸板、毛毡、皮革等），其厚度为 1～2mm，直径应比法兰盘外径大 2～3mm，以消除砂轮表面的不平度，增加法兰盘与砂轮的接触面。

（6）砂轮不平衡造成的危害主要表现在两个方面：一是在砂轮高速旋转时，引起振动；二是不平衡加速了主轴轴承的磨损，严重时会造成砂轮的破裂，造成事故。直径大于或等于 200mm 的砂轮装上法兰盘后应先进行平衡调试。

（7）砂轮机的外壳必须有良好的接地保护装置。

（8）在同一砂轮上禁止两人同时作业，也不得在砂轮侧面磨工件。磨削时，工作者不准站在砂轮正面，必须戴防护镜及防尘口罩。砂轮磨削损耗到规定尺寸时要立即更换，否则禁止使用。检查、维护、调整间隙时必须停机操作。

（9）砂轮机必须配备良好的吸尘设备，安装位置便于操作，并必须有良好的照明装置，禁止在阴暗狭小的操作环境下工作。

第三节 冲压机械安全

冲压加工是利用金属模具将钢材、坯料分离或变形的工艺方法。具有操作简单、生产效率高、尺寸和形状精度高、能冲制复杂零件、容易实现机械化和自动化等优点。广泛应用于汽车、拖拉机、电机、电器仪表、轻工等制造行业中。

板料、模具和设备是冲压加工的三要素。按冲压加工温度分为热冲压和冷冲压。冲压（剪）机械设备包括剪板机、曲柄压力机和液压机等。

一、冲压作业的危险因素

根据发生事故的原因分析，冲压作业中的危险主要有以下几个方面：

（1）设备结构具有的危险。相当一部分冲压设备采用的是刚性离合器，这是利用凸轮机构使离合器接合或脱开，一旦接合运行，就一定要完成一个循环后才会停止。假如在此循环中手不能及时从模具中抽出，就必然会发生伤手事故。

（2）动作失控。设备在运行中还会受到经常性的强烈冲击和振动，使一些零部件变形、磨损以至碎裂，引起设备动作失控而发生危险的连冲事故。

（3）开关失灵。设备的开关控制系统由于人为或外界因素引起的误动作。

（4）模具的危险。模具担负着使工件加工成型的主要功能，是整个系统能量的集中释放部位。由于模具设计不合理或有缺陷，没有考虑到作业人员在使用时的安全，在操作时手就要直接或经常性地伸进模具才能完成作业，因此增加了受伤的可能。有缺陷的模具则可能因磨损、变形或损坏等原因在正常运行条件下发生意外而导致事故。

冲压事故有可能发生在冲压设备的各个危险部位，但绝大多数发生在模具行程间，且伤害部位主要是作业者的手部，即当操作者的手处于模具行程之间时模块下落，就会造成冲手事故，这是设备缺陷和人的行为错误所造成的事故。

二、冲压作业的安全技术措施

冲压作业具有较大危险性和事故多发性的特点，且事故所造成的伤害一般都较为严重。目前防止冲压伤害事故的安全技术措施有多种形式，但就单机人工作业而言，尚不可能确认任何一种防护措施绝对安全。要减少或避免事故，作业人员必须具备一定的技术水平以及对危险的识别能力。

由于冲压作业程序多，有送料、定料、出料、清理废料、润滑、调整模具等操作，所以冲压作业的安全技术措施范围很广，包括改进冲压作业方式、改革冲模结构、实现机械化自动化、设置模具和设备的防护装置等。

（一）使用安全工具

使用安全工具操作，将单件毛坯放入凹模内或将冲制后的零件、废料取出，实现模外作业，避免用手直接伸入上、下模口之间装拆制件，保证人体安全。

目前，使用的安全工具一般根据企业的作业特点自行设计制造。按其不同特点大致归纳为 5 类：弹性夹钳、专用夹钳（卡钳）、磁性吸盘、真空吸盘、气动夹盘。

（二）模具防护措施

模具防护措施包括在模具周围设置防护板（罩）；通过改进模具减少其危险面积，扩大安全空间；设置机械进出料装置，以此代替手工进出料方式，将操作者的双手隔离在冲模危险区之外，实行作业保护。

1. 模具防护板（罩）

设置模具防护板（罩）是实行安全区操作的一种措施。模具防护板（罩）主要有：

（1）固定在下模的防护板。坯料从正面防护板下方的条缝中送入，防止送料不当时将手伸入模内。

（2）固定在凹模上的防护栅栏。它由开缝的金属板制成，可从正面和侧面将危险区封闭起来；在两侧或前侧开有供进退料用的间隙。使用栅栏时，缝隙必须竖直开设，以增加操作者的可见度和减轻视力疲劳。

（3）折叠式凸模防护罩。在滑块处于上死点时，环形叠片与下模之间仅留出可供坯料进出的间隙；滑块下行时，防护罩轻压在坯料上面，并使环片依次折叠起来。

（4）锥形弹簧构成的模具防护罩。在自由状态下弹簧相邻两圈的间隙不大于 8mm，这样既封闭了危险区，又避免了弹簧压伤手指的危险。

2. 模具结构的改进

在不影响模具强度和制件质量的情况下，可将原有的各种手工送料的单工序模具加以改进，以提高安全性。具体措施是：将模具上模板的正面改成斜面；在卸料板与凸模之间做成凹槽或斜面；导板在刚性卸料板与凸模固定板之间保持足够的间隙，一般不小于 15~20mm；在不影响定位要求时，将挡料销布置在模具的一侧；单面冲裁时，尽量将凸模的凸起部分和平衡挡块安排在模具的后面或侧面；在装有活动挡料销和固定卸料板的大型模具上，用凸轮或斜面机械控制挡料销的位置。

（三）冲压设备的防护装置

冲压设备防护装置的形式较多，按结构分为机械式、按钮式、光电式等。

1. 机械式防护装置

（1）推手式保护装置。它是一种通过与滑块连动的挡板的摆动将手推离开模口的机械式保护装置。

（2）摆杆护手装置，又称拨手保护装置。运用杠杆原理将手拨开。一般用于 1600kN 左右、行程次数少的设备上。

（3）拉手安全装置，是一种用滑轮、杠杆、绳索将操作者手的动作与滑块运动联动的装置。压力机工作时，滑块下行，固定在滑块上的拉杆将杠杆拉下，杠杆的另一端同时将软绳往上拉动，软绳的另一端套在操作者的手臂上。因此，软绳能自动将手拉出模口危险区。

机械式防护装置结构简单、制造方便，但对作业干扰较大，操作人员不大喜欢使用，应用受到限制。

2. 双手按钮式保护装置

双手按钮式保护装置是一种用电气开关控制的保护装置。启动滑块时，将人手限制在模外，实现隔离保护。只有操作者的双手同时按下两个按钮时，中间继电器才有电，电磁铁动作，滑块启动。凸轮中开关在下死点前处于开路状态，若中途放开任何 1 个开关时，电磁铁都会失电，使滑块停止运动；直到滑块到达下死点后，凸轮开关才闭合，这时放开按钮，滑块仍能自动回程。

3. 光电式保护装置

光电式保护装置是由光电开关与机械装置组合而成的。它是在冲模前设置各种发光源，形成光束并封闭操作者前侧、上下模具处的危险区。当操作者手停留或误入该区域时，使光束受阻，发出电讯号，经放大后由控制线路作用使继电器动作，最后使滑块自动停止或不能下行，从而保证操作者人体安全。光电式保护装置按光源不同可分为红外光电保护装置和白灼光电保护装置。

（四）冲压作业的机械化和自动化

冲压作业机械化是指用各种机械装置的动作来代替人工操作的动作；自动化是指冲压的操作过程全部自动进行，并且能自动调节和保护，发生故障时能自动停机。

冲压作业的机械化和自动化非常必要，因为冲压生产产品的批量一般都较大，操作动作比较单调，工人容易疲劳，特别容易发生人身伤害事故。所以，冲压作业机械化和自动化是减轻工人劳动强度、保证人身安全的根本措施。

实践证明，采用复合模、多工位连续模代替单工序的危险模，或者在模具上设置机械进出料机构，实现机械化自动化等，都能达到提高产品质量和生产效率、减轻劳动强度、方便操作、保证安全的目的。这是冲压技术的发展方向，也是实现冲压安全防护的根本途径。

三、剪板机安全技术措施

常用的剪板机分为平剪、滚剪和振动剪三种类型，其中平剪床使用最多。剪切厚度小于 10mm 的剪板机多为机械传动，大于 10mm 的剪板机多为液压传动。

剪板机不应独自一人操作，应由二至三人协调进行送料、控制尺寸精度及取料等，并确定一人统一指挥。

剪板机工作时应根据规定的剪板厚度，调整剪刀间隙。

剪板机的皮带、飞轮、齿轮以及轴等运动部位必须安装防护罩。

剪板机操作者送料的手指离剪刀口的距离应最少保持 200mm，并且离开压紧装置。

第四节　木工机械安全

木材是应用最为广泛的一种材料，木材加工或制作各种木制品，都大量地使用各种木工机械。木工机械设备属于危险性较大的机械设备。为了完成对木材的加工，木工机械比一般金属切削机床具有更高的切削速度和更锋利的刃口，因而木工机械较一般金属切削机床更易引起伤害事故。

木工机械包括带锯机、圆锯机、平刨床（机）、压刨床（机）、钻床、铣床、磨床等，在木工机械上发生的工伤事故远远高于金属切削机床，其中平刨床、圆锯机和带锯机是事故发生率较高的几种木工机械。

一、木工机械危险有害因素

木工机械的刀轴转速高，切削刀具大多为多刀多刃且刃口锋利；许多木材加工机械利用手工直接推送木料进行切削。刀具在空转时产生的空气动力噪声很大，在负载时噪声更大。切削时，木屑向四处飞散，造成粉尘悬浮在空气中，影响工人的身心健康。

根据上述木工机械特点，其危险有害因素主要有以下几方面：

（1）木工机械的转速高。通常刀具转速在 5000～10000r/min，快速可防止木材劈裂，但高速也带来了更大的危险性和更多的伤害。

（2）手工送料多。由于木材料软，切削比较容易，送进的速度较快且手法繁杂，所以伤害的危险性就更大。

（3）多刀多刃。木材切削时抗力小，为提高加工效率和精度，在主轴或刀盘上装了许多刀片或刀齿，就更容易造成伤害事故。

（4）噪声大。因为机械转速高、送进快，木料夹持不牢，振动大；又因木料传声快，所以加工时产生很强烈的噪声，操作人员长时间在高噪声的环境中工作，会感到烦躁和疲劳，注意力不集中，从而容易发生工伤事故。

（5）粉尘大。由于木屑高速飞扬，微小的粉尘大量悬浮空气中，因此，木工机械加工的厂房中应很好地解决通风及除尘问题。

木工机械造成的伤害事故主要有机械伤害、火灾和爆炸、木材的生物和化学危害、木粉尘危害、噪声和振动危害。

机械伤害主要包括刀具的切割伤害、木料的冲击伤害、飞出物的打击伤害，这些都是木材加工中常见的伤害类型。例如，对于手工送料的木工机械，当用手推压木料进料时，遇到节疤、弯曲或其他缺陷会使手与刀刃接触，造成伤害甚至割断手指。

火灾危险存在于木材加工全过程的各个环节，因此木工作业场所是防火的重点。

木料加工产生大量的粉尘，小颗粒木尘沉积在鼻腔或肺部，可导致鼻黏膜功能下降，甚至导致木肺尘埃沉着病（俗称尘肺）；悬浮在空间的木粉尘在一定情况下还会发生爆炸。

木材的生物效应可分有毒性、过敏性、生物活性等。可引起许多不同发病症状和过程，例如皮肤症状、视力失调、对呼吸道黏膜的刺激和病变、过敏症状，以及各种混合症状。化学危害是因为木材防腐和粘接时采用了多种化学物质，其中很多会引起中毒、皮炎或损害呼吸道黏膜，甚至诱发癌症。

木材加工过程中的高噪声和高振动，使作业环境恶化，影响职工身心健康。

二、木工机械安全技术

在木材加工各种伤害事故中，机械伤害的危险性大、发生概率高，火灾爆炸事故后果最严重。有的危险因素对人体健康构成长期的伤害。这些问题应在木材加工行业的综合治理中统筹考虑。设计时保证木工机械具有完善的安全装置，包括安全防护装置、安全控制装置和安全报警信号装置等。

（1）按照"有轮必有罩、有轴必有套和锯片有罩、锯条有套、刨（剪）切有挡"及安全器送料的安全要求，对各种木工机械配置相应的安全防护罩。凡外露的皮带轮、转盘或旋转轴都应有可靠的防护罩，徒手操作者必须有安全防护措施。

（2）对于产生噪声、木粉尘或挥发性有害气体的机械设备，应配置与其机械运转相连接的消声、吸尘或通风装置，以消除或减轻职业危害，维护职工的安全和健康。

（3）木工机械的刀轴与电器应有安全联控装置，在装卸或更换刀具及维修时，能切断电源并保持断开位置，以防止误触电源开关或突然供电启动机械，造成人身伤害事故。

（4）针对木材加工作业中的木料反弹危险，应采用安全送料装置或设置分离刀、防反弹安全屏护装置，以保障人身安全。

（5）在装设正常启动和停机操纵装置的同时，还应专门设置遇事故紧急停机的安全控制装置。按此要求，对各种木工机械应制定与其配套的安全装置技术标准。国产定型的木工机械，供货时必须配有完备的安全装置，并供应维修时所需的安全配件，以便在安全防护装置失效后予以更新；对早期进口或自制、非定型、缺少安全装置的木工机械，使用单位应组织力量研制和配置相应的安全装置，使所用的木工机械都有安全装置，特别是对操作者有伤害危险的木工机械。

（6）对缺少安全装置或安全装置不完善的木工机械，应禁止使用。

（7）加强木工机械的自动化程度或安装自动进料装置，最大限度地消除危险或限制风险，实现机械本身应具有的本质安全性能。

（8）使用木工机械时，要穿紧袖口的工作服，不准戴手套，禁止穿宽松式的衣服，女工的头发必须套在工作帽内。在有木料飞出或下落的地方操作，应戴安全帽或穿劳保防护鞋。木工机械周围要经常清理，防止操作人员被碎木绊倒或被木屑、刨花滑倒。

三、危险木工机械安全装置

（一）平刨机

木工刨床对操作者的人身伤害，一是徒手推木料容易伤害手指，二是刨床噪声产生职业危害。

木工平刨机普遍采用手工操作，即利用刀轴的高速旋转，使刀架获得25m/s以上的切削速度，此时用手把持木料并推动木料紧贴工作台面进料，使它通过刀轴，而木料在复合运动中受到刨削，因此断指事故率是很高的，在木工机械中居首，故称为"老虎口"。为防止"老虎口"伤手，平刨机必须安装安全防护装置，否则禁止使用。

为了安全，木工平刨机应使用圆柱形刀轴，绝对禁止使用方轴；压刀片的外缘应与刀轴外圆相合，当手触及刀轴时，只会碰伤手指皮，不会被切断；刨刀刃口伸出量不能超过刀轴外径1.1mm；刨口开口量应符合规定。

为防止平刨机伤手事故，可在刨切危险区域设置安全挡护装置，并限定与台面的间距，可阻挡手指进入危险区域。

降低噪声可采用开有小孔的定位垫片，能降低噪声10~15dB。

（二）带锯机

带锯机是以环状无端的带锯条为锯具，绕在两个锯轮上做单向连续的直线运动来锯切木材的锯机。主要由床身、锯轮、上锯轮升降和仰俯装置、带锯条张紧装置、锯条导向装置、工作台、导向板等组成。

带锯机的各个部分，除了锯卡、导向辊的底面到工作台之间的工作部分外，都应用防护罩封闭。锯轮应完全封闭。锯轮罩的外圆面应该是整体的。锯卡与上锯轮罩之间的防护装置应罩住锯条的正面和两侧面，并能自动调整，随锯卡升降。锯卡应轻轻附着锯条，而不是紧卡着锯条，用手溜转锯条时应无卡塞现象。

带锯机主要采用液压可调式封闭防护罩遮挡高速运转的锯条，使裸露部分与锯割木料的尺寸相适应，既能有效地进行锯割，又能在锯条"放炮"或断条、掉锯时，控制锯条迸溅、乱扎，避免对操作者造成伤害；同时可以防止工人在操作过程中手指误触锯条造成伤害事故。对锯条裸露的切割加工部位，为便于操作者观察和控制，还应设置相应的网状防护罩，防止加工锯屑等崩弹，造成人身伤害事故。

带锯机停机时，由于受惯性力的作用将继续转动，此时手不小心触及锯条就要造成误伤。为使其能迅速停机，应装设锯盘制动控制器。带锯机破损时，亦可使用锯盘制动器，使其停机。

（三）圆锯机

为了防止木料反弹的危险，圆锯上应装设分离刀（松口刀）和活动防护罩。分离刀的作用是使木料连续分离，使锯材不会紧贴转动的刀片，从而不会产生木料反弹。活动罩的作用是遮住圆锯片，防止手过度靠近圆锯片，同时也有效防止了木料反弹。

圆锯机安全装置通常由防护罩、导板、分离刀和防木料反弹挡架组成。弹性可调式安全防护罩可随其锯剖木料尺寸大小而升降，既便于推料进锯，又能控制锯屑飞溅和木料反弹；过锯木料由分离刀扩张锯口，防止因夹锯造成木材反弹，并有助于提高锯割效率。

圆锯机超限的噪声也是严重的职业危害，直接损害操作者的健康，应安装相应的消声装置，或在锯片上开消声槽、在防护罩上开排气槽孔、在机身上装吸声材料等。

总之，大多数木工机械都有不同程度的危险或危害。有针对性地增设安全装置，是保护操作者身心健康和安全，促进和实现安全生产的重要技术措施。

本章小结

本章主要阐述了金属切削机床、冲压机械、木材加工机械等危险机械的危险有害因素、伤害事故、防护及保险装置、安全技术。通过学习应重点掌握危险机械使用过程中造成伤害事故的原因和种类、安全防护装置、安全技术。

自我小结

_____

_____

_____

_____

_____

_____

自测题

一、是非判断题（每题 1 分，共 10 分）

1. 机床与操作者某一方面超出正常范围，就会发生意想不到的冲突而造成事故，从而一定给人造成伤害。 （ ）
2. 木工压刨、平刨机更换刀具时操作者应戴手套，金属切削车床在进行车削工件时不应戴手套。（ ）
3. 在手持工件进行磨削时，为防止砂轮意外破裂碎块飞出伤人，人员应站立在砂轮的侧面方向进行操作。 （ ）
4. 压力机的双手操纵安全装置不仅可以保护直接操作者，也可以保护在压力机周围作业的其他人员的安全。 （ ）
5. 铣屑加工时要随时用手清除床面上的切屑，清除铣刀上的切屑要停车进行。 （ ）
6. 机床上所安装的安全防护装置主要是用于防止固体异物进入机器内部。 （ ）
7. 发现有人被机械伤害的情况时，虽及时紧急停车，但因设备惯性作用，仍可造成伤亡。 （ ）
8. 冲压作业机械化和自动化是减轻工人劳动强度、保证人身安全的根本措施。 （ ）
9. 砂轮机防护罩在主轴水平面以上开口大于等于 30°时必须设挡屑板，以有效阻挡砂轮碎片和飞溅的火星。 （ ）
10. 木材比金属切削时抗力小，为提高加工效率和精度，在主轴或刀盘上装了许多刀片或刀齿，因此相对金属切削不易造成伤害事故。 （ ）

二、单项选择题（每题 1 分，共 15 分）

1. 木工刨床安全装置中，手压平刨刀轴的设计与安装须符合要求，下列（ ）是错误的。
   A. 必须使用圆柱形刀轴，绝对禁止使用方刀轴
   B. 压刀片的外缘应与刀轴外圆相合，当手触及刀轴时，只会碰伤手指皮，不会被切断
   C. 刨刀刃口伸出量必须超过刀轴外径 1.1mm
   D. 刨口开口量应符合规定

2. 在冲压机械中，人体受伤部位最多的是（ ）。
   A. 手和手指   B. 脚   C. 眼睛   D. 背部

3. 冲压事故有可能发生在冲压设备的各个危险部位，但以发生在模具的（ ）为绝大多数。
   A. 上行程   B. 上行程结束   C. 下行程   D. 下行程结束

4. 下列关于金属切削机床不安全的操作方式为（ ）。
   A. 清除铁屑应戴护目镜   B. 操作旋转机床时戴防护手套
   C. 照明应采用安全电压   D. 加工细长杆轴料时尾部应有防弯装置或托架

5. 机床工作结束后，最重要、最优先做的安全工作是（ ）。
   A. 清理机床   B. 关闭电器系统和切断电源
   C. 润滑机床   D. 整理工器具

6. 操作砂轮时，下列（ ）是不安全的。
   A. 使用砂轮片的正面磨削   B. 使用前检查砂轮有无破裂和损伤
   C. 站在砂轮的正面操作   D. 使用砂轮机防护罩

7. 导致绞缠伤害的危险来自（ ），夹挤伤害的危险来自（ ）。
   A. 旋转零部件、高处坠落物体   B. 直线运动零部件、飞出物打击
   C. 高处坠落物体、直线运动零部件   D. 旋转零部件、直线运动零部件

8. 运动机械的故障往往是易损件的故障，因此，应该对在役的机械设备易损件进行检测。下列机械设备的零部件中，应重点检测的部位是（ ）。

A. 轴承和工作台　　　　B. 叶轮和防护罩　　　　C. 传动轴和工作台　　　D. 齿轮和滚动轴承

9. 压力机上常用压塌片作为机械薄弱环节，保护主要受力曲轴免受超载造成的破坏，这种防护装置为（　　）。

　　A. 隔离保护装置　　　　B. 安全定位装置　　　　C. 联锁防护装置　　　D. 过载保护装置

10. 根据统计，切削加工引起的伤害事故中，多半是由（　　）引起的。

　　A. 机床的设计缺陷　　　B. 未安装防护装置　　　C. 防护装置不完善　　D. 人的错误操作

11. 机床常见事故与机床的危险因素有密切的关系。下列事故中，不属于机床常见事故的是（　　）。

　　A. 工人违规戴手套操作时旋转部件绞伤手指　　　B. 零部件装卡不牢导致飞出击伤他人

　　C. 机床漏电导致操作工人触电　　　　　　　　　D. 工人检修机床时被工具绊倒摔伤

12. 为了防止机床事故应对易损件进行检测，以及时发现易损件的缺陷。检测人员应了解各零部件容易出现的问题，做到检测时心中有数。下列现象中，不属于滚动轴承常出现的问题是（　　）。

　　A. 磨损　　　　　　　　B. 化学腐蚀　　　　　　C. 滚珠砸碎　　　　　D. 油压降低

13. 机械设备中运动机械的故障往往是易损件的故障。因此，在设计制造中应保证易损件的质量，在运行过程中应该对零部件进行检测。下列机床的零部件中，需要重点检测的是（　　）。

　　A. 轴承、齿轮、叶轮、床身　　　　　　　　　　B. 床身、传动轴、轴承、齿轮

　　C. 传动轴、轴承、齿轮、叶轮　　　　　　　　　D. 刀具、轴承、齿轮、叶轮

14. 机床运转过程中，转速、温度、声音等应保持正常。异常声音，特别是撞击声的出现往往表明机床已经处于比较严重的不安全状态。下列情况中，能发出撞击声的是（　　）。

　　A. 零部件松动脱落　　　B. 润滑油变质　　　　　C. 零部件磨损期　　　D. 负载太大

15. 剪板机是机加工工业生产中应用比较广泛的一种剪切设备，它能剪切各种厚度的钢板材料。下列关于操作剪板机的安全技术措施中正确的是（　　）。

　　A. 剪板机操作者送料的手指应离开压紧装置，但离剪刀口的距离应不超过100mm

　　B. 剪板机应独自一人操作

　　C. 不同规格、不同材质的板料尽量同时剪切

　　D. 根据规定的剪板厚度调整剪刀间隙

三、多项选择题（每题2分，共10分。5个备选项：A、B、C、D、E。至少2个正确项，至少1个错误项。错选不得分；少选，每选对1项得0.5分）

1. 冲压（剪）是靠压力和模具对板材、带材等施加外力使之发生变形或分离，以获得所需要形状和尺寸工件的加工方法。冲压（剪）作业中存在多种危险因素。下列危险因素中，属于冲压（剪）设备危险因素的有（　　）。

　　A. 应用刚性离合器的冲压（剪）设备在没有完成一个工作周期前不能停车

　　B. 在强烈的冲击下，一些零部件发生变形、磨损以至碎裂，导致设备动作失控

　　C. 开关失灵，引起的误动作

　　D. 加工件装卡不牢，飞出伤人

　　E. 模具有缺陷或严重磨损

2. 冲压设备的安全装置有机械式、光电式等多种形式。下列安全装置中，属于机械式的有（　　）安全装置。

　　A. 推手式　　　　B. 双手按钮式　　　　C. 拉手式　　　　D. 摆杆护手式　　　　E. 感应式

3. 在木材加工过程中，刀轴转动的自动化水平低，存在较多危险因素。下列关于安全技术措施的说法中，正确的有（　　）。

　　A. 木工机械的刀轴与电器应有安全联控装置

　　B. 圆锯机上应安装分离刀和活动防护罩

　　C. 刨床采用开有小孔的定位垫片降低噪声

D. 手压平刨刀轴必须使用方刀轴

E. 带锯机应装设锯盘制动控制器

4. 用砂轮机进行手工磨削工件时，不安全操作现象是（   ）。

    A. 操作者站在砂轮的正面   B. 操作者站在砂轮的侧面

    C. 用砂轮的圆周面磨削   D. 用砂轮的侧面磨削

    E. 为提高设备利用率，多人同时磨削

5. 金属切削机床常见危险因素的控制措施有（   ）。

    A. 零部件装卡牢固   B. 设备可靠接地，照明采用安全电压

    C. 尾部安防弯装置   D. 及时维修安全防护、保护装置

    E. 操作人员须远离机床

四、填空题（每空 1 分，共 20 分）

1. 机床防护装置是用于隔离 _____ 与危险部位和运动物体的，常用的防护装置有 _____、_____、_____。

2. 各种木工机械应按照有轮必有 _____、有轴必有 _____ 和锯片有 _____、锯条有套、刨（剪）切有挡、安全器送料的要求，配置相应的安全防护装置。

3. 木工机械的刀轴与电气应有 _____ 装置，在装卸或更换刀具及维修时，能 ____ 电源并保持断开位置，以防误触电源开关或突然供电启动机械而造成人身伤害事故。

4. 机床由于振动和噪声过大而产生的故障率占整个故障的 _____。

5. 牛头刨通过装卡在滑枕上刨刀相对于工件在水平方向上的直线往复运动进行切削加工。滑枕的水平运动可能发生的机械危险是 _____；车床暴露的丝杠旋转运动可能发生的机械危险是 _____。

6. 车削加工时的不安全因素是工件及夹紧装置的 _____ 和切削过程所产生的 _____。

7. 切割砂轮机的法兰盘直径不得小于砂轮直径的 1/4，其他砂轮机的法兰盘直径应大于砂轮直径的 ____，以增加法兰盘与砂轮的接触面。

8. 冲压机械中使用的机械式保护装置主要有 _____、_____、_____。

9. 剪板机的皮带、飞轮、齿轮以及轴等运动部位必须安装 _____。剪板机操作者送料的手指离剪刀口的距离应最少保持 _____，并且离开压紧装置。

五、名词解释（每题 3 分，共 15 分）

1. 金属切削加工

2. 保险装置

3. 制动装置

4. 防护装置

5. 意外事故联锁装置

六、问答题（每题 10 分，共 30 分）

1. 金属切削机床常见危险因素的控制措施有哪些？

2. 冲压作业中存在哪些危险因素？

3. 设计木工机械时应保证安全装置完善，试述其安全技术要求。

扫描封面二维码可获取自测题参考答案

第三章 热加工安全技术

本章内容提要

1. 知识框架结构图

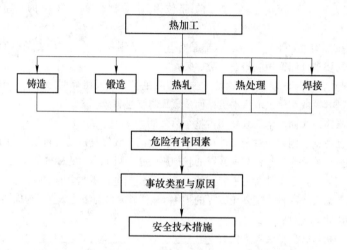

2. 知识导引

在金属学中，把高于金属再结晶温度的加工叫热加工。热加工可分为金属铸造、锻造、热轧、焊接和金属热处理等工艺。热加工能使金属零件在成型的同时改善它的组织，或者使已成型的零件改变结晶状态以改善零件的力学性能。铸造、焊接是将金属熔化再凝固成型。热轧、锻造是将金属加热到塑性变形阶段，再进行成型加工。金属热处理只改变金属件的金相组织，包括退火、正火、淬火、回火等。

热加工过程中伴随着高温，并散发着各种有害气体、粉尘和烟雾，同时还产生噪声，作业环境恶劣，劳动条件差，作业工序多，体力劳动繁重，起重运输工作量大，因而容易发生各类伤害事故，需要采取针对性的安全技术措施。

3. 重点及难点

本章重点是铸造、锻造、热处理和焊接生产过程中伤害事故的种类、产生原因和安全技术措施。

4. 学习目标

通过本章的学习，应达到以下目标：

（1）了解热轧过程中事故类型及安全技术措施；

（2）了解铸造生产的特点，掌握事故类型、原因及安全技术措施；

（3）了解锻造生产的特点，掌握事故类型、原因及安全技术措施；

（4）了解热处理的特点，掌握事故类型及安全技术措施；

（5）了解焊接的特点，掌握事故类型及安全技术措施。

5. 教学活动建议

搜集铸造、锻造、热处理、焊接等生产过程中造成伤害事故的历史事件，课间播放相关视频，以提高读者学习兴趣，有条件可组织现场参观教学。

第一节　铸造安全技术

一、铸造设备与工艺

铸造是人类掌握比较早的一种金属热加工工艺，已有约 6000 年的历史。铸造是指将熔融金属浇注、压射或吸入铸型型腔中，待其凝固后得到一定形状和性能铸件的加工方式。被铸物质多是原为固态但加热至液态的金属（例如，铜、铁、铝、锡、铅等），而铸模的材料可以是砂、金属甚至陶瓷。

铸造是比较经济的毛坯成型方法，对于形状复杂的零件更能显示出它的经济性。如汽车发动机的缸体和缸盖，船舶螺旋桨以及精致的艺术品等。有些难以切削的零件，如燃气轮机的镍基合金零件不用铸造方法无法成型。与铸造相关的机械设备属于铸造设备，主要类型如下。

（1）砂处理设备。如碾轮式混砂机、逆流式混砂机、叶片沟槽式混砂机、多边筛等。混砂机是用于混制型砂或芯砂的铸造设备，主要功能是将旧砂、新砂、型砂黏结剂和辅料混合均匀。

（2）造型机与造芯机。造型机是用于制造砂型的铸造设备，主要功能是填砂，将松散的型砂填入砂箱中，紧实型砂。造芯机是用于制造型芯的铸造设备。生产上常用的造型设备有震实式、压实式、震压式等，常用的制芯设备有挤芯机、射芯机等。

（3）金属冶炼设备。主要是冲天炉和电弧炉。冲天炉是铸造生产中熔化铸铁的重要设备，冲天炉的熔炼过程是：从炉顶加料口加入焦炭、生铁、废钢铁和石灰石，高温炉气上升和金属炉料下降，伴随着底焦的燃烧，使金属炉料预热和熔化以及铁水过热，在炉气和炉渣及焦炭的作用下使铁水成分发生变化。电弧炉是利用电极电弧产生的高温熔炼矿石和金属的电炉，适用于优质合金钢和普通碳素钢的熔炼。

（4）铸件清理设备。如落砂机、抛丸机、清理滚筒机等。落砂机是利用振动和冲击使铸型中的型砂和铸件分离的铸造设备。抛丸机是利用抛丸器抛出的高速弹丸清理或强化铸件表面的铸造设备，抛丸机能同时对铸件进行落砂、除芯和清理。清理滚筒机是利用高速回转的叶轮将弹丸抛向滚筒内不断翻转的铸件，清除其表面的残余型砂或氧化铁皮。

铸造工艺通常包括铸型准备、铸造金属的熔化与浇注、铸件处理和检验。

（1）铸型是使液态金属成为固态铸件的容器。铸型按所用材料可分为砂型、金属型、陶瓷型、泥型、石墨型等，按使用次数可分为一次性型、半永久型和永久型，铸型准备的优劣是影响铸件质量的主要因素。

（2）铸造金属（铸造合金）主要有各类铸铁、铸钢和铸造有色金属及合金；铸造金属的熔化与浇注是将加热后熔化状态的金属浇进铸型，通过控制温度、化学成分和纯净度等参数达到预期要求。在熔炼过程中要进行以控制质量为目的的各种检查测试，液态金属在达到各项规定指标后方能允许浇注。有时，为了达到更高要求，金属液在出炉后还要经炉外处理，如脱硫、真空脱气、炉外精炼、孕育或变质处理等。

（3）铸件处理和检验包括清除型芯和铸件表面异物、切除浇冒口、铲磨毛刺等凸出物以及热处理、整形、防锈处理和粗加工等。

二、铸造作业危险有害因素

铸造作业过程中存在诸多的不安全因素。可能导致多种危害，需要从管理和技术方面采取措施，控制事故的发生，减少职业危害。

（一）火灾及爆炸

红热的铸件、飞溅铁水等一旦遇到易燃易爆物品，极易引发火灾和爆炸事故。

（二）灼烫

浇注时稍有不慎，就可能被熔融金属烫伤；经过熔炼炉时，可能被飞溅的铁水烫伤；经过高温铸件时，也可能被烫伤。

（三）机械伤害

铸造作业过程中，机械设备、工具或工件的非正常选择和使用，人的违章操作等，都可导致机械伤害。如造型机压伤，设备修理时误启动导致砸伤、碰伤。

（四）高处坠落

由于工作环境恶劣、照明不良，加上车间设备立体交叉，维护、检修和使用时，易从高处坠落。

（五）尘毒危害

在型砂、芯砂运输、加工过程中，打箱、落砂及铸件清理中，都会使作业地区产生大量的粉尘，因接触粉尘、有害物质等因素易引起职业病。冲天炉、电弧炉产生的烟气中含有大量对人体有害的一氧化碳，在烘烤砂型或砂芯时也有二氧化碳气体排出；利用焦炭熔化金属，以及铸型、浇包、砂芯干燥和浇铸过程中都会产生二氧化硫气体，如处理不当，将引起呼吸道疾病。

（六）噪声振动

在铸造车间使用的震实造型机、铸件打箱时使用的震动器，以及在铸件清理工序中，利用风动工具清铲毛刺，利用滚筒清理铸件等都会产生大量噪声和强烈的振动。

（七）高温和热辐射

铸造生产在熔化、浇铸、落砂工序中都会散发出大量的热量，在夏季车间温度会达到40℃或更高，对工作人员健康或工作极为不利。

综上所述，铸造生产工序多，起重运输量大，生产过程中伴随高温，并产生各种有害气体和粉尘、烟雾和噪声等特点，使得铸造作业经常发生烫伤、火灾、爆炸和机械伤害等事故。另外，还易造成热辐射、中毒、振动及矽肺病等职业病伤害。因此，铸造作业的安全工作重点是防尘、防热和预防机械伤害。

三、铸造作业安全技术

由于铸造车间的工伤事故远较其他车间多，因此，需从工艺要求、建筑要求和通风除尘等多方面采取安全技术措施。

在工艺方面，应主要考虑如下安全技术要求。

（一）工艺布置

应根据生产工艺水平、设备特点、厂区场地和厂房条件等，结合防尘防毒技术综合考虑工艺设备和生产流程的布局。砂处理、清理等工段宜用轻质材料或实体墙等设施与其他部分隔开；大型铸造车间的砂处理、清理工段可布置在单独的厂房内。造型、落砂、清砂、打磨、切割、焊补等工序宜固定作业工位或场地，以方便采取防尘措施。在布置工艺设备和工作流程时，应为除尘系统的合理布置提供必要条件。

（二）工艺设备

混砂机、筛砂机、带式运输机等产生粉尘污染的设备应配置密闭罩，非标准设备在设计时应附有防尘设施。型砂准备及砂的处理应密闭化、机械化。输送散料状干物料的带式运输机应设封闭罩。混砂不宜采用扬尘大的爬式翻斗加料机和外置式定量器，宜采用带称量装置的密闭混砂机。炉料准备的称量、送料及加料应采用机械化装置。

（三）工艺方法

在采用新工艺、新材料时，应防止产生新污染。冲天炉熔炼不宜加萤石。应改进各种加热炉窑的结构、燃料和燃烧方法，以减少烟尘污染。回用热砂应进行降温去灰处理。

（四）工艺操作

在工艺可能的条件下，宜采用湿法作业。落砂、打磨、切割等操作条件较差的场合，宜采用机械手遥控隔离作业。

浇注作业一般包括烘包、浇注和冷却三个工序。浇注前检查浇包是否符合要求；升降机构、倾转机构、自锁机构及抬架是否完好、灵活、可靠；浇包盛铁水不得太满，不得超过容积的80%，以免洒出伤人；浇注时，所有与金属溶液接触的工具，如扒渣棒、火钳等均需预热，防止与冷工具接触产生飞溅。

很多造型机、制芯机都是以压缩空气为动力源，为保证安全，防止设备发生事故或造成人身伤害，在结构、气路系统和操作中，应设有相应的安全装置，如限位装置、联锁装置、保险装置。

为保证安全，铸造车间应满足一定的建筑要求。铸造车间应安排在高温车间、动力车间的建筑群内，建在厂区其他不释放有害物质的生产建筑的下风侧。厂房主要朝向宜南北向。厂房平面布置应在满足产量和工艺流程的前提下同建筑、结构和防尘等要求综合考虑。铸造车间四周应有一定的绿化带。铸造车间除设计有局部通风装置外，还应利用天窗排风或设置屋顶通风器。熔化、浇注区和落砂、清理区应设避风天窗。有桥式起重设备的边跨，宜在适当高度位置设置能启闭的窗扇。

通风除尘系统是铸造作业的重要安全技术措施。

（1）炼钢电弧炉的排烟宜采用炉外排烟、炉内排烟、炉内外结合排烟。通风除尘系统的设计参数应按冶炼氧化期最大烟气量考虑。电弧炉的烟气净化设备宜采用干式高效除尘器。

（2）冲天炉的排烟净化宜采用机械排烟净化设备，包括高效旋风除尘器、颗粒层除尘器、电除尘器。

（3）颚式破碎机上部，直接给料，落差小于1m时，可只做密闭罩而不排风。不论上部有无排风，当下部落差大于等于1m时，下部均应设置排风密封罩。球磨机的旋转滚筒应设在全封闭罩内。

（4）砂处理设备、筛选设备、输送设备与造芯、落砂及清理、铸件表面清理等设备均应进行通风除尘。清理打磨镁合金铸件时，必须防止镁尘沉积在工作台、地板、窗台、架空梁和管道以及其他设备上。不应用吸尘器收集镁尘，应将镁尘扫除并放入有明显标记的有盖的铸铁容器中，然后及时与细干砂等混合埋掉；在打磨镁合金铸件的设备上不允许打磨其他金属铸件，否则由于产生火花易引起镁尘燃烧。因此这些设备应标有"镁专用"记号；清理打磨镁合金铸件的设备必须接地，否则能因摩擦而起火。在工作地点附近应禁止吸烟，并放置石墨粉、石灰石粉或白云石粉灭火剂。操作者应穿皮革或表面光滑的工作服，并且要经常刷去粉尘；一定要戴防护眼镜和长的皮革防护手套。只能使用天然矿物油和油膏来冷却和润滑，不应当使用动物油、植物油、含酸矿物油、油水乳化液。

第二节　锻造安全技术

一、锻造的特点及危险因素

锻造是一种利用锻压机械对金属坯料施加压力，使其产生塑性变形以获得具有一定机械性能、形状和尺寸锻件的加工方法。通过锻造能消除金属在冶炼过程中产生的铸态疏松等缺陷，优化微观组织结构，同时由于保存了完整的金属流线，锻件的力学性能一般优于同样材料的铸件。相关机械中负载高、工作条件严峻的重要零件，除形状较简单的可用轧制的板材、型材或焊接件外，多采用锻件。

根据锻造加工时金属材料所处温度状态的不同，锻造又可分为热锻、温锻和冷锻。热锻指被加工的金属材料处在红热状态（锻造温度范围内），通过锻造设备对金属施加的冲击力或静压力，使金属产生塑性变形而获得预想的外形尺寸和组织结构。

在锻造车间里的主要设备有锻锤、压力机（水压机或曲柄压力机）、加热炉等。生产工人经常处在振动、噪声、高温灼热、烟尘，以及料头、毛坯堆放等不利的工作环境中，因此，对操作这些设备的工人的安全卫生应特别加以注意；否则，在生产过程中将容易发生各种安全事故，尤其是人身伤害事故。

锻造作业的危险有害因素是：

（1）锻造生产是在金属灼热的状态下进行的（如低碳钢锻造温度范围在750~1250℃之间），由于有大量的手工劳动，稍不小心就可能发生灼伤。

（2）锻造车间里的加热炉和灼热的钢锭、毛坯及锻件不断地发散出大量的辐射热（锻件在锻压结束时仍然具有相当高的温度），工人经常受到热辐射的侵害。

（3）锻造车间的加热炉在燃烧过程中产生的烟尘排入车间的空气中，不但影响作业环境，还降低了车间内的能见度，对于燃烧固体燃料的加热炉，情况就更为严重，因而也可能会引起工伤事故。

（4）锻造生产中所使用的设备如空气锤、蒸汽锤、摩擦压力机等，工作时承受的都是冲击力；设备在承受这种冲击载荷时，本身容易突然损坏（如锻锤活塞杆的突然折断）而造成严重的伤害事故。压力机（如水压机、曲柄热模锻压力机、平锻机、精压机）、剪床等在工作时，冲击性虽然较小，但设备的突然损坏等情况也时有发生，操作者往往猝不及防，也有可能导致工伤事故。

（5）锻造设备作用力大，如果模子安装调整上出现错误或操作时稍不正确，大部分的作用力作用在模子、工具或设备本身的部件上，可能引起机件的损坏以及其他严重的设备或人身事故。

（6）锻工工具更换频繁，存放杂乱，会造成工伤事故。

（7）锻造车间设备在运行中发生的噪声和振动，使工作地点嘈杂刺耳，影响人的听觉和神经系统，分散了注意力，增加了发生事故的可能性。

（8）锻造属于集体作业，每个操作者的技术水平、精神状态以及是否严格遵守操作规程，都直接影响作业安全。

二、事故的种类与原因

由于锻造是在金属材料灼热状态下进行挤、压、锻、打成型的，因此生产过程存在高温、烟尘、振动和噪声等危害因素，稍一疏忽就可能发生灼烫、机械伤害和火灾爆炸事故。

（1）机械伤害。锻造加工过程中，机械设备、工具或工件的非正常选择和使用，人的违章操作等，都可导致机械伤害。如锻锤锤头击伤，打飞锻件伤人，辅助工具打飞击伤，模具、冲头打崩、损坏伤人，原料、锻件等在运输过程中造成的砸伤，操作杆打伤、锤杆断裂击伤等。

（2）火灾爆炸事故。红热的坯料、锻件及飞溅氧化皮等一旦遇到易燃易爆物品，极易引发火灾和爆炸事故。

（3）灼烫。锻造加工时坯料常加热至1000℃左右，操作者一旦接触到红热的坯料、锻件及飞溅氧化皮等，必定被烫伤。

加热炉和灼热的工件辐射大量热能，火焰炉使用的各种燃料燃烧产生炉渣、烟尘，如不采取通风净化措施，将会污染工作环境，恶化劳动条件，容易引起伤害事故。

（1）噪声和振动。锻锤以巨大的力量冲击坯料，产生强烈的低频率噪声和振动，可引起职工听力降低或患振动病。

（2）中毒危害。火焰炉使用的各种燃料燃烧生产的炉渣、烟尘，空气中存在的有毒有害物质和粉尘微粒。

（3）热辐射。锻造车间里的加热炉和灼热的钢锭、毛坯及锻件不断地发散出大量的辐射热（锻件在锻压结束时，仍然具有相当高的温度），工人经常受到热辐射的侵害。

三、锻造安全技术

锻压机械的结构不但要保证设备运行中的安全，而且要能保证安装、拆卸和检修等各项工作的安全。

（1）采用本质安全设计，锻压机械的机架和突出部分不得有棱角或毛刺。

（2）外露的传动装置（齿轮传动、摩擦传动、曲柄传动或皮带传动等）必须要有防护罩。防护罩需用铰链安装在锻压设备的不动部件上。

（3）锻压机械的启动装置必须能保证对设备进行迅速开关，并保证设备运行和停车状态的连续可靠。启动装置的结构应能防止锻压设备意外的开动或自动开动。较大型的空气锤或蒸汽-空气自由锤一般是用手柄操纵的，应该设置简易的操作室或屏蔽装置。模锻锤的脚踏板也应置于某种挡板之下，它是一种用角钢做成的架子，上面覆以钢板，脚踏板置于架子下面，操作者应便于将脚伸入进行操纵。

（4）电动启动装置的按钮盒，其按钮上需标有"启动""停车"等字样。停车按钮为红色，其位置比启动按钮高 10~12mm。

（5）在高压蒸汽管道上必须装有安全阀和凝结罐，以消除水击现象，降低突然升高的压力。

（6）蓄力器通往水压机的主管上必须装有当水耗量突然增高时能自动关闭水管的装置。安设在独立室内的重力式蓄力器必须装有荷重位置指示器，使运行人员能在水压机的工作地点上观察到荷重的位置。

（7）任何类型的蓄力器都应有安全阀。安全阀必须由技术检查员加铅封，并定期进行检查。安全阀的重锤必须封在带锁的锤盒内。

鉴于锻压设备存在很多不安全因素，在进行锻造作业时，操作者必须穿戴好个人防护用品，遵守安全操作规程，集中精力，互相配合。

第三节　热轧安全技术

一、热轧的特点

轧钢是将炼钢厂生产的钢锭或连铸钢坯轧制成钢材的生产过程，用轧制方法生产的钢材，根据其断面形状，可大致分为型材、线材、板带、钢管、特殊钢材类。轧钢方法按轧制温度不同可分为热轧与冷轧；冷轧是在再结晶温度以下进行的轧制，而热轧就是在再结晶温度以上进行的轧制。

轧钢属于金属压力加工，在热轧生产线上，轧坯加热变软，被辊道送入轧机，最后轧成用户要求的尺寸。热轧加工的产品主要有钢板、钢筋、型钢。热轧时金属塑性好，变形抗力低，减少了金属变形的能量消耗。热轧能改善金属及合金的加工工艺性能，将铸造状态的粗大晶粒破碎，显著裂纹愈合，减少或消除铸造缺陷，将铸态组织转变为变形组织，提高合金的加工性能。轧钢是连续不间断的作业，钢带在辊道上运行速度快，热轧的生产效率高，易实现轧制过程的连续化和自动化。

经过热轧之后，钢材内部的非金属夹杂物（硫化物、氧化物和硅酸盐）被压成薄片，出现分层（夹层）现象。由于不均匀冷却会造成残余应力，热轧不能非常精确地控制产品所需的力学性能，热轧制品的组织和性能也呈现不均匀。热轧产品厚度尺寸较难控制，因此热轧产品一般多作为冷轧加工的坯料。

二、热轧危险因素及事故类别

热轧生产的主要危险来自：高温加热设备、高温物流；高速运转的机械设备；煤气、氧气等易燃易爆和有毒有害气体；有毒有害化学制剂；电器和液压设施；能源和起重设备；作业高温、噪声和烟雾影响。

热轧生产的事故类别主要有：机械伤害、物体打击、起重伤害、灼烫、高处坠落、触电和爆炸等。事故原因主要是：违章作业和操作失误、技术设备缺陷和防护装置缺陷、安全技术和操作技术不熟练、作业环境条件不良、安全规章制度执行不严格。

三、热轧安全技术

现代的安全管理是事故前的管理，尤其要重视设备本身的安全性。

（一）厂区布置与厂房建筑

轧钢厂区的高温热件多，吊运作业多，吊运物件重，厂区布置与厂房建筑要充分考虑散热、通风、耐腐、荷重、宽敞等要求。

（二）本质安全设计

本质安全就是从设计和制造上采取措施，实现自动控制，消除隐患，采取各项技术措施，避免或消灭事故于未然状态。

（三）防火设计

轧钢生产的液压控制系统、电缆隧道、电气控制室（包括计算机房）等皆是生产的要害部位，生产中已发生多起电缆隧道火灾事故，损失巨大，因此主要生产场所设计应满足防火最小安全间距。车间电气室、地下油库、地下液压站、地下润滑站、地下加压站等要害部门，其出入口应不少于两个，门应向外开。电气室（包括计算机房）、主电缆隧道和电缆夹层，应设有火灾自动报警器、烟雾火警信号器、监视装置、灭火装置和防止小动物进入的措施。还应设防火墙和遇火能自动封闭的防火门，电缆穿线孔等应用防火材料进行封堵。新建、改建和扩建的轧钢企业，应设有集中监视和显示的火警信号中心。油库、液压站和润滑站，应设有灭火装置和自动报警装置。

（四）安全联锁设计

轧钢生产多系统交错自动化要求程度高，生产中一旦出现异常，将会使事故扩大并产生联锁反应，为及时中断事故链，可采用安全联锁设计。液压系统和润滑系统的油箱，应设有液位上下限、压力上下限、油温上限和油泵过滤器堵塞的显示和警报装置，油箱和油泵之间应有安全联锁装置。轧机与前后辊道或升降台、推床、翻钢机等辅助设施之间，应设有安全联锁装置。自动、半自动程序控制的轧机，设备动作应具有安全联锁功能。

（五）安全防护设计

安全防护起着阻隔、屏蔽、阻挡、转移有害物对作业者的伤害，包括栏杆、挡板、盖板、隔板、护罩等。

（六）安全装置与监控

安全装置包括防爆或泄爆装置、防火或灭火装置、防碰撞装置、过载保护装置、限位装置、逆止装置等，按事故的能量理论，其将失控的能量或物质引入规定的轨道或最小损失的轨道。安全装置的动作是否及时，是否发挥应有的作用，与控制指标的设定、监测报警装置的可靠性有关。

（七）事故预防措施

严格执行安全操作规程，实施标准化作业。检修前组织好检修人员和安全管理人员，做好安全准备工作，并在检修过程中加强安全监护。重视不安全因素，除有安全防范措施外，检修现场要设置围栏、安全网、屏障和安全标志牌。高空作业必须戴安全带。

第四节 热处理安全技术

一、热处理及设备

热处理是将金属材料放在一定的介质内加热、保温、冷却，通过改变材料表面或内部的金相组织结构来控制其性能的一种金属热加工工艺。

金属热处理是机械制造中的重要工艺之一，与其他加工工艺相比，热处理一般不改变工件的形状和整体的化学成分，而是通过改变工件内部的显微组织，或改变工件表面的化学成分，赋予或改善工件的使用性能。其特点是改善工件的内在质量，而这一般不是肉眼所能看到的。

为使金属工件具有所需要的力学性能、物理性能和化学性能，除合理选用材料和各种成形工艺外，热处理工艺往往是必不可少的。钢铁是机械工业中应用最广的材料，钢铁显微组织复杂，可以通过热处理予以控制，所以钢铁的热处理是金属热处理的主要内容。另外，铝、铜、镁、钛等及其合金也都可以通过热处理改变其力学、物理和化学性能，以获得不同的使用性能。

金属热处理大体可分为整体热处理、表面热处理和化学热处理三大类。整体热处理是对工件整体加热，然后以适当的速度冷却，获得需要的金相组织，以改变其整体力学性能的金属热处理工艺。钢铁整体热处理大致有退火、正火、淬火和回火四种基本工艺。

热处理工序中的主要设备是加热炉，可以分为燃料炉和电炉两大类。

（1）燃料炉以固体、液体和气体燃烧产生热源，如煤炉、油炉和煤气炉。它们靠燃烧直接发出热能量，大都属一次能源，价值经济、消耗低，但容易使工件表面脱碳和氧化。常用于一般要求的加热工件和材料热处理中。

（2）电炉以电为热能源，即二次能源。按其加热方法不同，又分为电阻炉和感应炉。

1）电阻炉。主要由电阻体作为发热元件。根据热处理工艺的要求，可进行退火、正火、回火、淬火、渗碳氧化和氮化，也可解决无氧化问题。

2）感应炉。通过电磁感应作用，使工件内产生感应电流，将工件迅速加热。感应炉加热是热处理工艺中的一种先进方法，主要用于表面淬火，后来逐步扩大为用于正火、淬火、回火以及化学热处理等，特别是对于一些特殊钢材和有特殊工艺要求的工件应用较多。

进行热处理时，工人经常与设备和金属件接触，因此必须认真掌握有关安全技术，避免发生事故。

二、热处理安全技术与防护措施

热处理安全技术与防护措施包括：

（1）操作前，首先要熟悉热处理工艺规程和所要使用的设备。操作时，必须穿戴好必要的防护用品。如工作服、手套、防护眼镜等。

（2）混合渗碳剂、喷砂等应在单独的房间中进行，并应设置足够的通风设备。在加热设备和冷却设备之间，不得放置任何妨碍操作的物品。设备危险区（如电炉的电源引线、汇流条、导电杆和传动机构等），应当用铁丝网、栅栏、板等加以防护。热处理用全部工具应当有条理地放置，不许使用残裂的、不合适的工具。

（3）车间的出入口和车间内的通路，应当通行无阻。在重油炉的喷嘴及煤气炉的浇嘴附近，应当安置灭火砂箱；车间内应放置灭火器。

（4）操作重油炉（包括煤气炉）时，必须经常对设备进行检查，油管和空气管不得漏油、漏气，炉底不应存有重油。如发现油炉工作不正常，必须立即停止燃烧。油炉燃烧时不要站在炉口，以免火焰灼伤身体。如果发生突然停止输送空气，应迅速关闭重油输送管。为了保证操作安全，在打开重油喷嘴时，应该先放出蒸汽或压缩空气，然后再放出重油；关闭喷嘴时，则应先关闭重油的输送管，然后再关闭蒸汽或压缩空气的输送管。

（5）各种电阻炉在使用前，需检查其电源接头和电源线的绝缘是否良好，要经常注意检查启闭炉门自动断电装置是否良好，以及配电柜上的红绿灯工作是否正常。无氧化加热炉所使用的液化气体，是以压缩液体状态贮存于气瓶内的，气瓶环境温度不能超过45℃。液化气是易燃气体，使用时必须保证管路的气密性，以防发生火灾和伤害事故。由于气体中一氧化碳的含量较高，因此使用时要特别注意保证室内通风良好，并经常检查管路的密封。当炉温低于760℃或可燃气体与空气达到一定的混合比时，就有爆炸的可能，为此在启动与停炉时更应注意安全操作，最可靠的办法是在通风及停炉前用惰性气体、非可燃气体氮气或二氧化碳吹扫炉膛及炉前室。

（6）操作盐浴炉时应注意，在电极式盐浴炉电极上不得放置任何金属物品，以免变压器发生短路。工作前应检查通风机的运转和排气管道是否畅通，同时检查坩埚内熔盐液面的高低，液面一般不能超过坩埚容积的3/4。电极式盐浴炉在工作过程会有很多氧化物沉积在炉膛底部，这些导电性物质必须定期清除。

使用硝盐炉时，应注意硝盐超过一定温度会发生着火和爆炸事故。因此，硝盐的温度不应超过允许的最高工作温度。另外，应特别注意硝盐溶液中不得混入木炭、木屑、炭黑、油和其他有机物质，以免硝盐与炭结合形成爆炸性物质，而引起爆炸事故。

无通风孔的空心件，不允许在盐浴炉中加热，以免发生爆炸。有盲孔的工件在盐浴中加热时，孔口不得朝下，以免气体膨胀将盐液溅出伤人。管装工件淬火时，管口不应朝自己或他人。

（7）进行高频电流感应加热操作时，应特别注意防止触电。操作间的地板应铺设胶皮垫，并注意防止冷却水洒漏在地板上和其他地方。

（8）进行镁合金热处理时，应特别注意防止炉子"跑温"而引起镁合金燃烧。当发生镁合金着火时，应立即用熔炼合金的熔剂（50%氯化镁+ 25%氯化钾+25%氯化钠熔化混合）撒盖在镁合金上加以扑灭，或者用专门用于扑灭镁火的药粉灭火器加以扑灭。在任何情况下，都绝对不能用水和其他普通灭火器来扑灭，否则将引起更为严重的火灾事故。

（9）进行油中淬火操作时，应注意采取一些冷却措施，使淬火油槽的温度控制在80℃以下，大型工件进行油中淬火更应特别注意。大型油槽应设置事故回油池。为了保持油的清洁和防止火灾，油槽应装槽盖。经过热处理的工件，不要用手去摸，以免造成灼伤。

（10）进行液体氰化时，要特别注意防止氰化物中毒。

第五节　焊接安全技术

一、焊接作业危险有害因素

焊接是通过在被焊材料之间建立原子间扩散和结合以实现永久性连接的工艺过程。焊接是现代工业中不可缺少的技术之一。它可以节省材料，降低成本及减轻构件的自重等；焊接件是微观粒子的永久性地结合在一起，与其他连接方式相比更加的牢固、耐用。在众多连接方式中，焊接有许多突出的优点，但是在焊接过程中总是要加热、加压、用电、用可燃气体等，所以在此过程中难免会带来一些安全隐患。

焊接的主要职业危害是粉尘、有毒气体、高温、电弧光、高频磁场等。在焊接的过程中各种化学反应会产生大量的气体，其中一部分是对人体有害的，比如一氧化碳、氮氧化合物、臭氧；此外，焊接过程中还会产生辐射、金属粉尘等。

（1）电焊烟尘可通过呼吸道进入人体，主要损害呼吸系统。早期多无临床症状和体征，发病工龄一般在10年以上。

（2）一氧化碳可经呼吸道进入人体，主要损害神经系统。表现为剧烈头痛、头晕、心悸、恶心、呕吐、无力、脉快、烦躁、步态不稳、意识不清，重者昏迷、抽搐、大小便失禁、休克，严重者会立即死亡。

（3）锰尘可经呼吸道进入人体。慢性锰中毒一般发病缓慢，早期主要表现为类神经症和自主神经功能障碍，病情继续发展后，可出现锥体外系神经障碍的症状和体征。

（4）氮氧化物可经呼吸道进入人体。主要损害呼吸系统，表现为咽痛、胸闷、咳嗽、咳痰；可有轻度头晕、头痛、无力、心悸、恶心等，进而出现呼吸困难，胸部紧迫感，咳白色或粉红色泡沫状痰，口唇青紫，甚至昏迷或窒息。

（5）臭氧可经呼吸道进入人体，主要损害呼吸系统。短期低浓度吸入表现为口腔和咽喉干燥、胸骨下紧束感、胸闷、咳嗽、咳痰等症状，以及嗜睡、头痛、分析能力减退、味觉异常等。吸入高浓度时可引起黏膜刺激症状，并可逐渐发生肺水肿。

（6）职业性电光性眼炎和职业性电光性皮炎。长期重复的紫外线照射，可引起慢性睑缘炎和角膜炎等；皮肤受强烈的紫外线辐照可引起皮炎，表现为红斑，有时伴有水泡和水肿。长期暴露，由于结缔组织损害和弹性丧失而致皮肤皱缩、老化，更严重的是诱发皮肤癌。

在焊接过程中，需要加热或加压，如果周围有易燃易爆物品，会给周围带来安全隐患。焊接飞溅物接触到易燃易爆物品就易产生火灾。

焊接过程中产生的噪声、光污染、辐射等会给周边人群带来损害。

在焊接过程中，焊工有时要在高空、水下、狭小空间进行工作，可能发生高空坠落及其他伤害。

综上所述，焊接过程中主要发生的伤害事故是焊接现场有可能发生触电事故、火灾和爆炸、灼烫事故、中毒、电光眼、高空坠落及其他伤害事故。焊工作业过程中有可能受到各种伤害，引起血液、眼、皮肤、肺等职业病。

二、焊接防护

根据事故统计，焊接事故在实施中操作不当和违规作业所占的比例较大，其他原因有缺乏知识、设备设施有缺陷。由于焊接作业中有害因素种类繁多，危害较大，因此，为了降低电焊工的职业危害，必须采取一系列有效的防护措施。

（一）加强个人防护

为防止焊接时产生的有毒气体和粉尘的危害，作业人员必须使用相应的防护眼镜、面罩、口罩、手套，穿白色防护服、绝缘鞋，决不能穿短袖衣或卷起袖子，若在通风条件差的封闭容器内工作，还要佩戴使用有送风性能的防护头盔。

（二）改进焊条材料

选择无毒或低毒的电焊条，以降低有害气体对焊工的身体侵害。

（三）用机械代替人工

在可以用自动埋弧焊和机械手自动焊接的场合尽量选用自动焊接，以降低对焊工的直接伤害。

（四）改善作业场所的通风状况

焊接过程中的粉尘和有害气体及时排出，减少焊工对粉尘和有害气体的吸入量。

在焊接生产中产生的有毒气体、有害气体、弧光辐射、高频电磁场等，都有可能使焊工发生尘肺、慢性中毒、血液疾病、电光眼病和皮肤病等职业病，严重地危害着焊工及有关人员的安全和健康。因此必须对各种危害进行防护。

（1）电子束焊接产生的 X 射线：使用护目玻璃。

（2）氩弧焊的弧光辐射：穿戴护目镜、口罩、面罩、防护手套、脚盖、帆布工作服。

（3）粉尘中毒：戴口罩、装通风或吸尘设备，采用低尘少害的焊条，采用自动焊代替手工焊。

（4）高频电磁场：减少其作用时间，引燃电弧后立即切断高频电源，焊炬和焊接电缆用金属编织线屏蔽；焊件接地。

三、焊接防护用具

个人防护用品是为保护工人在劳动过程中的安全和健康所需要的，在各种焊接与切割中，一定要按规定佩戴防护用品，以防止有害气体、焊接烟弧光等对人体造成的危害。

（一）焊接面罩

焊接面罩是一种为防止焊接时的飞溅、弧光及其他辐射对焊工面部及颈部损伤的一种遮盖工具。最常用的面罩有手持式面罩和头戴式面罩两种。

（二）焊接防护镜片

焊接弧光的主要成分是紫外线、可见光和红外线。而对眼睛伤害最大的是紫外线和红外线。防护镜片的作用是适当地透过可见光，使操作人员既能观察熔池，又能将紫外线和红外线减弱到允许值（透过率等于 0.0003%）以下。防护镜片有滤光玻璃（用于遮蔽焊接有害光线的黑玻璃）和防护白玻璃（为保护黑玻璃不受飞溅损坏而罩在其外的一种无色透明玻璃）两部分组成。

（三）防护眼镜

防护眼镜包括滤光玻璃（黑色玻璃）和防护白玻璃两层，焊工在气焊或气割中必须佩戴，它除了与防护镜片有相同的滤光要求外，还应满足不能因镜框受热造成镜片脱落，接触人体面部的部分不能有锐角，接触皮肤的部分不能用有毒材料制作三个要求。

（四）防尘口罩及防毒面具

焊工在焊接、切割作业时，当采用整体或局部通风不能使烟尘浓度降低到卫生标准以下时，必须选用适当的防尘口罩或防毒面具。

（五）噪声防护用具

国家标准规定若噪声超过 85dB 时，应采取隔声、消声、减振和阻尼等控制技术。当采取措施仍不能把噪声降低到允许值以下时，操作者应采用个人噪声防护用具，如耳塞或噪声头盔等。

（六）安全帽

在高层空交叉作业现场，为了预防高空和外界飞来物的危害，焊工应佩戴安全帽。

（七）防护服

焊接用防护工作服，主要起隔热、反射和吸收等屏蔽作用，以保护人体免受焊接热辐射或飞溅物的伤害。

（八）焊工手套、工作鞋及护脚

为防止焊工四肢触电、灼伤和砸伤，避免不必要的伤亡事故发生，要求焊工在任何情况下操作都必须佩戴好规定的焊工手套、胶鞋及护脚。

（九）安全带

为了防止焊工在登高作业时发生坠落事故，必须使用符合国家标准的安全带进行作业生产。

四、焊接安全注意事项

（一）焊接环境的选择和清理

焊接环境直接影响到焊工的生命安全和焊接产品的质量，所以在选择焊接环境时要严格考察，在焊前要对焊接周围环境进行严格清理。焊接环境应该选择在通风、干燥且比较空旷的场合，周围不得有易燃易爆品。

在不通风的场合要加强通风措施，不得在地面有水的环境下进行焊接。不得在禁止明火区和有易燃易爆物品区域进行焊接。

（二）焊前检查

检查环境现场的通风环境，有利于焊接烟尘和有害气体排出现场，保证焊工的生命安全。

检查电路和气阀有无问题和障碍，做到小心用电、用气。

检查焊钳和焊接电缆的绝缘、焊机外壳保护接地和焊机的各接线点等。

（三）焊接操作安全规程

焊接操作安全规程如下：

（1）焊接人员必须经专业安全技术培训，考试合格，持证上岗。非电焊工严禁进行电焊作业。

（2）操作时应穿电焊工作服、绝缘鞋和戴电焊手套、防护面罩等安全防护用品，高处作业时系安全带。

（3）电焊作业现场周围 10m 范围内不得堆放易燃易爆物品。

（4）雨、雪、风力六级以上（含六级）天气不得露天作业。雨、雪后应清除积水、积雪后方可作业。

（5）严禁在易燃易爆气体或液体扩散区域内、运行中的压力管道和装有易燃易爆物品的容器内以及受力构件上焊接和切割。

（6）焊接储存易燃、易爆物品的容器时，应根据介质进行多次置换及清洗，并打开所有孔口，经检测确认安全后方可施焊。

（7）在密闭容器内施焊时，应采取通风措施。间歇作业时焊工应到外面休息。

（8）施焊地点潮湿或焊工身体出汗后致使衣服潮湿时，严禁靠在带电钢板或工件上，焊工应在干燥的绝缘板或胶垫上作业。

（9）焊接过程中临时接地线头严禁浮搭，必须固定、压紧，用胶布包严。

（10）操作时严禁焊钳夹在腋下去搬被焊工件或将焊接电缆挂在脖颈上。

（11）焊接时二次线必须双线到位，严禁借用金属管道、金属脚手架、轨道及结构钢筋作回路地线。焊把线无破损，绝缘良好。焊把线必须加装电焊机触电保护器。

（12）焊把线不得放在电弧附近或炽热的焊缝旁，不得碾轧焊把线。应采取防止焊把线被尖利器物损伤的措施。

（13）焊接电缆通过道路时，必须架高或采用其他保护措施。

（14）操作时遇下列情况必须切断电源：1）改变电焊机接头时；2）更换焊件需要改接二次回路时；3）转移工作地点搬动焊机时；4）焊机发生故障需进行检修时；5）更换保险装置时；6）工作完毕或临时离开操作现场时。

（15）焊工高处作业必须遵守下列规定：

1）必须使用标准的防火安全带，并系在可靠的构架上。

2）必须在作业点正下方 5m 外设置护栏，并设专人监护。必须清除作业点下方区域易燃、易爆物品。

3）必须戴盔式面罩。焊接电缆应绑紧在固定处，严禁绕在身上或搭在背上作业。

4）焊工必须站在稳固的操作平台上作业，焊机必须放置平稳、牢固，设有良好的接地保护装置。

（四）焊后安全隐患排除

焊接完毕后，要对现场进行清理。消除焊接遗留下的安全隐患。要做到：（1）断开焊接电源或关闭气阀，以免人离开后发生各种意外事端；（2）清理焊接时留下的飞溅物，保证当地的环境卫生，避免高温飞溅物与可燃物体接触发生火灾；（3）在人多的场合要等待焊件冷却到一定程度后才可离开，避免发生不知情人员烫伤，也可以防止引发火灾等事故。

五、十种不能焊割作业

十种不能焊割作业：

（1）焊工未经安全技术培训考试合格，领取操作证者，不能焊割。

（2）在重点要害部门和重要场所，未采取措施，未经单位有关领导、车间、安全、保卫部门批准和办理动火证手续者，不能焊割。

（3）在容器内工作没有 12V 低压照明、通风不良或无人在外监护不能焊割。

（4）未经领导同意，车间、部门擅自拿来的物件，在不了解其使用和构造情况下，不能焊割。

（5）盛装过易燃、易爆气体的容器管道，未经用碱水等彻底清洗和处理消除火灾爆炸危险的，不能焊割。

（6）用可燃材料充做保温层、隔热、隔音设备的部位，未采取切实可靠的安全措施，不能焊割。

（7）有压力的管道和密闭容器，不能焊割。

（8）焊接场所附近有易燃物品，未做清除或未采取安全措施，不能焊割。

（9）在禁火区内未采取严格隔离等安全措施，不能焊割。

（10）在一定距离内，有与焊割明火操作相抵触的工种，不能焊割。

本章小结

本章主要介绍了铸造、锻造、热轧、热处理、焊接生产的特点，阐述了各生产过程中的危险因素和造成伤害事故的类型，提出了相应的安全技术措施。在学习的过程中，要注意结合相关学科进行，重点掌握各热加工过程的安全技术和事故防护措施。

自我小结

_____

_____

_____

_____

_____

_____

自测题

一、是非判断题（每题 1 分，共 10 分）

1. 混砂机、筛砂机、带式运输机等产生粉尘污染的设备应配置密闭罩。　　　　　　（　　）

2. 电焊作业现场周围 5~10m 范围内可堆放易燃易爆物品。 （　　）

3. 当发生镁合金着火时，应用水或灭火器及时扑灭。 （　　）

4. 轧钢生产多系统交错，自动化要求程度高，生产中一旦出现异常，将会使事故扩大并产生联锁反应，为及时中断事故链，可采用安全联锁设计。 （　　）

5. 各种电阻炉在使用前，需检查其电源接头和电源线的绝缘是否良好，要经常注意检查启闭炉门自动断电装置是否良好，以及配电柜上的红绿灯工作是否正常。 （　　）

6. 在锻造过程中，及时清除锻件、锤子和冲头的毛刺是为了使锻件更为美观。 （　　）

7. 在锅炉、容器、箱体等封闭空间内进行焊接或切割时应采取特殊的安全措施。 （　　）

8. 电焊机必须有正确、可靠的接零或接地保护。 （　　）

9. 金属试件在进行热处理后，有微量的金属粉末和氧化物粉尘产生，可造成污染。 （　　）

10. 轧钢车间电气室、地下油库、地下液压站、地下润滑站、地下加压站等要害部门，其出入口应不少于两个，门应向里开。 （　　）

二、单项选择题（每题 1 分，共 20 分）

1. 铸造生产工序多，起重运输量大，生产过程中伴随高温，并产生各种有害气体和粉尘、烟雾和噪声等，使得铸造作业经常发生伤害事故；下列不属于铸造伤害事故的是（　　）。
   A. 烫伤　　　　　B. 爆炸　　　　　C. 皮肤病　　　　　D. 机械伤害

2. 铸造作业不同工序中存在诸多不安全因素，下列工序中，有爆炸危险的是（　　）。
   A. 热处理　　　　B. 磨砂处理　　　C. 震动落砂　　　　D. 浇铸

3. 铸造车间应建在厂区其他不释放有害物质的生产建筑的（　　）。
   A. 上风侧　　　　B. 下风侧　　　　C. 隔壁　　　　　　D. 前方

4. 铸造厂房布局方向宜（　　）向。
   A. 东南　　　　　B. 西北　　　　　C. 南北　　　　　　D. 东西

5. 锻压设备对工件施加（　　）载荷，容易损坏设备和发生人身事故；锻压设备工作时产生的振动和（　　）影响人的神经系统，增加了发生事故的可能性。
   A. 冲击；噪声　　B. 周期；噪声　　C. 振动；高温　　　D. 冲击；高温

6. 为防止电子束焊接中产生的 X 射线，可采用（　　）。
   A. 护目玻璃　　　B. 戴面罩　　　　C. 戴防护手套　　　D. 穿帆布工作服

7. 有压力的管道和密闭容器，（　　）。
   A. 可以焊割　　　B. 压力小可以焊割　　　C. 根据压力大小确定能否焊割　　　D. 不能焊割

8. 浇注作业中，所有与金属溶液接触的工具都需要（　　）。
   A. 洒水　　　　　B. 浇油　　　　　C. 冷却　　　　　　D. 预热

9. 锻压机械的电动起动装置的按钮盒，其按钮上需要标有"起动""停车"等字样。停车按钮为（　　）色，其位置比起动按钮高（　　）mm。
   A. 黄；8~10　　　B. 红；8~10　　　C. 黄；10~12　　　D. 红；10~12

10. 热轧能改善金属及合金的加工工艺性能，生产效率高，下列事故中，（　　）不属于热轧生产造成的伤害事故。
    A. 机械伤害　　　B. 坍塌　　　　　C. 灼烫　　　　　　D. 爆炸

11. 某铸造厂为增强铸造设备的本质安全性，最有效的做法是在铸造设备的（　　）阶段予以保证。
    A. 设计　　　　　B. 安装　　　　　C. 运行　　　　　　D. 检修

12. 铸造是一种金属热加工工艺，是将熔融的金属注入、压入或吸入铸模的空腔中使之成型的加工方法。铸造作业过程中存在着多种危险有害因素，下列各组危险有害因素中，全部存在于铸造作业中的是（　　）。
    A. 火灾爆炸、灼烫、机械伤害、尘毒危害、噪声振动、高温和热辐射

    B. 火灾爆炸、灼烫、机械伤害、尘毒危害、噪声振动、电离辐射

    C. 火灾爆炸、灼烫、机械伤害、苯中毒、噪声振动、高温和热辐射

    D. 粉尘爆炸、灼烫、机械伤害、尘毒危害、噪声振动、电离辐射

13. 锻造加工过程中,机械设备、工具或工件的错误选择和使用,人的违章操作等,都可能导致伤害。下列伤害类型中,锻造过程不易发生的是 (　　)。

    A. 送料过程中造成的砸伤　　　　　　B. 辅助工具打飞击伤

    C. 造型机轧伤　　　　　　　　　　　D. 锤杆断裂击伤

14. 浇注作业中,浇包盛满铁水不能太满,不得超过容积的 (　　)。

    A. 60%　　　　　　B. 70%　　　　　　C. 80%　　　　　　D. 90%

15. 轧钢生产多系统交错,自动化要求程度高,生产中一旦出现异常,将会使事故扩大并产生联锁反应,为及时中断事故链,可采用 (　　) 设计。

    A. 安全防火　　　B. 安全防护　　　C. 安全联锁　　　D. 安全监控

16. 操作重油炉时,如果发生突然停止输送空气,应迅速关闭重油输送管。为了保证操作安全,在打开和关闭重油喷嘴时,正确的操作方法是 (　　)。

    A. 关闭喷嘴时,先放出蒸汽或压缩空气,然后再放出重油

    B. 关闭喷嘴时,同时关闭重油和蒸汽

    C. 打开喷嘴时,先放出蒸汽或压缩空气,然后再放出重油

    D. 打开喷嘴时,同时放出蒸汽和重油

17. 在容器内施焊时,应采取通风措施,照明电压不得超过 (　　) V,容器内施焊应采用绝缘材料使焊工身体与焊件隔离,间隔作业时焊工到外面休息。

    A. 12　　　　　　B. 24　　　　　　C. 36　　　　　　D. 110

18. 焊工高处作业必须使用标准的防火 (　　),并系在可靠的构架上。

    A. 焊具　　　　　B. 安全带　　　　C. 工作服　　　　D. 工具

19. 在焊接生产中产生的有毒气体、有害气体、弧光辐射、高频电磁场等,都有可能使焊工发生尘肺、慢性中毒、血液疾病、电光眼病和皮肤病等职业病,严重地危害着焊工及有关人员的安全和健康。因此必须对各种危害进行防护。下述针对粉尘中毒防护措施中错误的是 (　　)。

    A. 戴口罩　　　B. 装通风或吸尘设备　　C. 采用低尘少害的焊条　　D. 戴护目镜

20. 铸造车间的厂房建筑设计应符合专业标准要求。下列有关铸造车间建筑要求的说法中,错误的是 (　　)。

    A. 熔化、浇铸区不得设置任何天窗

    B. 铸造车间应建在厂区中不释放有害物质的生产建筑物的下风侧

    C. 厂房平面布置在满足产量和工艺流程的前提下应综合考虑建筑结构和防尘等要求

    D. 铸造车间除设计有局部通风装置外,还应利用天窗排风设置屋顶通风器

三、多项选择题 (每题 2 分,共 10 分。5 个备选项:A、B、C、D、E。至少 2 个正确,至少 1 个错误项。错选不得分;少选,每选对 1 项得 0.5 分。)

1. 锻造机械结构应保证设备运行、安装、拆卸和检修等过程中的安全。下列关于安全措施的说法中,正确的有 (　　)。

    A. 外露防护装置的防护罩用铰链安装在锻压设备的转动部件上

    B. 锻压机械的机架和突出部分不得有棱角和毛刺

    C. 启动装置的结构应能防止锻压机械意外地开动或自动开动

    D. 锻压机械的启动装置必须能保证对设备进行迅速开关

    E. 安全阀的重锤必须封在带锁的锤盒内

2. 在锻造车间,锻工可能受到的主要伤害有 (　　)。

A. 热辐射伤害　　　　B. 烫伤　　　　　　C. 机械伤害　　　　D. 中毒　　　　　E. 电气伤害

3. 铸造作业中存在火灾、爆炸、尘毒危害等多种危险危害。为了保障铸造作业的安全，应从建筑、工艺、除尘等方面全面考虑安全技术措施。下列对技术措施的说法中，正确的有（　　）。

A. 带式运输机应配置封闭罩

B. 砂处理工段宜与造型工段直接毗邻

C. 在允许的条件下应采用湿式作业

D. 与高温金属溶液接触的火钳接触溶液前应预热

E. 浇注完毕后不能等待其温度降低，而应尽快取出铸件

4. 焊接时遇到（　　）情况必须切断电源。

A. 改变电焊机接头时　　　　　　　　B. 更换焊条时

C. 转移工作地点搬动焊机时　　　　　D. 焊机发生故障需进行检修时

E. 更换保险装置时

5. 热轧生产的主要危险来自高温加热设备、高速运转的机械设备、易燃易爆和有毒有害气体、有毒有害化学制剂等。下列属于热轧生产的事故类别有（　　）。

A. 机械伤害　　　　B. 灼烫　　　　　C. 高处坠落　　　　D. 坍塌　　　　　E. 爆炸

四、填空题（每空 1 分，共 10 分）

1. 浇注作业中，浇包盛铁水不能太满，不得超过容积的_____。

2. 任何类型的蓄力器都应有_____，且必须定期进行检查并加铅封。

3. 铸造作业的安全重点是防_____、防_____和预防_____。

4. 锻压设备运转部分，如飞轮、传动皮带、齿轮等部位，均应设置_____。

5. 锻造车间里的加热炉和灼热的钢锭、毛坯及锻件不断地发散出大量的辐射热，工人经常受到_____的侵害。

6. 进行液体氰化时，要特别注意防止氰化物_____。

7. 在容器内工作没有_____低压照明和通风不良及无人在外监护，不能焊割。

8. 操作盐浴炉时应检查坩埚内溶盐液面的高低，液面一般不能超过坩埚容积的_____。

五、问答题（每题 10 分，共 50 分）

1. 试述铸造作业危险有害因素。

2. 造成锻造伤害事故的原因。

3. 简述锻造作业安全技术。

4. 简述热处理操作的一般安全要求。

5. 简述不能进行焊割作业的 10 种情况。

扫描封面二维码可获取自测题参考答案

第四章 机械安全风险评价

本章内容提要

1. 知识框架结构图

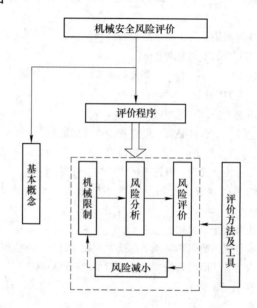

2. 知识导引

机械风险评价的目的是通过一系列风险评价程序提出合理可行的消除机械危险或减小机械风险的安全措施，帮助工程技术人员设计、制造出安全的机械产品提供给市场，在机械的使用阶段最大限度地保护操作者，使机械系统达到可接受的最高安全水平。

评价过程中要识别现实的各种约束，包括现有科技和工艺水平决定的与机械有关的实际结构、材料和与机械使用有关的各种客观约束，与机械有关的人的生理-心理和安全素质等条件限制的各种主观约束，以及从经济角度考虑的成本约束等，选择合理的评价方法和工具，进行全面的风险分析和评定，最后提出消除危险或减小风险的安全措施。

3. 重点及难点

本章主要介绍机械安全风险评价的评价程序、评价方法和工具及风险减小措施。

4. 学习目标

通过本章的学习，应达到以下目标：

（1）了解风险评价相关概念；

（2）熟悉机械安全风险评价程序；

（3）掌握机械安全风险评价方法。

5. 教学活动建议

搜集风险评价相关材料，深入了解风险评价的相关知识。分析机械事故发生的特征和规律，将风险评价的程序、方法应用到机械安全中去。通过风险评价的实践与应用，能较好地学习机械安全风险评价相关知识。

第一节 基 本 概 念

（一）伤害、危险、风险

伤害是指某种类型的人身伤害（皮肤割伤、肢体、器官等的损害或缺失、死亡等），并可根据人身伤害的严重程度（可逆伤害或不可逆伤害）对其进行量化。在某些情况下，财产损失，即设备和财产的损害，亦可被视为伤害。

危险是伤害的潜在来源（如割伤危险、挤压危险、电气危险等）。

风险是在危险状态下，可能损伤和危害健康的概率和程度的综合，它是伤害发生概率和伤害严重程度的组合。风险具有可调整规模/可定量分析的特性，可定义：风险＝严重程度×概率。

（二）风险识别

风险识别是对尚未发生的潜在的各种风险进行系统的归类和实施全面的识别。

（三）风险评价

风险评价是指综合考虑风险发生的概率、损失幅度以及其他因素，得出系统发生风险的可能性及其程度，并确定系统的风险等级，由此决定是否需要采取控制措施，以及控制到什么程度。风险识别和估计是风险评价的基础。

（四）机械风险评价

以机械或机械系统为研究对象，用系统方式分析机械使用过程中可能产生的各种危险、一切可能的危险状态以及在危险状态下可能发生损伤或危害健康的危险事件，并对事故发生的可能性（概率）和一旦发生后果的严重程度进行全面评价的一系列逻辑步骤和迭代过程。

（五）机械风险分析

机械风险分析包括确定机械限制范围，危险识别和风险要素认定（判断）三个步骤。风险分析提供风险评定所需要的信息。

（六）机械风险评定

机械风险评定是根据机械风险分析提供的信息，通过风险比较，对机械安全作出判断，确定机器是否需要减小风险或是否达到了安全目标。

（七）风险要素

与机械的特定状态或技术过程有关的风险由以下两个要素组合得出：

（1）发生损伤或危害健康的可能性或概率，这种概率与人员暴露于危险中的频次和面临危险的持续时间有关，与危险事件发生的概率有关。

（2）损伤或危害健康的可预见的最严重程度，这种严重程度受多种因素综合影响和作用，其有一定的随机性。其中影响因素具有很大的偶然性，或难以预见。

在进行风险评价时，应考虑可能出自每种可鉴别危险导致的损伤或危害健康的最严重程度，即使这种损伤或健康危害出现的概率不高也必须考虑。

第二节　机械安全风险评价程序

综合机械的设计、制造、运输、安装、使用、报废、拆卸及处理和伤害事故的知识和经验，并与机械使用环节的工艺过程、使用和产出的物料物质、操作信息等信息汇集，以此进行机械系统寿命周期内各种安全风险的评价。机械安全风险评价程序包括确定分析范围（对象）、识别危险、评价风险、（采取措施）减小风险、评价新风险等几项内容，如图 4-1 所示。

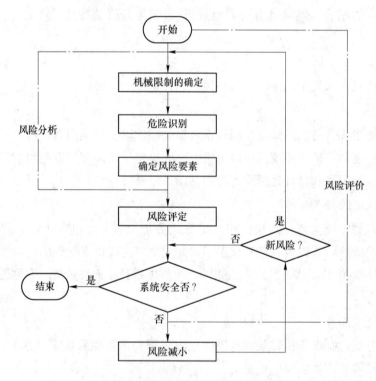

图 4-1　安全风险评价程序示意图

安全风险评价是一个逻辑步骤的反复迭代过程，经过评价，如果确认机械未达到预期的安全目标，存在需要减小的风险，则应分析存在的安全问题，针对性地提出安全对策建议，即通过选择相应的安全措施对机械设计方案进行改进。当采用新的安全措施之后，还要对改进后的机械再次进行风险分析，识别是否又产生了新的附加风险。通过不断反复进行这个迭代过程，使机械最终达到安全标准要求的目标。

一、准备阶段

搜集信息是评价的准备工作，最大限度地搜集、分析和研究这些数据和资料，是保证评价质量的基础。风险评价需要搜集的信息包括：（1）有关的法律法规、条例、标准、规范和规程；（2）机械的限制规范、产品图样和说明机械特性的其他有关技术资料；（3）所有可能与操作者有关的操作模式和机械使用的详细说明；（4）有关的物料物质，包括机械组成材料、加工材料、燃料等的详细说明；（5）机械的运输、安装、试验、生产、拆卸和处置的说明；（6）机械可能的故障数据、易损零部件、定量评价数据，包括零部件、系统和人员介入的可靠性数据；（7）关于机械预定运行环境的信息（如温度、污染情况、电磁场等）；（8）与机械事故有关的历史信息，例如近五年的事故隐患的检查和测量数据、工伤事故停工和经济损失统计、伤亡事故的分析报告等劳动卫生统计和测试数据资料；（9）相类似机械的或不同类型机械的类似危险状态的事故资料。

二、机械限制的确定

根据机械的供应信息、机械的设计结构（如设计图纸、设计计算书等）与功能、对机械的合理操作要求等，从机械和人员两方面去界定机械的限制范围。

（一）机械的限制

机械的限制是指机械在有限的范围内为一定的应用目的服务的。机械的限制不同，存在的危险和涉及的人员不尽相同，则风险也不同。为提高风险评价的准确性，需要明确机械的限定范围，并在限定范围内进行风险评价。

（1）预定的使用功能限制。机械是用来完成某种作业还是提供某种服务，作用对象的形态、几何尺寸及物理化学特性，使用的物料或燃料的数量和性质，以及机械的工作原理、使用方法和操作程序等。

（2）应用领域及适用范围。生产还是非生产领域，公共使用还是家用、娱乐健身，供成人还是儿童使用等。使用的场合不同，遵从的标准则不同，由此引出的一系列安全要求也不同。

（3）空间限制。机械占用空间、整机或机器组成部分的运动范围、操作人员的位置、"操作者-机械"和"机械-动力源"之间的关系等。限定危险区域，以判定人员接近或介入危险区域的可能。

（4）时间限制及可预见的寿命期限。根据机械的预定使用功能，确定机械或某种组成部分（工具、零部件、电气装置等）可预见的"寿命极限"，确定易损零部件或整机的报废时间。

（二）人员（广义）情况

所有暴露于危险中的人员，包括操作人员和可预见的与机械有关的其他人员。需要注意的是，操作人员不仅包括操作机械的人，还包括对机械进行搬运、安装调试、修理拆卸等与机械有关的所有人员；其他相关人员指合理出现在现场的人，例如管理者、获得允许的参观者等。

（1）体能限制。包括机械对人员的体能限制要求，如性别、年龄、体力强弱、人体测量参数、视力和听觉、用手习惯等。

（2）文化专业。对人员的专业技能限制，包括文化程度、从事专业工作的经验和能力（技术工、熟练工、无要求）以及安全知识等。

三、危险因素识别

危险识别是风险评价的关键信息环节。不论机械规模大小和结构差异，针对机器和人员的不同状态，都可能存在这样或那样不同程度的危险。有危险就有风险，风险与危险的关系是：危险产生风险；风险寓于危险之中。

正确识别全部危险，需要运用科学方法进行多角度、多层次的分析。危险识别是否全面、准确、真实，任何一种危险尤其是对安全有重大影响的危险在识别阶段是否被忽略，都将直接影响风险评价和安全决策的质量，甚至影响整个安全管理工作的最终结果。应该识别所有可能产生的危险的种类、产生原因、危险所在机器的部位、危险状态和可能发生的危险事件。

（1）机械的各种状态。既要考虑机器执行预定功能正常运行的工作状态，也要预测非工作状态可能出现的危险，更要重视由于某些可能原因（如零件的失效、运动失控或故障）引起意外的非正常状态。另外，对检修、保养或调整等辅助作业的危险应给予充分的重视。

（2）机械使用"寿命"周期内各个阶段。机械使用寿命各阶段，包括安装、调整、设定、示教、编程或过程转换，运转和清理，查找故障、维修，以及从安全的角度停止使用、拆卸及处理等，各个阶段可能产生的危险及危险状态。

（3）预测可预见的误用。在进行危险识别时，必须考虑人的不安全行为，如误用（非有意滥用机器或非故意破坏）导致的危险。可预见的误用一般发生在机器使用阶段，有以下多种表现形式：

1）可能在机器失灵、故障等情况下人的无意识的本能反射行为；

2）在操作时图省事走捷径，采用错误的方法，或由于疏忽（不小心）所导致的差错；

3）由于动作不准确造成的控制过度、不到位置或偏离；

4）其他外来干扰等非操作者的行为对操作者产生影响而引发的错误。

特别要注意非专业人员使用的机器，尤其是某些人，如不识字或无劳动能力的人的可预见误用行为。对于一般人不危险的情况，当涉及儿童、老人安全时，必须加以特殊考虑。

四、风险要素的分析确定

危险是产生伤害的起源，但有危险并不一定都产生伤害。风险是产生伤害的可能性（概率）和如果发生伤害可能造成的严重程度这两个要素的组合。风险分析也就是对这两个要素的分析确定。危险识别后，对每一种危险都应通过分析，确定其风险要素，然后进行风险评估。

（一）伤害出现的概率

伤害是指对人的身体造成损伤或危害健康。危险事件是指可能引起伤害的事件。分析伤害出现的概率时，要从人员暴露的频次、持续时间和危险事件出现的概率两方面进行。

（1）人员暴露的频次和持续时间。

1）需要考虑机械"寿命"期间各个阶段，如生产操作、维护或修理、安装或拆卸等各种操作模式下，人员处于危险区或接近危险的作业需要；

2）分析接近危险的性质，例如，正常操作、手动送料、搬运重物、高处作业、加工物料有毒性或环境粉尘等；

3）分析每次介入危险区的时间和人数，进入危险区的频次等。

（2）危险事件出现的概率及影响因素。

1）危险事件出现的概率。一般是根据统计数据、伤害事故和损害健康的档案资料，以及相似机械的风险比较确定。在判断危害出现的概率时，需要考虑一些对避免或限制伤害的可能性有影响的因素作用，这些因素既有来自机械技术上的，也有人员方面的。

2）机械技术方面的影响因素：① 机械是否设置危险警告，如果有，其显示方式是采用一般信息直接观察，还是通过声、光等指示装置；② 危险事件出现的速度，是突然发生、快速作用还是有先兆的慢过程（如钢丝绳的断裂先从断丝开始）；③ 人员避免危险的可能性和条件（例如是否采用安全装置、急停装置、避让空间、逃难通道等），是有可能还是在某些情况下可能或根本不可能。

3）人员技能和安全意识方面的影响因素：① 对使用机器的人员是否有专业要求，是由熟练工操作，还是非熟练工操作，还是采用机器人而无需人操作；② 人员对风险的了解程度、避免伤害的知识、实践经验和实际技能等，是否受过专门培训，是否有使用该机械或类似机械的经验。人的不安全行为同个人的知识、经验、生理和心理状态有关，不同的人面临相同的客观危险会有不同的主观的不确定性。

（二）伤害的严重程度

伤害的严重程度可从以下几个方面考虑：

（1）确定防护对象。确定防护对象，即确定是对人身安全的直接损伤作用，还是对人的健康和环境的影响或对劳动安全与卫生的综合影响。

（2）损伤的严重程度。估计损伤程度时，应该考虑同一原因所致的各种损伤形态，包括直接损失和间接损失；还要考虑一个损失原因所涉及的范围，范围越大，涉及的人员越多，严重程度就越大。这大体可以分为以下三个等级：

1）轻度。它是指可恢复正常的损伤或对健康的危害。

2）严重。它是指伤势严重，人体要害部位（头、眼部、内脏损伤、严重骨折等）受伤，经医生诊断成为残废或可能成为残废的（手或脚），且不能恢复正常的损伤或对健康的危害。

3）死亡。它包括个体死亡事故，重大死亡事故（一次死亡 3~9 人），特大死亡事故（一次死亡 10 人以上）。

五、风险评定

风险评定是风险评价过程中的重要环节，是在风险分析基础上综合考虑各方面的因素，对评价对象给出评价结论。判断评价对象是否安全，危险是否减小，是否仍然存在风险，其影响程度是否可接受，以便针对风险寻求安全措施对策。

（一）风险评定应考虑的因素

风险评定应考虑的因素有：

（1）危险和风险是否消除或减小。这是指通过实现预定功能的结构设计，是否将各种危险已消除或减小；使用机械的人员或其他相关人员在危险中的暴露，是否符合有关要求；选择和应用的材料或物质是否有危险，能否有替代的措施。

（2）采用安全防护措施是否合适。这是指所选的安全防护类型对预期使用所起的防护是否充分并经过验证，安全防护装置能否被毁坏或避开，安全防护措施对正常操作是否有妨碍。假如安全防护失效，由此可能引起的伤害是否在允许范围内。

（3）提供的信息是否充分。这是指有关机械的预定使用信息是否清楚；安全标志是否符合要求，是否提供了使用说明书，机械使用安全操作规程是否已充分说明；是否通知或警告用户有关遗留风险。

（4）附加预防措施是否有效。附加预防措施，如机器的可维修措施、机器及其重型零部件安全搬运和稳定性措施等是否有效。

（二）风险比较

风险比较是风险评定过程的一部分。根据类推原理，作为评价对象的机械有关风险可与类似机械的风险相比较，使评价结论有可信的参照依据。风险比较时应注意以下问题：

（1）两种机械具有可比性。两种机械预定使用和采用的工艺水平是可比的，技术目标是可比的，使用条件是可比的，危险和风险要素是可比的。

（2）被比较机械的资料可靠。这是指有确凿的数据资料表明，参照比较的类似机械按照现有工艺水平，其安全性是可信的或风险水平是可接受的。

（3）两种机械的差异性。这是指风险比较不能忽视两种机械的差异，诸如特定使用的条件、生产对象的不同、操作方式的差异等。进行比较时，应对差异有关的风险给以特别关注，并需要遵循风险评价程序予以确认。

六、安全措施对策

如果需要减小机械存在的风险，则应选择相应的安全措施对策，并应重复风险分析的迭代过程。直到通过风险比较后的结果使人确信机械是安全的，实现了机械安全的预定目标。

第三节　风险评价方法及工具

风险评价是一个系统工程，参加评价的单位必须具有指定主管部门批准的资格，需要有资质人员参与，经过确立项目、信息搜集、最终评价报告等一系列的运作过程。风险评价的质量直接关系机械产品的安全性，关系机器使用者的劳动条件和生命安全。

一、风险评价的工作方法

（1）跨职能小组。它包括领导、安全工程管理和技术人员、机械的产品设计和工艺设计人员、制造、维修、原材料采购、市场营销、财务人员甚至机械产品的用户等各类人员，尤其是安全工程人员和用户的尽早参与有重要意义。多方面的人员组成风险评价跨职能小组，可以从不同的角度对产品的安全提出有益的建议，达到人力、信息、工具和方法，甚至知识和经验的高度集成，资源共享，避免走弯路。

（2）并行工程。跨职能小组内有分工，各分工小组之间的工作程序可以并行展开，使评价工作的一部分迭代过程可以重叠或同时进行。需要注意的是，并行工程不能省去评价程序工作中的任何环节，各分工小组的工作内容允许有交叉，但各自的职责要求必须明确，不得含糊，以免出现漏评价，特别要防止重大疏漏。

（3）明确进度。为保证风险评价的质量，防止评价工作的随意性，评价工作一定要有明确的计划和进度目标要求（建立工作流程图），坚持阶段检查、评审和意见反馈，以便及时发现问题、协调关系、交流经验、避免失误，以利整个评价工作按时、按质完成。

二、机械风险评价的常用工具

（一）事故树分析法（FTA）

事故树分析（FTA）是安全系统工程中最重要的分析方法。该方法是由美国贝尔电话实验室的维森（H. A. Watson）提出的，最先用于民兵式导弹发射控制系统的可靠性分析，故称为故障树分析或失效树分析。在安全管理方面即安全性与评价方面，主要分析事故的原因和评价事故风险，故称为事故树分析。

事故树分析是一种导致灾害事故的各种因素之间的因果及逻辑关系图。也是在设计过程中或现有生产系统和作业中，通过对可能造成系统事故或导致灾害后果的各种因素（包括硬件、软件、人、环境等）进行分析，根据工艺流程、先后次序和因果关系绘出逻辑图（即事故树），从而确定系统故障原因的各种可能组合方式及其发生概率，进而计算系统故障概率，并据此采取相应的措施，以提高系统的安全性和可靠性。

（二）故障模式及影响分析法（FMEA）

故障模式及影响分析（FMEA）是美国在20世纪50年代为评价飞机发动机故障而开发的一种方法，目前许多国家在核电站、化工、机械、电子、仪表工业中都广泛的应用。它是系统安全工程中重要的分析方法之一，是一种系统故障的事前考察方法。这种方法是由可靠性工程发展起来的，主要分析系统、产品的可靠性和安全性。其基本内容是对系统或产品中各个组成部分，按一定的顺序进行系统分析和考察，查出系统中各子系统或元件可能发生的各种故障模式，并分析它们对系统或产品的功能造成的影响，提出可能采取的预防措施，以提高系统或产品的可靠性和安全性。

故障模式及影响分析是按一定程序和表格进行的，通过分析应达到以下的目的和要求：搞清楚系统或产品的所有故障模式及其对系统或产品功能以及对人、环境的影响；对有可能发生的故障模式，提出可行的控制方法和手段；在系统或产品设计审查时，找出系统或产品中薄弱环节和潜在缺陷，并提出改进设计意见，或定出应加强研究的项目，以提高设计质量，降低失效率，或减少损失；必要时对产品供应列入特殊要求，包括设计、性能、可靠性、安全性或质量保证的要求；对于由协作厂提供的部件以及对于应当加强试验的若干参数需要制定严格的验收标准；明确提出在何处应制定特殊的规程和安全措施，或设置保护性设备、监测装置或报警系统；为系统安全分析、预防维修提供有用的资料。

（三）事件树分析法（ETA）

事件树分析（ETA）是安全系统工程中的重要分析方法之一。1974 年美国耗资 300 万美元在对核电站进行风险评价中事件树分析曾发挥过重要作用，现在已有许多国家将事件树分析形成标准化的分析方法，并列入国家标准《企业职工伤亡事故调查分析规则》之中。

ETA 的理论基础是决策论。它与 FTA 刚好相反，是一种从原因到结果的自下而上的分析方法。从给定的一个初始事件的事故原因开始，按时间进程采用追踪方法，对构成系统的各要素（事件）的状态（成功或失败）逐项进行二者择一的逻辑分析，分析初始条件的事故原因可能导致的事件序列的结果，将会造成什么样的状态，从而定性与定量地评价系统的安全性，并由此获得正确的决策。由于事件序列是按一定时序进行的，因此，事件树分析是一种动态分析过程，同时，事件序列是以图形表示的，其形状呈树枝形，故称为事件树。它是一种归纳逻辑树图，能够看到事故发生的动态发展过程。

（四）安全检查表（SCL）

安全检查表是事先以机械设备和作业情况为分析对象，经过熟悉并富有安全技术和管理经验的人员的详尽分析和充分讨论，编制的一个表格（清单）。它列出检查部位、检查项目、检查要求、各项赋分标准、安全等级分值标准等内容。对系统进行评价时，对照安全检查表逐项检查、赋分，从而评价出机械系统的安全等级。

（五）作业条件（岗位）危险性评价法（格雷厄姆—金尼法）

将影响作业条件危险性的因素分为事故发生的可能性（L）、人员暴露于危险的频繁程度（E）和事故发生可能造成的后果（C）三个因素，由专家组成员按规定标准给这三个因素分别打分并取平均值，将三因素平均值的乘积 $D = L \cdot E \cdot C$ 作为危险性分值（D），来评价作业条件（岗位）的危险性等级。D 值越大，作业条件的危险性也越大，这是一种半定量的评价方法。

（六）劳动卫生分级评价

目前已采用的劳动卫生分级评价方法有：职业性接触毒物危害程度分级、有毒作业分级、生产性粉尘作业危害程度分级、噪声作业分级、高温作业分级、低温作业分级、冷水作业分级、体力劳动强度分级及体力搬运重量限值等方法。

上述常用的机械安全风险评价工具也可总结为风险矩阵法、风险图法、数值评分法及混合型的风险评价类型。

第四节　风　险　减　小

风险减小是通过采纳风险评价过程中提出的建议，并采用适当的保护和（或）风险减小措施而实现的。在风险减小过程中，需要作出有措施的具体程序、确定执行者和执行成本的决定。

一、本质安全设计

（一）通过设计消除危险

风险减小过程的第一步是通过设计消除风险。通过设计消除危险，例如替换危险的材料和物质、改进机械构件的物理特性（去除锋利锐边、剪切点）、消除重复动作或有害姿势等，可以去除危险源，因此它是减小风险最有效的方法。

（二）通过设计减小风险

如果不能通过设计消除危险，应当采用其他本质安全设计措施来减小风险，这些措施都是基于机械本身的设计特点和暴露人员与机械交互的合适选择，其可根据风险减小的要素考虑。

（1）通过设计减小风险降低伤害严重程度的措施有：减小能量（例如，应用较小的力、较低的液压或气压、降低工作高度或速度等）；利用技术性安全设备预防和减小危险（例如，预防爆炸和减少危害性气体的通风系统）等。

（2）通过设计减小风险减少暴露于危险的可能的措施有：减小处于危险状态的需求（通过对装载-卸载或进料-卸料操作的机械化或自动化限制暴露于危险；将安装和维修点的位置设置在危险区域以外）；改变伤害源位置等。

（3）通过设计减小风险降低危险事件的发生的措施有：改进那些若其失效就能导致伤害的重要零部件（机械零部件、电气零部件、液压和气压零部件及软件）的可靠性；对那些若其失效就能导致伤害的控制系统安全相关部件采取安全设计措施（采用基本安全原则、经验证的安全原则和采用零部件冗余、监控设计等方式）。

二、安全防护和补充保护措施

（一）安全防护

如果通过设计措施不能消除危险或充分减小风险，则应采用能够限制暴露于危险中、减小危险事件发生概率或提高能消除或限制伤害可能性的安全防护（使用防护和保护装置）。

限制暴露于危险中措施包括：（1）防止进入危险区的固定防护挡板、护栏或外罩；（2）防止进入危险区的联锁防护装置（例如，带或不带防护锁的联锁装置、联锁钥匙）。

减少危险事件发生概率的措施有：（1）用于感测人员进入或出现在危险区内的敏感保护设备（SPE），如光帘、压敏垫等；（2）与机械控制系统中安全相关功能关联的装置，如使能装置、有限运动控制装置、保持-运行控制装置等；（3）限制装置，如过载和力矩限制装置、限制压力和温度的装置、超速开关、排放物监控装置等。

（二）补充保护和风险减小的措施

如果机械的预定使用和可合理预见的误用有要求，可采用补充性保护和风险减小措施来进一步减小风险。

（1）规避和限制伤害的措施，例如急停、被困人员逃生和救援的措施、安全进入机械的措施、便捷安全搬运机械及其重型零部件的装置等。

（2）限制暴露于危险中的措施，如用于隔离和能量耗散的措施（隔离阀或隔离开关、锁定装置、防止移动的挡块等）。

三、使用信息

使用信息为机械正确和安全使用提供了指导，是在需要时，当采取设计和安全防护措施减小风险后，用于警示使用者注意存在的剩余风险。使用信息的主要影响是避免伤害的能力，其效果取决于人对信息的理解并以适当的方式做出反应。提供的文字还可包括关于所需的培训以及个体防护装备的信息。培训主要影响人员规避伤害的能力，还可减少危险事件发生的暴露和降低危险事件发生的概率，而定期检查培训的有效性对保证培训的长期效果十分必要；使用信息上的个体防护装备的信息目的是说明是否采用个体防护装备就剩余风险的相关危险对人员进行保护。

四、标准操作程序

供应商应在使用手册中给出有关对机械进行操作或维修的标准操作程序（SOP）的详细资料，其中包括工作计划和组织，任务、权限、责任的阐明或协调，监督，锁定程序以及安全操作方法和程序。

本章小结

本章主要介绍了风险评价的基本概念，详细讲述了风险评价的程序（机械限制确定、风险识别、风险评定等），介绍了机械风险评价的常用工具，以及风险减小的相关知识。

自我小结

_____

_____

_____

_____

_____

自测题

一、是非判断题（每题1分，共10分）

1. 所有暴露于危险中的人员，包括操作人员和可预见的与机械有关的其他人员。　　　（　　）
2. 机械安全风险评价程序为确定分析范围（对象）、识别危险、评价风险。　　　（　　）
3. 安全风险评价是一个逻辑步骤的顺序过程。　　　（　　）
4. 风险识别只需要识别所有可能产生的危险的种类、危险所在机器的部位和可能发生的危险事件。　　　（　　）
5. 伤害出现的概率要从人员暴露的频次和危险事件出现的概率进行。　　　（　　）
6. 风险减小过程的第一步是安全防护。　　　（　　）
7. 事故树分析是一种导致灾害事故的各种因素之间的因果及逻辑关系图。　　　（　　）
8. 如果通过设计措施不能消除危险或充分减小风险，则应采用能够限制暴露于危险中、减小危险事件发生概率或提高能消除或限制伤害可能性的安全防护（使用防护和保护装置）。　　　（　　）

9. 危险是产生伤害的起源，有危险一定产生伤害。 （   ）

10. 改变伤害源位置是通过设计减小风险降低危险事件的发生的措施。 （   ）

二、单项选择题（每题 1 分，共 10 分）

1. （   ）是风险评价过程中的重要环节，是在风险分析基础上综合考虑各方面的因素，对评价对象给出评价结论。

    A. 风险评定   B. 风险识别   C. 风险分析   D. 风险比较

2. （   ）是一种导致灾害事故的各种因素之间的因果及逻辑关系图。

    A. 故障模式及影响分析法   B. 事件树分析法

    C. 安全检查表   D. 事故树分析

3. 下列通过设计减小风险降低危险事件的发生的措施是（   ）。

    A. 减小能量

    B. 减小处于危险状态的需求

    C. 利用技术性安全设备

    D. 改进那些若其失效就能导致伤害的重要零部件的可靠性

4. 下列限制暴露于危险中措施是（   ）。

    A. 用于感测人员进入或出现在危险区内的敏感保护设备（SPE），如光帘、压敏垫等

    B. 与机械控制系统中安全相关功能关联的装置，如使能装置、有限运动控制装置、保持-运行控制装置等

    C. 限制装置   D. 防止进入危险区的联锁防护装置

5. 机械安全风险评价程序包括确定分析范围（对象）、识别危险、评价风险、（   ）、评价新风险等几项内容。

    A. 风险估计   B. 减小风险   C. 消除危险   D. 风险比较

6. （   ）不是风险分析步骤。

    A. 确定机械限制范围   B. 危险识别   C. 危险比较   D. 风险要素认定

7. 机械的限制包括预定的使用功能限制、（   ）、空间限制和时间限制及可预见的寿命期限。

    A. 应用领域及适用范围   B. 运动范围

    C. 组成部分   D. 操作程序

8. 危险事件出现的概率受到机械技术和（   ）的影响。

    A. 危险事件出现的速度   B. 人员技能和安全意识

    C. 机械是否设置危险警告   D. 人员避免危险的可能性和条件

9. 风险评定应考虑的因素包括危险和风险是否消除或减小、（   ）、采用安全防护措施是否合适和附加预防措施是否有效。

    A. 安全标志是否符合要求   B. 使用信息是否清楚

    C. 遗留风险是否通知或警告   D. 提供的信息是否充分

10. 作业条件（岗位）危险性评价法将影响作业条件危险性的因素分为事故发生的可能性（L）、（   ）和事故发生可能造成的后果（C）三个因素。

    A. 人员暴露于危险的频繁程度   B. 人员暴露于危险的持续时间

    C. 人员暴露于危险的程度   D. 人员暴露于危险的范围

三、填空题（每空 2 分，共 20 分）

1. 风险是在危险状态下，可能损伤和危害健康的_____和_____的综合。

2. _____和_____是风险评价的基础。

3. 机械风险分析包括_____、_____和_____三个步骤。

4. 分析伤害出现的概率时，要从_____和_____两方面进行。

5. 损伤的严重程度可分为_____、_____和_____三个等级。

6. _____是风险评定过程的一部分。根据类推原理，作为评价对象的机械有关风险可与类似机械的风险相比较，使评价结论有可信的参照依据。

7. 常用的机械安全风险评价工具也可总结为_____、_____、_____和_____的风险评价类型。

8. 减小风险最有效的方法是_____。

9. 机械风险评价过程需要进行机械限制的确定，主要从_____和_____两个方面去界定机械的限制范围。

四、问答题（每题 10 分，共 60 分）

1. 简述机械安全风险评价程序。

2. 如何进行机械限制的确定？

3. 简述机械风险识别。

4. 如何分析人员暴露于危险中的频次和持续时间？

5. 简述减小风险可采取的措施。

6. 简述机械危险事件出现概率的影响因素

扫描封面二维码可获取自测题参考答案

第五章 电气安全基础

本章内容提要

1. 知识框架结构图

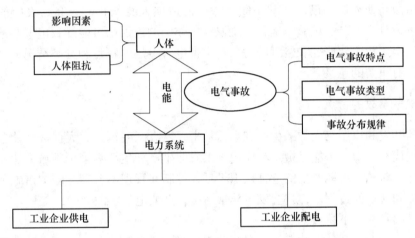

2. 知识导引

随着人类对电力能源的重视与不断应用,电力设施与设备已与现代人类的工作、生活密不可分,电力甚至成为现代各行各业发展的基础前提。但不可否认的是由于种种原因,电力能源在带给人们工作与生活便利的同时,也给人类生产与生活带来不少烦恼与损失,有时甚至表现为灾难。因此,电气安全不仅已成为各国电气操作与维护人员消除安全生产隐患、防止伤亡事故、保障职工健康及顺利完成各项任务的重要工作内容,同时也是电气专业工作者面临并着力解决的首要课题。

3. 重点及难点

本章重点是电气事故的特点、触电事故的类型、电流对人体的作用、电力负荷分级与供电要求。难点是影响电流对人体的伤害程度的各种因素。

4. 学习目标

通过本章的学习,应达到以下目标:

(1) 熟悉电气事故的特点及其基本类型;

(2) 了解触电事故的分布规律;

(3) 掌握不同电流对人体的作用及影响程度;

(4) 了解工业企业供配电系统;

(5) 熟悉电力负荷的分级及供电要求。

5. 教学活动建议

搜集电气事故的相关案例和数据，适当穿插播放相关视频，以提高读者学习兴趣。讲解电流对人体的作用，可以结合相关实例和数据，加深读者印象。

第一节　电气事故

电气事故是由电流、电磁场、雷电、静电和某些电路故障等直接或间接造成的事故，表现为建筑设施与电气设备毁坏、人与动物伤亡，以及引起火灾和爆炸等后果。电气事故是意外电能作用于人体或电能失去控制所造成的意外事件，即与电能直接关联的意外灾害。电气事故将使人们的正常活动中断，并可能造成人身伤亡和设备、设施的毁坏。管理、规划、设计、安装、试验、运行、维修、操作中的失误都可能导致电气事故。电气事故是电气安全工程主要研究和管理的对象。掌握电气事故的特点和分类情况，对做好电气安全工作具有重要的意义。

一、电气事故的特点

电能的开发和应用给人类的生产和生活带来了巨大的变革，大大促进了社会的进步和文明。在现代社会中，电能已被广泛应用于工农业生产和生活等多个领域。然而，在用电的同时，如果对电能可能产生的危害认识不足，控制和管理不合理，防护措施不完善，在电能的传递和转换的过程中，将会发生异常情况，造成电气事故。

电气事故具有以下特点：

（1）电气事故危害大。电气事故的发生时常伴随着危害和损失，严重的电气事故不仅带来重大的经济损失，甚至还可能造成人员的伤亡。发生事故时，电能直接作用于人体，会造成电击；电能转换为热能作用于人体，会造成烧伤或烫伤；电能脱离正常的通道，会形成漏电、接地或短路，构成火灾、爆炸的起因。据有关部门统计，我国触电死亡人数占全部事故死亡人数的9%左右。

（2）电气事故危险直观识别难。由于电既看不见、听不见，又嗅不着，其本身不具备为人们直观识别的特征。由电所引发的危险不易为人们所察觉、识别和理解。因此，电气事故往往来得猝不及防，给电气事故的防护以及人员的教育和培训带来难度。

（3）电气事故涉及领域广。电气事故并不仅仅局限在用电领域的触电、设备和线路故障等，在一些非用电场所，电能的释放也会造成灾害或伤害。例如，雷电、静电和电磁场危害等，都属于电气事故的范畴。电能的使用极为广泛，不论是生产还是生活，不论是工业还是农业，不论是科研还是教育文化部门，不论是政府机关还是娱乐休闲场所，都广泛使用电。因此哪里使用电，哪里就有可能发生电气事故，哪里就必须考虑电气事故的防护问题。

（4）电气事故的防护研究综合性强。一方面，电气事故的机理涉及许多学科，电气事故的研究，不仅要研究电学，还要同化学、生物学、医学等许多其他学科的知识综合起来进行研究。另一方面，电气事故的预防要同时考虑技术上和管理上的措施，这两方面是相辅相成、缺一不可的。在技术方面，预防电气事故主要是进一步完善传统的电气安全技术，研究新出现电气事故的机理及其对策，开发电气安全领域的新技术等。在管理方面，主要是健全和完善各种电气安全组织管理措施。一般来说，电气事故的共同原因是安全组织措施不健全和安全技术措施不完善。实践表明，即使有完善的技术措施，如果没有与之相适应的组织措施，仍然会发生电气事故。因此，必须重视防止电气事故的综合措施。

（5）电气事故具有规律性。电气事故是具有规律性的，且其规律是可以被人们认识和掌握的。在电气事故中，大量的事故都具有重复性和频发性。无法预料、不可抗拒的事故毕竟是极少数。人们在长期的生产和生活实践中，已经积累了预防电气事故的丰富经验。各种技术措施、安全工作规程及有关电气安全规章制度，都是这些经验和成果的体现，只要依照客观规律办事，不断完善电气安全技术措施和管理措施，电气事故是可以预防和避免的。

二、电气事故的类型

根据能量转移理论的观点，电气事故是由于电能非正常地作用于人体或系统所造成的。根据电能的不同作用形式，可将电气事故分为触电事故、静电危害事故、雷电灾害事故、电磁场危害和电气系统故障危害事故。

（一）触电事故

触电事故是电流形式的能量失去控制造成的事故。电流直接流过人体将造成电击；电流转化为其他形式的能量作用于人体将造成电弧烧伤等电伤。

（1）电击。电击是电流通过人体，刺激机体组织，使肌肉非自主地发生痉挛性收缩而造成的伤害，严重时会破坏人的心脏、肺部、神经系统的正常工作，形成危及生命的伤害。电击对人体的效应是由通过的电流决定的，而电流对人体的伤害程度是与通过人体电流的强度、种类、持续时间、通过途径及人体状况等多种因素有关。按照人体触及带电体的方式，电击可分为以下几种情况：

1）单相触电。单相触电是指人体接触到地面或其他接地导体的同时，人体另一部位触及某一相带电体所引起的电击。如所触及的带电体为正常运行的带电体时，称为直接接触电击。而当电气设备发生事故（例如绝缘损坏、电气设备外壳意外带电），人体触及意外带电体所发生的电击称为间接接触电击。根据国内外的统计资料，单相触电事故占全部触电事故的70%以上。因此，防止触电事故的技术措施应将单相触电作为重点。

2）两相触电。两相触电是指人体的两个部位同时触及两相带电体所引起的电击。在此情况下，人体所承受的电压为三相系统中的电源电压，因电压较高，其危险性也较大。

3）跨步电压触电。这是指站立或行走的人体，受到出现于人体两脚之间的电压，即跨步电压作用所引起的电击。跨步电压是当带电体接地，电流自接地的带电体流入地下时，在接地点周围的场面上产生的电压降形成的。

（2）电伤。电伤是指电流的热效应、化学效应、机械效应等对人体所造成的伤害。这种伤害多见于机体的外部，往往在机体表面留下伤痕。能够形成电伤的电流通常比较大。电伤属于局部伤害，其危险程度决定于受伤面积、受伤深度、受伤部位等。电伤包括电烧伤、电烙印、皮肤金属化、机械损伤、电光眼等。

1）电烧伤是最为常见的电伤，大部分触电事故都会有电烧伤。在全部电烧伤的事故当中，大部分事故发生在电气维修人员身上。电烧伤可分为电流灼伤和电弧烧伤。

① 电流灼伤是人体同带电体接触，电流通过人体时，因电能转换成热能引起的伤害。由于人体与带电体的接触面积一般都不大，且皮肤电阻又比较高，因而产生在皮肤与带电体接触部位的热量就较多，使皮肤受到比体内严重得多的灼伤。电流愈大、通电时间愈长、电流途径上的电阻愈大，则电流灼伤愈严重。由于接近高压带电体时会发生击穿放电，因此，电流灼伤一般发生在低压电气设备上。因电压较低，形成电流灼伤的电流不太大，但数百毫安的电流即可造成灼伤，数安的电流则会形成严重的灼伤。在高频电流下，因皮肤电容的旁路作用，有可能发生皮肤仅有轻度灼伤而内部组织却被严重灼伤的情况。

② 电弧烧伤是由弧光放电造成的烧伤。电弧发生在带电体与人体之间，有电流通过人体的烧伤称为直接电弧烧伤；电弧发生在人体附近，对人体形成的烧伤以及被熔化金属溅落的烫伤称为间接电弧烧伤。弧光放电时电流很大，能量也很大，电弧温度高达数千摄氏度，可造成大面积的深度烧伤，严重时能将机体组织烘干、烧焦。电弧烧伤既可以发生在高压系统，也可以发生在低压系统。在低压系统，带负荷拉开裸露的闸刀开关时，产生的电弧会烧伤操作者的手部和面部；当线路发生短路，开启式熔断器熔断时，炽热的金属微粒飞溅出来会造成灼伤；因误操作引起短路也会导致电弧烧伤等。在高压系统，由于误操作，会产生强烈的电弧，造成严重的烧伤；人体过分接近带电体，其间距小于放电距离时，直接产生强烈的电弧，造成电弧烧伤，严重时会因电弧烧伤而死亡。

2）电烙印是电流通过人体后，在皮肤表面接触部位留下与接触带电体形状相似的斑痕，如同烙印。斑痕处皮肤呈现硬变，表层坏死，失去知觉。

3）皮肤金属化是由高温电弧使周围金属熔化、蒸发并飞溅渗透到皮肤表层内部所造成的。受伤部位呈现粗糙、张紧。

4）机械损伤多数是由于电流作用于人体，使肌肉产生非自主的剧烈收缩所造成的。其损伤包括肌腱、皮肤、血管、神经组织断裂以及关节脱位乃至骨折等。

5）电光眼的表现为角膜和结膜发炎。弧光放电时辐射的红外线、可见光、紫外线都会损伤眼睛。在短暂照射的情况下，引起电光眼的主要原因是紫外线。

（二）静电危害事故

静电危害事故是由静电电荷或静电场能量引起的。在生产工艺过程中以及操作人员的操作过程中，某些材料的相对运动、接触与分离等原因导致了相对静止的正电荷和负电荷的积累，即产生了静电。由此产生的静电其能量不大，不会直接使人致命。但是，其电压可能高达数十千伏乃至数百千伏，发生放电，产生放电火花。静电危害事故主要有以下几个方面：

（1）在有爆炸和火灾危险的场所，静电放电火花会成为可燃性物质的点火源，造成爆炸和火灾事故。

（2）人体因受到静电电击的刺激，可能引发二次事故，如坠落、跌伤等。此外，对静电电击的恐惧心理还对工作效率产生不利影响。

（3）某些生产过程中，静电的物理现象会对生产产生妨碍，导致产品质量不良，电子设备损坏，造成生产故障，乃至停工。

（三）雷电灾害事故

雷电是大气中的一种放电现象。雷电放电具有电流大、电压高的特点。其能量释放出来可能形成极大的破坏力。其破坏作用主要有以下几个方面：

（1）直击雷放电、二次放电、雷电流的热量会引起火灾和爆炸。

（2）雷电的直接击中、金属导体的二次放电、跨步电压的作用及火灾与爆炸的间接作用，均会造成人员的伤亡。

（3）强大的雷电流、高电压可导致电气设备绝缘击穿或烧毁。发电机、变压器、电力线路等遭受雷击，可导致大规模停电事故。雷击可直接毁坏建筑物、构筑物。

（四）射频电磁场危害

射频指无线电波的频率或者相应的电磁振荡频率，泛指 100kHz 以上的频率。射频伤害是由电磁场的能量造成的。射频电磁场的危害主要有：

（1）在射频电磁场作用下，人体因吸收辐射能量会受到不同程度的伤害。过量的辐射可引起中枢神经系统的机能障碍，出现神经衰弱症候群等临床症状；可造成植物神经紊乱，出现心率或血压异常，如心动过缓、血压下降或心动过速、高血压等；可引起眼睛损伤，造成晶体浑浊，严重时导致白内障；可使睾丸发生功能失常，造成暂时或永久的不育症，并可能使后代产生疾患；可造成皮肤表层灼伤或深度灼伤等。

（2）在高强度的射频电磁场作用下，可能产生感应放电，会造成电引爆器件发生意外引爆。感应放电对具有爆炸、火灾危险的场所来说是一个不容忽视的危险因素。此外，当受电磁场作用感应出的感应电压较高时，会给人以明显的电击。

（五）电气系统故障危害

电气系统故障危害是由于电能在输送、分配、转换过程中失去控制而产生的。断线、短路、异常接地、漏电、误合闸、误掉闸、电气设备或电气元件损坏、电子设备受电磁干扰而发生误动作等都属于电气系统故障。系统中电气线路或电气设备的故障也会导致人员伤亡及重大财产损失。电气系统故障危害主要体现在以下几方面：

（1）引起火灾和爆炸。线路、开关、熔断器、插座、照明器具、电热器具、电动机等均可能引起火灾和爆炸；电力变压器、多油断路器等电气设备不仅有较大的火灾危险，还有爆炸的危险。在火灾和爆炸事故中，电气火灾和爆炸事故占有很大的比例。就引起火灾的原因而言，电气原因仅次于一般明火而位居第二。

（2）异常带电。电气系统中，原本不带电的部分因电路故障而异常带电，可导致触电事故发生。例如：电气设备因绝缘不良产生漏电，使其金属外壳带电；高压电路故障接地时，在接地处附近呈现出较高的跨步电压，形成触电的危险条件。

（3）异常停电。在某些特定场合，异常停电会造成设备损坏和人身伤亡。如正在浇注钢水的吊车，因骤然停电而失控，导致钢水洒出，引起人身伤亡事故；医院手术室可能因异常停电而被迫停止手术，无法正常施救而危及病人生命；排放有毒气体的风机因异常停电而停转，致使有毒气体超过允许浓度而危及人身安全等；公共场所发生异常停电，会引起妨碍公共安全的事故；异常停电还可能引起电子计算机系统的故障，造成难以挽回的损失。

三、触电事故的分布规律

大量的统计资料表明，触电事故的分布是具有规律性的。触电事故的分布规律为制定安全措施、最大限度地减少触电事故发生率提供了有效依据。根据国内外的触电事故统计资料分析，触电事故的分布具有如下规律。

（1）触电事故季节性明显。一年之中，二、三季度是事故多发期，尤其在 6~9 月份最为集中。其原因主要是这段时间正值炎热季节，人体穿着单薄且皮肤多汗，相应增大了触电的危险性。另外，这段时间潮湿多雨，电气设备的绝缘性能有所降低。再有，这段时间许多地区处于农忙季节，用电量增加，农村触电事故也随之增加。

（2）低压设备触电事故多。低压触电事故远多于高压触电事故，其原因主要是低压设备远多于高压设备，而且，缺乏电气安全知识的人员多是与低压设备接触。因此，应当将低压电气设备作为防止触电事故的重点。

（3）携带式设备和移动式设备触电事故多。这主要是因为这些设备经常移动，工作条件较差，容易发生故障。另外，在使用时需用手紧握进行操作。

（4）电气连接部位触电事故多。在电气连接部位机械牢固性较差，电气可靠性也较低，是电气系统的薄弱环节，较易出现故障。

（5）农村触电事故多。这主要是因为农村用电条件较差，设备简陋，技术水平低，管理不严，电气安全知识缺乏等。

（6）冶金、矿业、建筑、机械行业触电事故多。这些行业存在工作现场环境复杂、潮湿、高温，移动式设备和携带式设备多，现场金属设备多等不利因素，使触电事故相对较多。

（7）青年、中年人以及非电工人员触电事故多。这主要是因为这些人员是设备操作人员的主体，他们直接接触电气设备，部分人还缺乏电气安全的知识。

（8）误操作事故多。这主要是由于防止误操作的技术措施和管理措施不完备造成的。

触电事故的分布规律并不是一成不变的，在一定的条件下，也会发生变化。例如，对电气操作人员来说，高压触电事故反而比低压触电事故多。而且，通过在低压系统推广漏电保护装置，使低压触电事故大大降低，可使低压触电事故与高压触电事故的比例发生变化。上述规律对于电气安全检查、制订电气安全工作计划、实施电气安全措施以及电气设备的设计、安装和管理等工作提供了重要的依据。

第二节　电流对人体的作用

电流通过人体，会引起人体的生理反应及机体的损坏。有关电流人体效应的理论和数据对于制定防触电技术的标准，鉴定安全型电气设备，制订安全措施，分析电气事故，评价安全水平等是必不可少的。

一、人体阻抗

人体阻抗是定量分析人体电流的重要参数之一，也是处理许多电气安全问题所必须考虑的基本因素。

人体皮肤、血液、肌肉、细胞组织及其结合部分等构成了含有电阻和电容的阻抗。其中，皮肤电阻在人体阻抗中占有很大的比例。人体阻抗包括皮肤阻抗和体内阻抗，其等效电路如图 5-1 所示。

（一）皮肤阻抗 Z_p

皮肤由外层的表皮和表皮下面的真皮组成。表皮最外层的角质层，其电阻很大，在干燥和清洁的状态下，其电阻率可达 $1\times10^5\sim1\times10^6\Omega\cdot m$。

皮肤阻抗是指表皮阻抗，即皮肤上电极与真皮之间的电阻抗，以皮肤电阻和皮肤电容并联来表示。皮肤电容是指皮肤上电极与真皮之间的电容。

皮肤阻抗值与接触电压、电流幅值和持续时间、频率、皮肤潮湿程度、接触面积和施加压力等因素有关。当接触电压小于 50V 时，皮肤阻抗随接触电压、温度、呼吸条件等因素有显著的变化，但其值还是比较高的；当接触电压在 50～100V 时，皮肤阻抗明显下降，当皮肤击穿后，其阻抗可忽略不计。

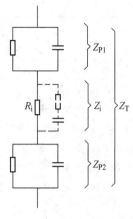

图 5-1　人体阻抗等效电路

（二）体内阻抗 Z_i

体内阻抗是除去表皮之后的人体阻抗，虽存在少量电容，但可以忽略不计。因此，体内阻抗基本上可以视为纯电阻。体内阻抗主要决定于电流途径。当接触面积过小，例如仅数平方毫米时，体内阻抗将会增大。

图 5-2 所示为不同电流途径的体内阻抗值，图中数值是用手-手体内阻抗比值的百分数表示的。无括号的数值为单手至所示部位的数值；括号内的数值为双手至相应部位的数值。如电流途径为单手至双脚，数值将降至图上所标明的 75%；如电流途径为双手至双脚，数值将降至图上所标明的 50%。

（三）人体总阻抗 Z_T

人体总阻抗是包括皮肤阻抗及体内阻抗的全部阻抗。接触电压大致在 50V 以下时，由于皮肤阻抗的变化，人体阻抗也在很大的范围内变化；而在接触电压较高时，人体阻抗与皮肤阻抗关系不大。在皮肤被击穿后，近似等于体内阻抗。另外，由于存在皮肤电容，人体的直流电阻高于交流阻抗。

通电瞬间的人体电阻叫作人体初始电阻。在这一瞬间，人体各部分电容尚未充电，相当于短路状态。因此，人体初始电阻近似等于体内阻抗，其影响因素也与体内阻抗相同。根据试验，在电流途径从左手到右手或从单手到单脚、大接触面积的条件下，相应于 5% 概率的人体初始电阻为 500Ω。

在皮肤干燥时，人体工频总阻抗一般为 1000～3000Ω。

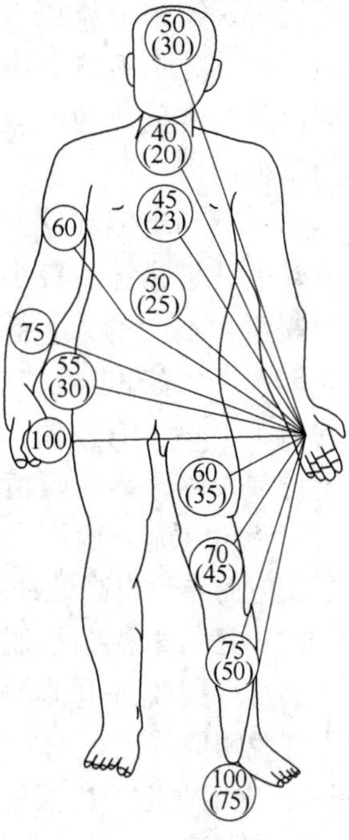

图 5-2　不同电流途径
的体内阻抗值

二、电流对人体的作用

电流通过人体，会令人有发麻、刺痛、压迫、打击等感觉，还会令人产生痉挛、血压升高、昏迷、心律不齐、窒息、心室颤动等症状，严重时导致死亡。人体工频电流试验的典型资料见表 5-1。

表 5-1　左手-右手电流途径的实验资料　　　　　　　　　（mA）

感 觉 情 况	初试者百分数		
	5%	50%	95%
手表面有感觉	0.7	1.2	1.7
手表面有麻痹似的连续针刺感	1.0	2.0	3.0
手关节有连续针刺感	1.5	2.5	3.5
手有轻微颤动，关节有受压迫感	2.0	3.2	4.4
上肢有强力压迫的轻度痉挛	2.5	4.0	5.5
上肢有轻度痉挛	3.2	5.2	7.2
手硬直有痉挛，但能伸开，已感到有轻度疼痛	4.2	6.2	8.2
上肢部、手有剧烈痉挛，失去知觉，手的前表面有连续针刺感	4.3	6.6	8.9
手的肌肉直到肩部全面痉挛，还可能摆脱带电体	7.0	11.0	15.0

电流对人体伤害的程度与通过人体电流的大小、电流通过人体的持续时间、电流通过人体的途径、电流的种类等多种因素有关。而且，上述各个影响因素相互之间，尤其是电流大小与通电时间之间也有着密切的联系。

（一）伤害程度与电流大小的关系

通过人体的电流愈大，人体的生理反应愈明显，伤害愈严重。对于工频交流电，按通过人体的电流强度的不同以及人体呈现的反应不同，将作用于人体的电流划分为三级。

（1）感知电流和感知阈值。感知电流是指电流流过人体时可引起感觉的最小电流。感知电流的最小值称为感知阈值。不同的人，感知电流及感知阈值是不同的，图 5-3 所示为感知电流的概率曲线。成年男性平均感知电流约为 1.1mA（有效值，下同）；成年女性约为 0.7mA。对于正常人体，感知阈值平均为 0.5mA，并与时间因素无关。感知电流一般不会对人体造成伤害，但可能因不自主反应而导致由高处跌落等二次事故。

（2）摆脱电流和摆脱阈值。摆脱电流是指人在触电后能够自行摆脱带电体的最大电流。摆脱电流的最小值

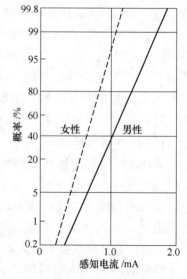

图 5-3　感知电流的概率曲线

称为摆脱阈值。图 5-4 为摆脱电流的概率曲线，由图可见，成年男性平均摆脱电流约为 16mA；成年女性平均摆脱电流约为 10.5mA；成年男性最小摆脱电流约为 9mA；成年女性最小摆脱电流约为 6mA；儿童的摆脱电流较成人要小。对于正常人体；摆脱阈值平均为 10mA，与时间无关。

（3）室颤电流和室颤阈值。室颤电流是指引起心室颤动的最小电流，其最小电流即室颤阈值。在心室颤动状态，心脏每分钟颤动 800～1000 次以上，但幅值很小，而且没有规则，血液实际上中止循环，一旦发生心室颤动，数分钟内即可导致死亡。因此，可以认为，室颤电流即致命电流。室颤电流与电流持续时间关系密切。当电流持续时间超过心脏周期时，室颤电流仅为 50mA 左右；当电流持续时间短于心脏周期时，室颤电流为数百毫

安。当电流持续时间小于 0.1s 时，只有电击发生在心脏易损期，500mA 以上乃至数安的电流才能够引起心室颤动。室颤电流与电流持续时间的关系大致如图 5-5 所示。

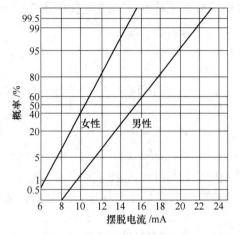

图 5-4 摆脱电流的概率曲线

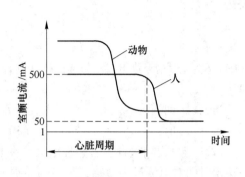

图 5-5 室颤电流与电流持续时间的关系

对于从左手到双脚的电流途径，国际电工委员会建议按图 5-6 划分电流对人体作用的带域。图中 a 线左边的 AC-1 区通常是无生理效应，没有感觉的带域；a 线与 b 线之间的 AC-2 区通常是有感觉，但没有有害的生理效应的区域；b 线与 c_1 线之间的 AC-3 区通常是没有机体损伤、不发生心室颤动，但可能引起肌肉收缩和呼吸困难，可能引起心脏组织和心脏脉冲传导障碍，还可能引起心房颤动以及转变为心脏停止跳动等可复性病理效应的带域；c_1 线以上的 AC-4 区是除 AC-3 区各项效应外，有心空颤动危险的带域。AC-4-1 区心室颤动的概率为 0.1%～5%；AC-4-2 区心室颤动的概率为 5%～50%；AC-4-3 区心室颤动的概率为大于 50%。相应于 AC-4 区的电流和时间，还可能引起呼吸中止、心脏停止跳动、严重烧伤等病理效应。

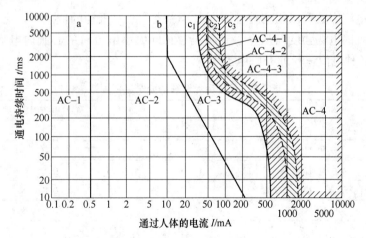

图 5-6 交流电流对人体作用的带域划分（IEC）

（二）伤害程度与电流持续时间的关系

通过人体电流的持续时间愈长，愈容易引起心室颤动，危险性就愈大。这主要是因为：

（1）能量积累。电流持续时间愈长，能量积累愈多，心室颤动电流减小，使危险性增加。当持续时间在 0.01~5s 范围内时，心室颤动电流和电流持续时间的关系可用式（5-1）表达。

$$I = \frac{116}{\sqrt{t}} \tag{5-1}$$

式中，I 为心室颤动电流，mA；t 为电流持续时间，s。也可用式（5-2）和式（5-3）表达。

当 $t \geqslant 1s$ 时：　　　　　　　　　$I = 50\text{mA}$ 　　　　　　　　　　　（5-2）

当 $t < 1s$ 时：　　　　　　　　　$I \cdot t = 50\text{mA} \cdot s$ 　　　　　　　　　（5-3）

（2）与易损期重合的可能性增大。在心脏周期中，相应于心电图上约 0.2s 的 T 波这一特定时间对电流最为敏感，被称为易损期，电流持续时间愈长，与易损期重合的可能性就愈大，电击的危险性就愈大。

（3）人体电阻下降。电流持续时间愈长，人体电阻因出汗等原因而降低，使通过人体的电流进一步增加，危险性也随之增加。

（三）伤害程度与电流途径的关系

伤害程度与电流途径的关系：

（1）电流通过心脏会引起心室颤动，电流较大时会使心脏停止跳动，从而导致血液循环中断而死亡。

（2）电流通过中枢神经或有关部位，会引起中枢神经严重失调而导致死亡。

（3）电流通过头部会使人昏迷，或对脑组织产生严重损坏而导致死亡。

（4）电流通过脊髓，会使人瘫痪等。

上述伤害中，以心脏伤害的危险性为最大。因此，流经心脏的电流多、电流路线短的途径是危险性最大的途径。

利用心脏电流因数可以粗略估计不同电流途径下心室颤动的危险性。心脏电流因数是某一路径的心脏内电场强度与从左手到脚流过相同大小电流时的心脏内电场强度的比值。表 5-2 列出了各种电流途径的心脏电流因数。

表 5-2　各种电流途径的心脏电流因数

电流途径	心脏电流因数
左手-左脚、右脚或双脚	1.0
双手-双脚	1.0
左手-右手	0.4
右手-左脚、右脚或双脚	0.8
右手-背	0.3
左手-背	0.7
胸-右手	1.3
胸-左手	1.5
臀部-左手、右手或双手	0.7

例如，从左手到右手流过 150mA 电流，由表 5-2 可知，左手到右手的心脏电流因数为 0.4，因此，其 150mA 电流引起心室颤动的危险性与左手到双脚电流途径下 60mA 电流的危险性大致相同。

如果通过人体某一电流途径的电流为 I，通过左手到脚途径的电流为 I_0，且二者引起心室颤动的危险程度相同，则心脏电流因数 K 可按式（5-4）计算。

$$K = \frac{I_0}{I} \tag{5-4}$$

（四）伤害程度与电流种类的关系

100Hz 以上交流电流、直流电流、特殊波形电流也都对人体具有伤害作用，其伤害程度一般较工频电流为轻。

1. 100Hz 以上交流电流的效应

100Hz 以上的频率的交流电流在飞机（400Hz）、电动工具及电焊（可达 450Hz）、电疗（4~5kHz）、开关方式供电（20kHz~1MHz）等方面被使用。这些高频电流的危险性可以用频率因数来评价。频率因数是指某频率与工频有相应生理效应时的电流阈值之比。某频率下的感知、摆脱、室颤频率因数是各不相同的。

图 5-7 是不同频率下人体感知电流和摆脱电流的变化情况。图中曲线 1 表示感知概率为 0.5% 的感知电流线；曲线 2 是感知概率为 50% 的感知电流线；曲线 3 是感知概率为 99.5% 的感知电流线；曲线 4、5、6 分别是摆脱概率为 99.5%、50%、0.5% 的摆脱电流线。

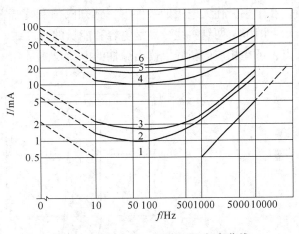

图 5-7 感知电流、摆脱电流-频率曲线

2. 直流电流的效应

直流电流与交流电流相比，容易摆脱，其室颤电流也比较高，因而直流电击事故很少。

就感知电流和感知阈值而言，只有在接通和断开电流时才会引起感觉，其阈值取决于接触面积、接触状态（潮湿、温度、压力等）、电流持续时间以及个体的生理特征。正常人在正常条件下的感觉阈值约为 2mA。

就摆脱电流而言，300mA 及以下时，没有可确定的摆脱阈值，仅在电流接通和断开时引起疼痛和肌肉收缩；大于 300mA 时将导致不能摆脱。

就室颤阈值而言，根据动物实验资料和电气事故资料的分析结果，脚部为负极的向下电流的室颤阈值是脚部为正极的向上电流的 2 倍；而对于从左手到右手的电流途径，不大可能发生心室颤动。

当电流持续时间超过心脏周期时，直流室颤阈值为交流的数倍。电流持续时间小于 200ms 时，直流室颤阈值大致与交流相同。

当 300mA 的直流电流通过人体时，人体四肢有暖热感觉。电流途径为从左手到右手的情况下，电流为 300mA 及以下时，随持续时间的延长和电流的增长，可能产生可逆性心律不齐、电流伤痕、烧伤、晕眩乃至失去知觉等病理效应；而当电流为 300mA 以上时，经常出现失去知觉的情况。

3. 特殊波形电流的效应

特殊波形电流最常见的有带直流成分的正弦电流、相控电流和多周期控制正弦电流等。特殊波形电流的室颤阈值是按其具有相同电击危险性的等效正弦电流有效值 I_{ev} 考虑。

当电击持续时间 $T_e < 0.75 T_n$（T_n 为心动周期）时，等效正弦电流有效值 I_{ev} 按式（5-5）计算。

$$I_{ev} = \frac{I_p}{\sqrt{2}} \tag{5-5}$$

式中，I_p 表示峰值电流。

4. 电容放电电流的效应

电容放电电流的效应中讨论的电容放电电流指持续时间（即电容放电时间常数 τ 的 3 倍）小于 10ms 的短持续时间脉冲电流。由于作用时间短暂，不存在摆脱阈值问题，但有一个疼痛阈值。电容放电电流的感知阈值和疼痛阈值决定于电极形状、冲击电量和电流峰值。在干手握住大电极的条件下，感知阈值和疼痛阈值与电量和充电电压的关系如图 5-8 所示。图中，两组斜线分别是电容和能量的分度线。根据充电电压的坐标及电容坐标的交叉点，可在相应的斜线上读出脉冲的电荷及能量。

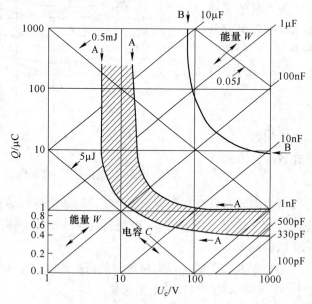

图 5-8　电容放电的感知阈值及疼痛阈值（干手、大接触面积）

A 区—感知阈值；B 区—典型的疼痛阈值

电容放电的室颤阈值决定于电流持续时间、电流大小、脉冲发生时的心脏相位、电流通过人体的途径和个体生理特征等因素。电容放电的室颤阈值如图 5-9 所示，该图相应于左手-双脚的电流途径。图 5-9 中，C_1 以下，无心室颤动；C_1 以上直到 C_2，低心室颤动危险（直到5%的概率）；C_2以上直到C_3，中等心室颤动危险（直到50%的概率）；C_3以上，高心室颤动危险（大于50%的概率）。

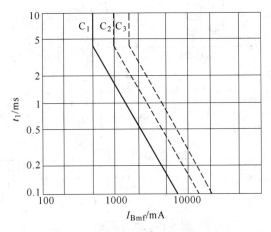

图5-9　电容放电的心室颤动阈值

第三节　工业企业供配电

工业企业供配电是指工业企业所需电能的供应和分配。由于电能易于由其他形式的能量转换而来，又易于转换为其他形式的能量而被利用，并且，电能在传输和分配上简单经济，便于控制，因此，电能成为现代工业生产的重要能源和动力。实际上，电能的生产、输送、分配和使用是在同一瞬间完成的，实现这个全过程的各个环节构成了一个有机联系的整体，这个整体就称为电力系统。

一、电力系统

（一）电力系统的组成

电力系统由发电厂、送电线路、变电所、配电网和电力负荷组成，图5-10是典型的电力系统主接线单线图。图中未画出用户内部的配电网。

（1）发电厂又称发电站，是将自然界蕴藏的各种一次能源转换为电能（二次能源）的工厂。发电厂根据一次能源的不同，分为火力发电厂、水力发电厂、核能发电厂以及风力发电厂、地热发电厂、太阳能发电厂等。在现代电力系统中，最常见的是火力发电厂、水力发电厂和核能发电厂。

（2）送电线路是指电压为35kV及其以上的电力线路，分为架空线路和电缆线路。其作用是将电能输送到各个地区的区域变电所和大型企业的用户变电所。

（3）变电所是构成电力系统的中间环节，分为区域变电所（中心变电所）和用户变电所。其作用是汇集电源、升降电压和分配电力。

（4）配电网由电压为10kV及其以下的配电线路和相应电压等级的变电所组成，也有架空线路和电缆线路之分，其作用是将电能分配到各类用户。

（5）电力负荷是指国民经济各部门用电以及居民生活用电的各种负荷。

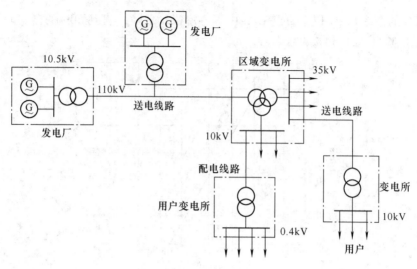

图 5-10　电力系统图

（二）额定电压和电压等级

电气设备都是设计在额定电压下工作的。额定电压是保证设备正常运行并能够获得最佳经济效果的电压。

电压等级是国家根据国民经济发展的需要、电力工业的水平以及技术经济的合理性等因素综合确定的。

我国标准规定的三相交流电网和电力设备常用的额定电压见表 5-3。标准规定：额定电压 1000V 以上的属高压装置，1000V 及其以下的属低压装置。对地电压而言，250V 以上为高压，250V 及其以下为低压。一般又将高压分为中压（1～10kV）、高压（10～330kV）、超高压（330～1000kV）、特高压（大于 1000kV）。电力网的电压随着大型电站和输电距离的增加，送电电压有提高的趋势。

表 5-3　我国三相交流电网和电力设备的额定电压　　　　　　　（kV）

分类	电网和用电设备额定电压	发电机额定电压	电力变压器额定电压	
			一次绕组	二次绕组
低压	0.22	0.23	0.22	0.23
	0.38	0.40	0.38	0.40
	0.66	0.69	0.66	0.69
高压	3	3.15	3 及 3.15	3.15 及 3.3
	6	6.3	6 及 6.3	6.3 及 6.6
	10	10.5	10 及 10.5	10.5 及 11
		13.8，15.75，18，20	13.8，15.75，18，20	
	35	—	35	38.5
	63		63	69
	110	—	110	121
	220		220	242
	330		330	363
	500	—	500	550

在表 5-3 列出的工频高压多个等级中，应用较多的是 10kV、35kV、110kV 和 220kV。工频低压最常用的是 380V 和 220V 电压；在井下及其他场合，常采用 127V 和 660V 电压；在安全要求高的场合，还采用 50V 以下的安全电压。就直流电压而言，常用的有 110V、220V 和 440V 三个电压等级，用于电力牵引的还有 250V、550V、750V、1500V、3000V 等电压等级。

用电设备的额定电压规定为与同级电网的额定电压相同。考虑用电设备运行时线路上要产生电压降，所以发电机额定电压要高于同级电网额定电压 5%。同样，变压器的二次绕组额定电压高于同级电网额定电压 5%。变压器一次绕组的额定电压分两种情况：当变压器直接与发电机相连时，其一次绕组额定电压应与发电机额定电压相同，即高于同级电网额定电压的 5%；当发电机接在电力网的末端，其一次绕组额定电压应与电网额定电压相同。

电力系统的电压和频率是衡量电力系统电能质量的两个基本参数。《全国供用电规则》规定，一般交流电力设备的额定频率为 50Hz，一般称其为"工频"。

设备的端电压与其额定电压有偏差时，设备的工作性能和使用寿命将受到影响，总的经济效果将会下降。例如，当感应电动机的端电压比其额定电压低 10% 时，其实际转矩将只有额定转矩的 81%，而负荷电流将增大 5%~10% 以上，温升将提高 10%~15% 以上，绝缘老化程度将比规定增加 1 倍以上，将明显缩短电动机的使用寿命。此外，由于转矩减小，使转速下降，不仅降低生产效率，减少产量，还会影响产品质量，增加废次品。当感应电动机的端电压偏高时，负荷电流一般也要增加，绝缘也要受损。用户供电电压允许的变化范围见表 5-4。电力系统正常频率偏差允许值为 ±0.2Hz。当系统容量较小时，偏差值可以放宽到 ±0.5Hz。

表 5-4　用户供电电压允许变化范围

线路额定电压（U_e）	电压允许变化范围
≥235kV	±5%U_e
≤10kV	±7%U_e
低压照明	+5%U_e ~ -10%U_e
农业用户	+5%U_e ~ -10%U_e

二、工业企业供电系统及其组成

工业企业或建筑物为了从电力系统获得电能，首先通过降压，然后再把电能分配到车间工段（楼层）和各用户设备上去。在工业企业内，按照企业负荷性质、工艺要求提出合理的供电系统。供电系统由高、低压配电线路，变配电所和用电设备组成。图 5-11 中虚线部分为一个常用的供电系统。

大、中型工业企业一般都设有总降压变电所，由于这里负荷密度较大，则先把 35~110kV 电压降为 6~10kV 电压，再向车间变电所或高压电动机和其他高压用电设备供电。在这样的总降压变电所中通常设有 2 台降压变压器，以提高供电的可靠性。小型工业企业一般负荷较小，可由附近企业或市内二次变电所，用 10kV 电压传输电能，或设立一个简单的降压变电所，直接由电力网以 6~10kV 供电。对国民经济影响大的工业企业可设自备发电厂作备用电源，如果企业内有大量余热或废气可用来发电时，工业企业则可考虑建立自备发电厂，在工业企业对供电可靠性要求高时，可考虑从电力系统引两个独立电源对其供电，以保证供电的不间断性。

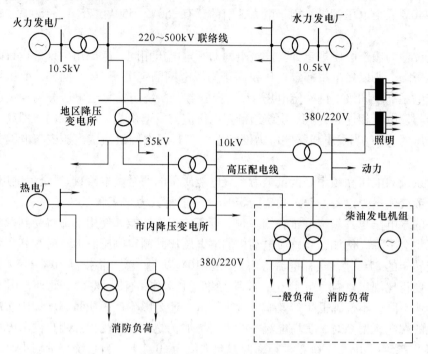

图 5-11   电力系统示意图

在生产车间内部，根据生产规模、用电设备的布局及用电量大小，可设一个或几个车间变电所，将电压降为 380/220V，再向低压用电设备供电。

工业企业内部输送、分配电能的高压配电线路，可采用架空线路或电缆线路。架空线路投资少，维护也方便。当与建筑物距离达不到要求，或因管线交叉、腐蚀性气体、易燃易爆物质等因素的限制，不便于敷设架空线时，可将电缆埋地敷设。

工业企业内的低压配电线路，主要是用来向低压用电设备输送和分配电能，室外多用架空线，室内可视情况明敷或暗敷。

在车间内，动力和照明线路宜分开敷设，从配电箱到用电设备的线路可将绝缘导线穿管保护。

在民用建筑内低压配电线路，由于空间限制和安全美观的要求，可采用电缆竖井、母线槽、穿管等方法进行。

三、电力负荷分级及供电要求

工业企业供电既要做到技术经济合理，又要保证供电的安全可靠。因此，电力负荷应根据其重要性和中断供电在政治、经济上所造成的损失或影响的程度进行分级。我国根据电力负荷的性质将其分为三个等级。

（1）一级负荷。这类负荷如突然中断供电将造成人身伤亡事故，或造成重大设备损坏且难以修复，或给国民经济带来极大损失。凡符合下列条件之一的电力负荷属一级负荷。

1）中断供电将造成人身伤亡者。如：有爆炸、火灾危险或对人身有危害性气体的生产厂房及矿井的主通风机等。

2）中断供电将在政治、经济上造成重大损失者。如：重大设备损坏、重大产品报废、用重要原料生产的产品大量报废、国民经济中重点企业的连续生产过程被打乱需要长时间才能恢复等。

3）中断供电将影响有重大政治、经济意义的用电单位的正常工作者。如：重要铁路枢纽、重要通信枢纽、重要宾馆、经常用于国际活动的大量人员集中的公共场所等用电单位中的电力负荷。

（2）二级负荷。这类负荷如突然断电，将造成大量废品，产量锐减，生产流程紊乱且不易恢复，企业内运输停顿等，因而在经济上造成较大损失。此类负荷数量很大，一般允许短时停电几分钟。凡符合下列条件之一者属于二级负荷。

1）中断供电将在政治、经济上造成较大损失者。如：主要设备损坏、大量产品报废、连续生产过程被打乱需较长时间才能恢复，重点企业大量减产等。矿井提升机、生产照明等就属于二级负荷。

2）中断供电将影响重要用电单位的正常工作者。如：铁路枢纽、通信枢纽等用电单位中的重要电力负荷，以及中断供电将造成大型影剧院、大型商场等大量人员集中的重要的场所秩序混乱者。

（3）三级负荷。为一般的电力负荷，所有不属于一级和二级负荷者。

不同等级的负荷对供电电源的要求是不同的。一级负荷应由两个独立电源供电，而且要求发生任何故障时，两个电源的任何部分应不致同时受到损坏。两个独立电源可从两个发电厂，一个发电厂和一个地区电力网，或一个电力系统的中的两个地区变电站取得。对于特别重要的一级负荷，还应增设专供应急使用的可靠电源。

二级负荷的供电系统，应尽量做到当发生电力变压器故障或电力线路常见故障时不致中断供电，或中断后能迅速恢复。二级负荷应由两回路供电，该两回路应尽可能引自不同的变压器或母线段，在负荷较小或取得两回路困难时，二级负荷可由一个 6kV 及以上专用架空线供电。

三级负荷对供电电源无特殊要求，允许较长时间停电，可用单回路供电。

本章小结

本章阐述了电气事故的基本类型、特点和触电事故的分布规律，通过对人体阻抗的介绍，分析了不同大小及其种类的电流对人体的作用及其影响程度；介绍了电力系统的组成、额定电压和电压等级，阐述了工业企业供电系统及其组成和我国电力负荷的分级，提出相应的基本供电要求。在学习的过程中，要注意结合其他相关学科和实际工作生活实例进行，达到加强电气安全理念、学以致用的目的。

自我小结

_____

_____

_____

_____

_____

_____

_____

_____

_____

自测题

一、是非判断题（每题 1 分，共 10 分）

1. 电流频率越高对人体伤害越严重。　　　　　　　　　　　　　　　　　　（　　　）

2. 胸至左手是最危险的电流途径。　　　　　　　　　　　　　　　　　　　（　　　）

3. 随着流过人体电流时间的增加，摆脱阈值也会随之减少。　　　　　　　　（　　　）

4. 室颤电流与通过人体电流的时间无关。　　　　　　　　　　　　　　　　（　　　）

5. 电击是指电流对人体外部造成的局部伤害。　　　　　　　　　　　　　　（　　　）

6. 人体电阻与皮肤干、湿状况无关。　　　　　　　　　　　　　　　　　　（　　　）

7. 一般可以把摆脱电流看作是人体允许电流。　　　　　　　　　　　　　　（　　　）

8. 一级负荷应由两个独立电源供电，两个电源的任何部分应不致同时受到损坏。（　　　）

9. 根据电力负荷的重要性和中断供电在政治、经济上所造成的损失或影响的程度，我国根据电力负荷的性质分为四个等级。　　　　　　　　　　　　　　　　　　　　　　　（　　　）

10. 当设备发生接地故障时，距离接地点越近，跨步电压越大。　　　　　　（　　　）

二、单项选择题（每题 1 分，共 10 分）

1. 成年男性的平均摆脱电流约为（　　　）mA。

　　A. 160　　　　　　　B. 16　　　　　　　C. 1. 6　　　　　　　D. 0. 16

2. 决定人体阻抗大小的主要因素是（　　　）。

　　A. 皮肤阻抗　　　　　B. 体内阻抗　　　　C. 骨骼阻抗　　　　　D. 肌肉阻抗

3. 人体电阻的平均值大致是（　　　）左右。

　　A. 15Ω　　　　　　　B. 150Ω　　　　　　C. 1. 5kΩ　　　　　　D. 1. 5MΩ

4. 大部分触电死亡事故是（　　　）造成的。

　　A. 电伤　　　　　　　B. 摆脱电流　　　　C. 电烧伤　　　　　　D. 电击

5. （　　　）的工频电流即可使人遭到致命的电击。

　　A. 数安　　　　　　　B. 数毫安　　　　　C. 数百毫安　　　　　D. 数十毫安

6. 直流电的电击危险性比交流电（　　　）。

　　A. 大　　　　　　　　B. 小　　　　　　　C. 一样　　　　　　　D. 无法确定

7. 工频电流与高频电流在电击危险性上相比，（　　　）。

　　A. 高频危险性大　　　B. 工频危险性大　　C. 危险性相同　　　　D. 无法确定

8. 电灼伤是由于（　　　）而造成的。

　　A. 电流的热效应或电弧的高温　　　　　B. 电流的化学效应

C. 电流的机械效应　　　　　　　D. 被电流熔化的金属微粒渗入皮肤表层。

9. 摆脱电流是人触电后（　　）。

    A. 能自行摆脱带电体的最小电流　　　B. 能自行摆脱带电体的电流

    C. 能自行摆脱带电体的最大电流　　　D. 不能自行摆脱带电体的最大电流

10. 下列几种触电方式中，最危险的是（　　）。

    A. 单相触电　　　B. 两相触电　　　C. 跨步电压触电　　　D. 对地电压触电

三、多项选择题（每题 2 分，共 10 分。5 个备选项：A、B、C、D、E。至少 2 个正确，至少 1 个错误项。错选不得分；少选，每选对 1 项得 0.5 分）

1. 触电事故分为电击和电伤，电击是电流直接作用于人体所造成的伤害；电伤是电流转换成热能、机械能等其他形式的能量作用于人体造成的伤害。人触电时，可能同时遭到电击和电伤。电击的主要特征有（　　）。

    A. 致命电流小

    B. 主要伤害人的皮肤和肌肉

    C. 人体表面受伤后留有大面积明显的痕迹

    D. 受伤害的严重程度与电流的种类有关

    E. 受伤害程度与电流的大小有关

2. 电击对人体的效应是由通过的电流决定的，而电流对人体的伤害程度除了与通过人体电流的强度有关之外，还与（　　）有关。

    A. 电流的种类　　　　　　　　　B. 电流的持续时间

    C. 电流的通过途径　　　　　　　D. 电流的初相位

    E. 人体状况

3. 杨某带电修理照明插座时，电工改锥前端造成短路，眼前亮光一闪，改锥掉落地上，杨某手部和面部有灼热感，流泪不止。他遭到的电气伤害有（　　）。

    A. 直接接触电击　　　B. 接触电压　　　C. 电弧烧伤　　　D. 灼伤　　　E. 电光性眼炎

4. 体内电阻基本上可以看作纯电阻，主要决定于（　　）。

    A. 电流途径　　　B. 间接接触电击　　　C. 电流持续时间　　　D. 接触压力　　　E. 接触面积

5. 工业企业供电既要做到技术经济合理，又要保证供电的安全可靠。因此，电力负荷应根据其重要性和中断供电在政治、经济上所造成的损失或影响的程度进行分级。我国根据电力负荷的性质分为三个等级。下列选项中属于一级负荷的有（　　）。

    A. 中断供电将在政治、经济上造成较大损失者

    B. 中断供电将造成人身伤亡者

    C. 中断供电将在政治、经济上造成重大损失者

    D. 中断供电将影响有重大政治、经济意义的用电单位的正常工作者

    E. 中断供电将影响重要用电单位的正常工作者

四、填空题（每空 1 分，共 20 分）

1. 电流对人体的伤害形式主要有_____和_____两种。

2. 电伤可分为_____、_____、_____等几种。

3. 根据人体反应，可将电流分为三个级别：_____、_____、_____。

4. 人体阻抗包括_____和_____。在皮肤干燥时，人体工频总阻抗一般为_____Ω。

5. 电流对人体的伤害程度与通过人体的_____、_____、电源频率、_____和人体的状况等有关。

6. 通过人体的电流越大，人体的生理反应_____，致命的危险性_____。

7. 二级负荷应由_____供电。

8. 电力系统由_____、_____、变电所、配电网和_____组成。

五、名词解释（每题 4 分，共 20 分）

1. 感知电流

2. 室颤电流

3. 跨步电压

4. 单相触电

5. 两相触电

六、问答题（每题 10 分，共 30 分）

1. 电流对人体的伤害程度与哪些因素有关？

2. 电气事故具有哪些特点？

3. 为什么每年 6~9 月份触电事故最多？

扫描封面二维码可获取自测题参考答案

第六章　电击防护技术

本章内容提要

1. 知识框架结构图

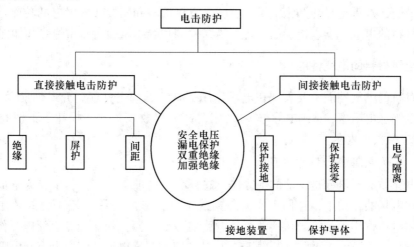

2. 知识导引

电击所产生的电流通过人体或动物躯体将产生病理性生理效应，轻者受到伤害，重者将会死亡，所以必须采取防护措施。电击防护是一个系统工程，为达到用电安全的目的，必须采取可靠的技术措施，同时考虑对正常工作下和发生故障两种情况设置防护措施，即对直接电击、间接电击采取适当的防护措施，以保证人、畜及设备的安全。

3. 重点及难点

本章阐述直接电击和间接电击的防护技术。针对直接接触电击，采用绝缘、屏护和间距措施。针对间接接触电击，采用保护接地和保护接零技术，包括 IT 系统、TT 系统和 TN 系统，也可采用电气隔离。而双重绝缘、加强绝缘、漏电保护、安全电压等措施兼有防止直接电击和间接电击的功能。此外本章对保护导体和接地装置的安全使用进行了叙述，并介绍了绝缘电阻和接地电阻的测量方法。本章重点是各种防护措施的安全要求，本章难点是各种防护措施的原理。

4. 学习目标

通过本章的学习，应达到以下目标：

（1）掌握直接电击防护技术；

（2）掌握间接电击防护技术；

（3）掌握兼有直、间接电击防护的措施；

（4）了解保护导体、接地装置的安全使用；

（5）学会绝缘电阻、接地电阻的测量方法。

5. 教学活动建议

结合相关学科知识辅以图表通过原理分析引出各种电击防护技术，有条件的可结合实验和工程实践加深读者认识。

第一节 绝　缘

绝缘是最为常用的电气安全防护措施，从防止电击的角度而言，属于防止直接接触触电的安全措施，双重绝缘和加强绝缘兼有防止直接接触和间接接触触电的功能。本节主要讨论绝缘材料的电气性能、绝缘的破坏、绝缘检测和绝缘试验、双重绝缘和加强绝缘。

一、绝缘材料的电气性能

绝缘材料的电气性能主要表现在电场作用下材料的导电性能、介电性能及绝缘强度。它们分别以绝缘电阻率 ρ（或电导率 γ）、相对介电常数 ε_r、介质损耗角正切 $\tan\delta$ 及击穿强度 E_B 四个参数来表示。

（一）绝缘电阻率和绝缘电阻

任何电介质都不可能是绝对的绝缘体，总存在一些带电质点，其主要为本征离子和杂质离子。在电场的作用下，它们可作有方向的运动，形成漏导电流，通常又称为泄漏电流。在外加电压作用下的绝缘材料的等效电路如图 6-1（a）所示，在直流电压作用下的电流如图 6-1（b）所示。图中，电阻支路的电流 I_i 即为漏导电流；流经电容和电阻串联支路的电流 I_a 称为吸收电流，是由缓慢极化和离子体积电荷形成的电流；电容支路的电流 I_c 称为充电电流，是由几何电容等效应构成的电流。

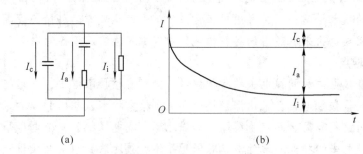

图 6-1　绝缘材料的等效电路及电流

（a）等效电路；（b）电流曲线

绝缘电阻和绝缘电阻率分别是绝缘结构和绝缘材料的主要电性参数之一。为了检验绝缘性能的优劣，在绝缘材料的生产和应用中，经常需要测定其绝缘电阻率，包括体积电阻率和表面电阻率，而在绝缘结构的性能和使用中经常需要测定绝缘电阻。

温度、湿度、杂质含量和电场强度的增加都会降低电介质的电阻率。温度升高时，分子热运动加剧，使离子容易迁移，电阻率按指数规律下降。湿度升高，一方面水分的浸入使电介质增加了导电离子，使绝缘电阻下降；另一方面，对亲水物质来说，表面水分的增加还会大大降低其表面电阻率。电气设备特别是户外设备，在运行过程中，往往因受潮引起绝缘材料电阻率下降，造成泄漏电流过大而使设备损坏。因此，为了预防事故的发生，应定期检查设备绝缘电阻的变化。杂质的含量增加，增加了内部的导电离子，也使电介质表面污染并吸附水分，从而降低了体积电阻率和表面电阻率。

在较高的电场强度作用下，固体和液体电介质的离子迁移能力随电场强度的增强而增大，从而使电阻率下降。当电场强度临近电介质的击穿电场强度时，因出现大量电子迁移，使绝缘电阻按指数规律下降。

（二）介电常数

当电介质处于电场作用下时，电介质中分子、原子中的正电荷和负电荷发生偏移，使得正、负电荷的中心不再重合，形成电偶极子。电偶极子的形成及其定向排列称为电介质的极化。电介质极化后，在电介质表面上产生束缚电荷。束缚电荷不能自由移动。

介电常数是表明电介质极化特征的性能参数。它是两块金属板之间以绝缘材料为介质时的电容量与同样的两块板之间以空气或真空为介质时的电容量之比。介电常数可用于衡量绝缘体储存电能的性能。介电常数代表了电介质的极化程度，也就是对电荷的束缚能力，介电常数越大，对电荷的束缚能力越强。

下面用电容器来说明介电常数的物理意义。设电容器极板间为真空时，其电容量为 C_0，而当极板间充满某种电介质时，其电容量变为 C，则 C 与 C_0 的比值即为该电介质的相对介电常数，即

$$\varepsilon_r = \frac{C}{C_0} \tag{6-1}$$

在填充电介质以后，由于电介质的极化，使靠近电介质表面处出现了束缚电荷，与其对应，在极板上的自由电荷也相应增加，即填充电介质之后，极板上容纳了更多的自由电荷，说明电容被增大。因此，可以看出，相对介电常数总是大于 1 的。

绝缘材料的介电常数受电源频率、温度、湿度等因素的影响而产生变化。

（1）随频率增加，有的极化过程在半周期内来不及完成，以致极化程度下降，介电常数减小。

（2）随温度增加，偶极子转向极化易于进行，介电常数增大；但当温度超过某一限度后，由于热运动加剧，极化反而变得困难一些，介电常数减小。

（3）随湿度增加，材料吸收水分，由于水的相对介电常数很高（80 左右），且水分的浸入能增加极化作用，使得电介质的介电常数明显增加。因此，通过测量介电常数，能够判断受潮程度等。

（4）大气压力对气体材料的介电常数有明显影响，压力增大，密度就增大，相对介电常数也增大。

（三）介质损耗

在交流电压作用下，电介质中的部分电能不可逆地转变成热能，这部分能量叫作介质损耗。单位时间内消耗的能量叫作介质损耗功率。介质损耗一种是由漏导电流引起的，另一种是由极化引起的。介质损耗使介质发热，是电介质热击穿的根源。施加交流电压时，电流、电压的向量关系如图 6-2 所示。

总电流与电压的相位差 φ，即电介质的功率因数角。功率因数角的余角 δ 称为介质损耗角。根据相量图，单位体积内介质损耗功率为：

$$P = \omega \varepsilon E^2 \tan\delta \qquad (6\text{-}2)$$

式中 ω——电源角频率，$\omega = 2\pi f$；

$\quad\quad\ \varepsilon$——电介质介电常数；

$\quad\quad\ E$——电介质内电场强度；

$\tan\delta$——介质损耗角正切。

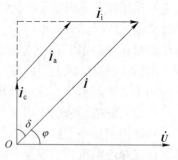

图 6-2   电介质中电流与
电压的向量关系

由于 P 值与试验电压、试品尺寸等因素有关，难以用来对介质品质作严格的比较，所以，通常是以 $\tan\delta$ 来衡量电介质的介质损耗性能。

对于电气设备中使用的电介质，要求它的 $\tan\delta$ 值愈小愈好。而当绝缘受潮或劣化时，因有功电流明显增加，会使 $\tan\delta$ 值剧烈上升。也就是说，$\tan\delta$ 能更敏感地反映绝缘质量。因此，在要求高的场合，需进行介质损耗试验。

影响绝缘材料介质损耗的因素主要有频率、温度、湿度、电场强度和辐射。影响过程比较复杂，从总的趋势上来说，随着上述因素的增强，介质损耗增加。

二、绝缘的破坏

在电气设备的运行过程中，绝缘材料会由于电场、热、化学、机械、生物等因素的作用，使绝缘性能发生劣化。

（一）绝缘击穿

当施加于电介质上的电场强度高于临界值时，会使通过电介质的电流突然猛增，这时绝缘材料被破坏，完全失去了绝缘性能，这种现象称为电介质的击穿。发生击穿时的电压称为击穿电压，击穿时的电场强度简称击穿场强。

1. 气体电介质的击穿

气体击穿是由碰撞电离导致的电击穿。在强电场中，带电质点（主要是电子）在电场中获得足够的动能，当它与气体分子发生碰撞时，能够使中性分子电离为正离子和电子。新形成的电子又在电场中积累能量而碰撞其他分子，使其电离，这就是碰撞电离。碰撞电离过程是一个联锁反应过程，每一个电子碰撞产生一系列新电子，因而形成电子崩。电子崩向阳极发展，最后形成一条具有高电导的通道，导致气体击穿。

在均匀电场中，当温度一定，电极距离不变，气体压力很低时，气体中分子稀少，碰撞游离机会很少，因此击穿电压很高。随着气体压力的增大，碰撞游离增加，击穿电压有所下降，在某一特定的气压下出现最小值。但当气体压力继续升高，密度逐渐增大，平均自由行程很小，只有更高的电压才能使电子积聚足够的能量以产生碰撞游离，因此击穿电压也逐渐升高。利用此规律，在工程上常采用高真空和高气压的方法来提高气体的击穿场强。空气的击穿场强约为 $25\sim30\mathrm{kV/cm}$。

2. 液体电介质的击穿

液体电介质的击穿特性与其纯净度有关，一般认为纯净液体的击穿与气体的击穿机理相似,是由电子碰撞电离最后导致击穿。但液体的密度大,电子自由行程短,积聚能量小,因此击穿场强比气体高。工程上液体绝缘材料不可避免地含有气体、液体和固体杂质。如液体中含有乳化状水滴和纤维时,由于水和纤维的极性强,在强电场的作用下使纤维极化而定向排列,并运动到电场强度最高处联成小桥,小桥贯穿两电极间引起电导剧增,局部温度骤升,最后导致击穿。例如,变压器油中含有极少量水分就会大大降低油的击穿场强。

含有气体杂质的液体电介质的击穿可用气泡击穿机理来解释。气体杂质的存在使液体呈现不均匀性,液体局部过热,气体迁移集中,在液体中形成气泡。由于气泡的相对介电常数较低,使得气泡内的电场强度较高,约为油内电场强度的2.2~2.4倍,而气体的临界场强比油低得多,致使气泡游离,局部发热加剧,体积膨胀,气泡扩大,形成连通两电极的导电小桥,最终导致整个电介质击穿。

为此,在液体绝缘材料使用之前,必须对其进行纯化、脱水、脱气处理,在使用过程中应避免这些杂质的侵入。液体电介质击穿后,绝缘性能在一定程度上可以得到恢复。

3. 固体电介质的击穿

固体电介质的击穿有电击穿、热击穿、电化学击穿、放电击穿等形式。

(1)电击穿。这是固体电介质在强电场作用下,其内少量处于导电的电子剧烈运动,与晶格上的原子(或离子)碰撞而使之游离,并迅速扩展下去导致的击穿。电击穿的特点是电压作用时间短,击穿电压高。电击穿的击穿场强与电场均匀程度密切相关,但与环境温度及电压作用时间几乎无关。

(2)热击穿。这是固体电介质在强电场作用下,由于介质损耗等原因所产生的热量不能够及时散发出去,会因温度上升,导致电介质局部熔化、烧焦或烧裂,最后造成击穿。热击穿的特点是电压作用时间长,击穿电压较低。热击穿电压随环境温度上升而下降,但与电场均匀程度关系不大。

(3)电化学击穿。这是固体电介质在强电场作用下,由游离、发热和化学反应等因素的综合效应造成的击穿。其特点是电压作用时间长,击穿电压往往很低。它与绝缘材料本身的耐游离性能、制造工艺、工作条件等因素有关。

(4)放电击穿。这是固体电介质在强电场作用下,内部气泡首先发生碰撞游离而放电,继而加热其他杂质,使之气化形成气泡,由气泡放电进一步发展,导致击穿。放电击穿的击穿电压与绝缘材料的质量有关。

固体电介质一旦击穿,将失去其绝缘性能。实际上,绝缘结构发生击穿,往往是电、热、放电、电化学等多种形式同时存在,很难截然分开。一般来说,在采用 $\tan\delta$ 值大、耐热性差的电介质的低压电气设备,在工作温度高、散热条件差时,热击穿较为多见。而在高压电气设备中,放电击穿的概率更大些。脉冲电压下的击穿一般属电击穿。当电压作用时间达数十小时乃至数年时,大多数属于电化学击穿。

(二)绝缘老化

电气设备在运行过程中,其绝缘材料由于受热、电、光、氧、机械力、辐射线、微生物等因素的长期作用,产生一系列不可逆的物理变化和化学变化,导致绝缘材料的电气性能和机械性能的劣化。

绝缘老化过程十分复杂。就其老化机理而言，主要有热老化机理和电老化机理。

（1）热老化。一般在低压电气设备中，促使绝缘材料老化的主要因素是热。热老化包括低分子挥发性成分的逸出，包括材料的解聚和氧化裂解、热裂解、水解，还包括材料分子链继续聚合等过程。每种绝缘材料都有其极限耐热温度，当超过这一极限温度时，其老化将加剧，电气设备的寿命就缩短。在电工技术中，常把电机和电器中的绝缘结构和绝缘系统按耐热等级进行分类。我国绝缘材料标准规定的绝缘耐热分级和极限温度见表6-1。

表6-1　绝缘耐热分级及其极限温度

耐热分级	极限温度/℃
Y	90
A	105
E	120
B	130
F	155
H	180
C	>180

（2）电老化。它主要是由局部放电引起的。在高压电气设备中，促使绝缘材料老化的主要原因是局部放电。局部放电时产生的臭氧、氮氧化物、高速粒子都会降低绝缘材料的性能，局部放电还会使材料局部发热，促使材料性能恶化。

（三）绝缘损坏

绝缘损坏是指由于不正确选用绝缘材料，不正确地进行电气设备及线路的安装，不合理地使用电气设备等，导致绝缘材料受到外界腐蚀性液体、气体、蒸气、潮气、粉尘的污染和侵蚀，或受到外界热源、机械因素的作用，在较短或很短的时间内失去其电气性能或机械性能的现象。另外，动物和植物也可能破坏电气设备和电气线路的绝缘结构。

三、绝缘检测和绝缘试验

绝缘检测和绝缘试验的目的是检查电气设备或线路的绝缘指标是否符合要求。绝缘检测和绝缘试验主要包括绝缘电阻试验、耐压试验、泄漏电流试验和介质损耗试验。其中：绝缘电阻试验是最基本的绝缘试验；耐压试验是检验电气设备承受过电压的能力，主要用于新品种电气设备的型式试验及投入运行前的电力变压器、电工安全用具等；泄漏电流试验和介质损耗试验只对一些要求较高的高压电气设备才有必要进行。下面仅就绝缘电阻试验进行介绍。

绝缘电阻是衡量绝缘性能优劣的最基本的指标。在绝缘结构的制造和使用中，经常需要测定其绝缘电阻。通过绝缘电阻的测定，可以在一定程度上判定某些电气设备的绝缘好坏，判断某些电气设备（如电机、变压器）的受潮情况等。以防因绝缘电阻降低或损坏而造成漏电、短路、电击等电气事故。

（一）绝缘电阻的测量

绝缘电阻通常用兆欧表测量。目前使用的较多的是数字兆欧表，它由中大规模集成电路组成，输出功率大，短路电流值高，输出电压等级多（每种机型有四个电压等级）。工作原理为由机内电池作为电源经变换产生的直流高压由 E 极出经被测试品到达 L 极，从而产生一个从 E 到 L 极的电流，经过 I/V 变换以及除法器运算直接将被测的绝缘电阻值由液晶显示器显示出来，仪表原理如图6-3所示。可方便地测量绝缘电阻、吸收比、极化指数等参数。

　　测量绝缘电阻时，线路端子 L 与被测物同大地绝缘的导电部分相接，接地端子 E 与被测物体外壳或接地部分相接，屏蔽（保护）端子 G 与被测物体保护遮蔽部分相接或其他不参与测量的部分相接，以消除表面泄漏电流所引起的误差。测量电气产品元件之间的绝缘电阻时，可将 L 和 E 端接在任一组线头上进行。如测量发电机相间绝缘时，三组可轮流交换，空出的一相应安全接地。测量电缆芯线对外皮的绝缘电阻时，为消除芯线绝缘层表面漏电引起的误差，还应在绝缘上包以锡箔，并使之与 G 端连接，如图 6-4 所示。这样就使得流经绝缘表面的电流直接流经 G 端构成回路，所以，测得的绝缘电阻只是电缆绝缘的体积电阻。

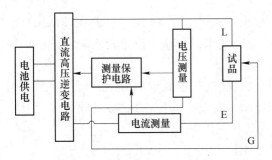

图 6-3　数字兆欧表的工作原理框图

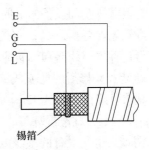

图 6-4　电缆绝缘电阻测量

　　使用数字兆欧表测量绝缘电阻时，应注意下列安全事项：

　　（1）数字兆欧表的操作者应具备一般电气设备或仪器的使用常识。

　　（2）数字兆欧表在户内外均可使用，但不应在雨淋、腐蚀气体、尘埃过浓、高温、阳光直射等环境下使用。

　　（3）数字兆欧表应避免剧烈振动。

　　（4）测试过程中严禁碰触测试引线。

　　（5）被测物体为正常带电体时，必须先断开电源然后测量，否则会危及人身设备安全。E、L 端子之间开启高压后有较高的直流电压，在进行测量操作时人体各部分不可触及。

　　（6）当表头左上角显示"←"时表示电池电压不足，应更换新电池。仪表长期不用时，应将电池全部取出，以免锈蚀仪表。

　　（7）测试完毕后要在短路测试端人工放电。

　　（8）非测试人员必须远离高压测试区，测试区必须用栅栏或绳索、警示牌等明显表示出来。

　　（9）维修、护理和调整应由专业人员进行。

　　（10）存放保管时，应注意环境温度和湿度，放在干燥通风的地方为宜，要防尘、防潮、防震、防酸碱及腐蚀气体。

（二）吸收比的测定

对于电力变压器、电力电容器、交流电动机等高压设备，除测量绝缘电阻之外，还要求测量其吸收比。吸收比是加压测量开始后 60s 时读取的绝缘电阻值与加压测量开始后 15s 时读取的绝缘电阻值之比。由吸收比的大小可以对绝缘受潮程度和内部有无缺陷存在进行判断。这是因为，绝缘材料加上直流电压时都有一充电过程，当绝缘材料受潮或内部有缺陷时，泄漏电流将增加很多，同时充电过程加快，吸收比的值小，接近于 1；绝缘材料干燥时，泄漏电流小，充电过程慢，吸收比明显增大。例如，干燥的发电机定子绕组，在 $10 \sim 30℃$ 时的吸收比远大于 1.3。吸收比原理如图 6-5 所示。

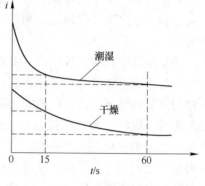

图 6-5　吸收比原理示意图

（三）绝缘电阻指标

绝缘电阻随线路和设备的不同，其指标要求也不一样。就一般而言，高压较低压要求高；新设备较老设备要求高；室外设备较室内设备要求高；移动设备较固定设备要求高等。以下为几种主要线路和设备应达到的绝缘电阻值。

（1）新装和大修后的低压线路和设备，要求绝缘电阻不低于 $0.5MΩ$；运行中的线路和设备，要求可降低为每伏工作电压不小于 $1000Ω$；安全电压下工作的设备同 220V 一样，不得低于 $0.22MΩ$；在潮湿环境，要求可降低为每伏工作电压 $500Ω$。

（2）携带式电气设备的绝缘电阻不应低于 $2MΩ$。

（3）配电盘二次线路的绝缘电阻不应低于 $1MΩ$，在潮湿环境，允许降低至 $0.5MΩ$。

（4）10kV 高压架空线路每个绝缘子的绝缘电阻不应低于 $300MΩ$；35kV 及以上的不应低于 $500MΩ$。

（5）运行中 $6 \sim 10kV$ 和 35kV 电力电缆的绝缘电阻分别不应低于 $400 \sim 1000MΩ$ 和 $600 \sim 1500MΩ$。干燥季节取较大的数值，潮湿季节取较小的数值。

（6）电力变压器投入运行前，绝缘电阻应不低于出厂时的 70%，运行中的绝缘电阻可适当降低。

四、双重绝缘和加强绝缘

双重绝缘和加强绝缘是在基本绝缘的直接接触电击防护的基础上，通过结构上附加绝缘或加强绝缘，使之具备了间接接触电击防护功能的安全措施。双重绝缘、加强绝缘均属兼有直接接触电击和间接接触电击的安全措施。

典型的双重绝缘和加强绝缘的结构示意图如图 6-6 所示。现将各种绝缘的意义介绍如下：

（1）工作绝缘，又称基本绝缘，是保证电气设备正常工作和防止触电的绝缘，位于带电体与不可触及金属件之间。

（2）保护绝缘，又称附加绝缘，是在工作绝缘因机械破损或击穿等失效的情况下，可防止触电的独立绝缘，位于不可触及金属件与可触及金属件之间。

（3）双重绝缘，是兼有工作绝缘和保护绝缘的绝缘。

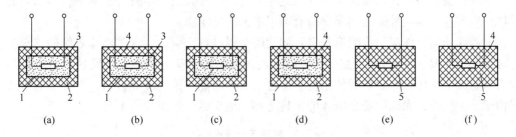

图 6-6 双重绝缘和加强绝缘

1—工作绝缘；2—保护绝缘；3—不可触及的金属件；4—可触及的金属件；5—加强绝缘

（4）加强绝缘，是基本绝缘经改进后，在绝缘强度和机械性能上具备了与双重绝缘同等功能的单一绝缘，在构成上可以包含一层或多层绝缘材料。

具有双重绝缘和加强绝缘的设备属于Ⅱ类设备（不仅依靠基本绝缘进行防触电保护，而且还包括附加的安全措施，但对保护接地或依赖设备条件未作规定的设备）。按外壳特征细分为以下 3 类：

1）全部绝缘外壳的Ⅱ类设备。此类设备其外壳上除了铭牌、螺钉等小金属，其他金属件都在无间断连接的封闭绝缘外壳内，外壳成为加强绝缘的补充或全部。

2）全部金属外壳的Ⅱ类设备。此类设备有一个金属材料制成的无间断的封闭外壳。其外壳与带电体之间应尽量采用双重绝缘；无法采用双重绝缘的部件可采用加强绝缘。

3）兼有绝缘外壳和金属外壳两种特征的Ⅱ类设备。

由于具有双重绝缘或加强绝缘，Ⅱ类设备无须再采取接地、接零等安全措施，因此，对双重绝缘和加强绝缘的设备可靠性要求较高。双重绝缘和加强绝缘的设备应满足以下安全条件：

（1）绝缘电阻和电气强度。

绝缘电阻在直流电压为 500V 的条件下测试，工作绝缘的绝缘电阻不得低于 $2M\Omega$，保护绝缘的绝缘电阻不得低于 $5M\Omega$，加强绝缘的绝缘电阻不得低于 $7M\Omega$。

交流耐压试验的试验电压：工作绝缘为 1250V、保护绝缘为 2500V、加强绝缘为 3750V。对于有可能产生谐振电压者，试验电压应比 2 倍谐振电压高出 1000V。耐压持续时间为 1min，试验中不得发生闪络或击穿。

直流泄漏电流试验的试验电压，对于额定电压不超过 250V 的Ⅱ类设备，应为其额定电压上限值或峰值的 1.06 倍。于施加电压 5s 后读数，泄漏电流允许值为 0.25mA。

（2）外壳防护和机械强度。

Ⅱ类设备应能保证在正常工作时以及在打开门盖和拆除可拆卸部件时，人体不会触及仅由工作绝缘与带电体隔离的金属部件。其外壳上不得有易于触及上述金属部件的孔洞。

若利用绝缘外护物实现加强绝缘，则要求外护物必须用钥匙或工具才能开启，其上不得有金属件穿过，并有足够的绝缘水平和机械强度。

Ⅱ类设备应在明显位置标上作为Ⅱ类设备技术信息一部分的"回"形标志。例如标在额定值标牌上。

（3）电源连接线。

Ⅱ类设备的电源连接线应符合加强绝缘要求，电源插头上不得有起导电作用以外的金属件，电源连接线与外壳之间至少应有两层单独的绝缘层。

电源线的固定件应使用绝缘材料，如使用金属材料，应加以保护绝缘等级的绝缘。对电源线截面的要求见表6-2。此外，电源连接线还应经受基于电源连接线拉力试验标准的拉力试验而不损坏。一般场所使用的手持电动工具应优先选用Ⅱ类设备。在潮湿场所或金属构架上工作时，除选用安全电压的工具之外，也应尽量选用Ⅱ类工具。

表 6-2　电源连接线截面积

额定电流 I_N/A	电源线截面积/mm^2	额定电流 I_N/A	电源线截面积/mm^2
$I_N \leq 10$	0.75①	$25 < I_N \leq 32$	4
$10 < I_N \leq 13.5$	1	$32 < I_N \leq 40$	6
$13.5 < I_N \leq 16$	1.5	$40 < I_N \leq 63$	10
$16 < I_N \leq 25$	2.5		

① 当额定电流在 3A 以下、长度在 2m 以下时，允许截面积为 0.5mm^2。

五、不导电环境

利用不导电的材料制成地板、墙壁等，使人员所处的场所成为一个对地绝缘水平较高的环境，这种场所称为不导电环境或非导电场所。不导电环境应符合如下的安全要求：

（1）地板和墙壁每一点对地的电阻：500V 及以下者不小于 50kΩ，500V 以上者不小于 100kΩ。

（2）保持间距或设置屏障，使得在电气设备工作绝缘失效的情况下，人体也不可能同时触及不同电位的导体。

（3）为了维持不导电的特征，场所内不得设置保护零线或保护地线，并应有防止场所内高电位引出场所外和场所外低电位引入场所内的措施。

（4）场所的不导电性能应具有永久性特征，不应因受潮或设备的变动等原因使安全水平降低。

第二节　屏　护

一、屏护的概念、种类及其应用

屏护是一种对电击危险因素进行隔离的手段，即采用遮栏、护罩、护盖、箱匣等把危险的带电体同外界隔离开来，以防止人体触及或接近带电体所引起的触电事故。屏护还起到防止电弧伤人，防止弧光短路或便利检修工作的作用。

屏护可分为屏蔽和障碍（或称阻挡物），两者的区别在于：后者只能防止人体无意识触及或接近带电体，而不能防止有意识移开、绕过或翻越该障碍触及或接近带电体。从这点来说，前者属于一种完全的防护，而后者是一种不完全的防护。

屏护装置的种类又有永久性屏护装置和临时性屏护装置之分，前者如配电装置的遮栏、开关的罩盖等；后者如检修工作中使用的临时屏护装置和临时设备的屏护装置等。

屏护装置还可分为固定屏护装置和移动屏护装置，如母线的护网就属于固定屏护装置；而跟随天车移动的天车滑线屏护装置就属于移动屏护装置。

屏护装置主要用于电气设备不便于绝缘或绝缘不足以保证安全的场合。如开关电气的可动部分一般不能包以绝缘，因此需要屏护。对于高压设备，由于全部绝缘往往有困难，因此，不论高压设备是否有绝缘，均要求加装屏护装置。室内外安装的变压器和变配电装置应装有完善的屏护装置。当作业场所邻近带电体时，在作业人员与带电体之间、过道、入口等处均应装设可移动的临时性屏护装置。

二、屏护装置的安全条件

尽管屏护装置是简单装置，但为了保证其有效性，须满足如下的安全条件：

（1）屏护装置所用材料应有足够的机械强度和良好的耐火性能。

（2）为防止因意外带电而造成触电事故，对金属材料制成的屏护装置必须实行可靠的接地或接零。

（3）屏护装置应有足够的尺寸，与带电体之间应保持必要的距离。遮栏高度不应低于1.7m，下部边缘离地不应超过0.1m，网眼遮栏与带电体之间的距离不应小于表6-3所示的距离。栅栏的高度户内不应小于1.2m，户外不应小于1.5m，栅条间距离不应大于0.2m。对于低压设备，遮栏与裸导体之间的距离不应小于0.8m。户外变配电装置围墙的高度一般不应小于2.5m。

（4）遮栏、栅栏等屏护装置上应有"止步，高压危险！"等标志。

（5）必要时应配合采用声光报警信号和联锁装置。

表6-3 网眼遮栏与带电体之间的距离

额定电压/kV	<1	1~10	10~35
最小距离/m	0.15	0.35	0.6

第三节 间 距

间距是指带电体与地面之间，带电体与其他设备和设施之间，带电体与带电体之间必要的安全距离。间距的作用是防止人体触及或接近带电体造成触电事故；避免车辆或其他器具碰撞或过分接近带电体造成事故；防止火灾、过电压放电及各种短路事故，以及方便操作。在间距的设计选择时，既要考虑安全的要求，同时也要符合人机工效学的要求。

不同电压等级、不同设备类型、不同安装方式、不同的周围环境所要求的间距不同。

一、线路间距

架空线路导线在弛度最大时与地面或水面的距离不应小于表6-4所示的距离。

表 6-4 导线与地面或水面的最小距离 （m）

线路经过地区	线路电压/kV		
	<1	1~10	35
居民区	6	6.5	7
非居民区	5	5.5	6
不能通航或浮运的河、湖（冬季冰面）	5	5	—
不能通航或浮运的河、湖（50年一遇的洪水水面）	3	3	—
交通困难地区	4	4.5	5
步行可以达到的山坡	3	4.5	5
步行不能达到的山坡、峭壁或岩石	1	1.5	3

在未经相关管理部门许可的情况下，架空线路不得跨越建筑物。架空线路与有爆炸、火灾危险的厂房之间应保持必要的防火间距，且不应跨越具有可燃材料屋顶的建筑物。架空线路导线与建筑物的最小距离见表 6-5。

表 6-5 导线与建筑物的最小距离

线路电压/kV	<1	1~10	35	60~110	154~220	330
垂直距离/m	2.5	3.0	4.0	5.0	6.0	7.0
水平距离/m	1.0	1.5	3.0	4.0	5.0	6.0

架空线路导线与街道树木、厂区树木的最小距离见表 6-6，架空线路导线与绿化区树木、公园的树木的最小距离为 3m。

表 6-6 导线与树木的最小距离

线路电压/kV	<1	1~10	35
垂直距离/m	1.0	1.5	3.0
水平距离/m	1.0	2.0	

架空线路导线与铁路、道路、通航河流、电气线路及管道等设施之间的最小距离见表 6-7。表中：特殊管道指的是输送易燃易爆介质的管道；各项中的水平距离在开阔地区不应小于电杆的高度。

表 6-7 架空线路与工业设施的最小距离 （m）

项 目				线路电压		
				<1kV	1~10kV	35kV
铁路	标准轨距	垂直距离	至钢轨顶面	7.5	7.5	7.5
			至承力索接触线	3.0	3.0	3.0
		水平距离 电杆外缘至轨道中心	交叉	5.0		
			平行	杆高加3.0		
	窄轨	垂直距离	至钢轨顶面	6.0	6.0	7.5
			至承力索接触线	3.0	3.0	3.0
		水平距离 电杆外缘至轨道中心	交叉	5.0		
			平行	杆高加3.0		

续表6-7

项　目			线路电压		
			<1kV	1~10kV	35kV
道路	垂直距离		6.0	7.0	7.0
	水平距离（电杆至道路边缘）		0.5	0.5	0.5
通航河流	垂直距离	至50年一遇的洪水位	6.0	6.0	6.0
		至最高航行水位的最高桅顶	1.0	1.5	2.0
	水平距离	边导线至河岸上缘	最高杆（塔）高		
弱电线路	垂直距离		6.0	7.0	7.0
	水平距离（两线路边导线间）		0.5	0.5	0.5
电力线路	<1kV	垂直距离	1.0	2.0	3.0
		水平距离（两线路边导线间）	2.5	2.5	5.0
	10kV	垂直距离	2.0	2.0	3.0
		水平距离（两线路边导线间）	2.5	2.5	5.0
	35kV	垂直距离	2.0	2.0	3.0
		水平距离（两线路边导线间）	5.0	5.0	5.0
特殊管道	垂直距离	电力线路在上方	1.5	3.0	3.0
		电力线路在下方	1.5	—	—
	水平距离（边导线至管道）		1.5	2.0	4.0

同杆架设不同种类、不同电压的电气线路时，电力线路应位于弱电线路的上方，高压线路应位于低压线路的上方。横担之间的最小距离见表6-8。表中同杆架设的10kV与10kV高压线路转角或分支线如为单回线，则分支线横担距主干线横担为0.6m；如为双回线，则分支线横担距上排主干线横担为0.45m，距下排主干线横担为0.6m。

表6-8　同杆线路横担之间的最小距离　　　　　　　　　　　　（m）

项　目	直线杆	分支杆和转角杆
10kV与10kV	0.8	0.45/0.6
10kV与低压	1.2	1.0
低压与低压	0.6	0.3
10kV与通讯电缆	2.5	
低压与通讯电缆	1.5	

从配电线路到用户进线处第一个支持点之间的一段导线称为接户线。10kV接户线对地距离不应小于4.5m；低压接户线对地距离不应小于2.75m。低压接户线跨越通车街道时对地距离不应小于6m；跨越通车困难的街道或人行道时，对地距离不应小于3.5m。

从接户线引入室内的一段导线称为进户线。进户线的进户管口与接户线端头之间的垂直距离不应大于0.5m；进户线对地距离不应小于2.7m。

户内低压线路与工业管道和工艺设备之间的最小距离见表6-9。表中无括号的数字为电缆管线在管道上方的数据，有括号的数字为电缆管线在管道下方的数据。电缆管线应尽可能敷设在热力管道的下方。当现场的实际情况无法满足表6-9所规定距离时，应采取包隔热层，对交叉处的裸母线外加保护网或保护罩等措施。

表6-9　户内低压线路与工业管道和工艺设备之间的最小距离　　　　（mm）

布线方式		穿金属管导线	电缆	明设绝缘导线	裸导线	起重机滑触线	配电设备
煤气管	平行	100	500	1000	1000	1500	1500
	交叉	100	300	300	500	500	—
乙炔管	平行	100	1000	1000	2000	3000	3000
	交叉	100	500	500	500	500	
氧气管	平行	100	500	500	1000	1500	1500
	交叉	100	300	300	500	500	
蒸气管	平行	1000（500）	1000（500）	1000（500）	1000	1000	500
	交叉	300	300	300	500	500	
暖热水管	平行	300（200）	500	300（200）	1000	1000	100
	交叉	100	100	100	500	500	
通风管	平行		200	200	1000	1000	100
	交叉		100	100	500	500	
上下水管	平行		200	200	1000	1000	100
	交叉		100	100	500	500	
压缩空气管	平行		200	200	1000	1000	100
	交叉		100	100	500	500	
工艺设备	平行				1500	1500	100
	交叉				1500	1500	

直埋电缆埋设深度不应小于0.7m，并应位于冻土层之下。直埋电缆与工艺设备的最小距离见表6-10。当电缆与热力管道接近时，电缆周围土壤温升不应超过10℃，超过时，须进行隔热处理。表6-10中的最小距离对采用穿管保护时，应从保护管的外壁算起。

表6-10　直埋电缆与工艺设备的最小距离　　　　（m）

敷　设　条　件	平行敷设	交叉敷设
与电杆或建筑物地下基础之间，控制电缆与控制电缆之间	0.6	—
10kV以下的电力电缆之间或与控制电缆之间	0.1	0.5
10kV～35kV的电力电缆之间或与其他电缆之间	0.25	0.5
不同部门的电缆（包括通信电缆）之间	0.5	0.5
与热力管沟之间	2.0	0.5
与可燃气体、可燃液体管道之间	1.0	0.5
与水管、压缩空气管道之间	0.5	0.5
与道路之间	1.5	1.0
与普通铁路路轨之间	3.0	1.0
与直流电气化铁路路轨之间	10.0	—

二、用电设备间距

明装的车间低压配电箱底口的高度可取 1.2m，暗装的可取 1.4m。明装电能表板底口距地面的高度可取 1.8m。

常用开关电器的安装高度为 1.3~1.5m，开关手柄与建筑物之间保留 150mm 的距离，以便于操作。墙用平开关，离地面高度可取 1.4m。明装插座离地面高度可取 1.3~1.8m，暗装的可取 0.2~0.3m。

户内灯具高度应大于 2.5m，受实际条件约束达不到时，可减为 2.2m，低于 2.2m 时，应采取适当安全措施。当灯具位于桌面上方等人碰不到的地方时，高度可减为 1.5m。户外灯具高度应大于 3m，安装在墙上时可减为 2.5m。

起重机具至线路导线间的最小距离，1kV 及 1kV 以下者不应小于 1.5m，10kV 者不应小于 2m。

三、检修间距

低压操作时，人体及其所携带工具与带电体之间的距离不得小于 0.1m。高压作业时，各种作业类别所要求的最小距离见表 6-11。

表 6-11 高压作业的最小距离 （m）

类 别	电 压 等 级	
	10kV	35kV
无遮拦作业，人体及其所携带工具与带电体之间①	0.7	1.0
无遮拦作业，人体及其所携带工具与带电体之间，用绝缘杆操作	0.4	0.6
线路作业，人体及其所携带工具与带电体之间②	1.0	2.5
带电水冲洗，小型喷嘴与带电体之间	0.4	0.6
喷灯或气焊火焰与带电体之间③	1.5	3.0

① 距离不足时，应装设临时遮栏；② 距离不足时，邻近线路应当停电；③ 火焰不应喷向带电体。

第四节 保护接地

保护接地是为防止电气装置的金属外壳、配电装置的金属构架和线路杆塔等带电危及人身和设备安全而进行的接地。所谓保护接地就是将正常情况下不带电，而在绝缘材料损坏后或其他情况下可能带电的电器金属部分（即与带电部分相绝缘的金属结构部分）用导线与接地体可靠连接起来的一种保护接线方式。

保护接地是最古老的安全措施，也是应用最广泛的安全措施之一，不论是交流设备还是直流设备，不论是高压设备还是低压设备，都采用保护接地作为必需的安全技术措施。根据配电变压器中性点是否接地，保护接地分为 TT 系统和 IT 系统两种。TT 系统中第一个字母 T 表示电源中性点直接接地，第二个字母 T 表示电气设备的金属外壳直接接地。IT 系统中第一个字母 I 表示配电网不接地或经高阻抗接地，第二个字母 T 表示电气设备的金属外壳直接接地。它们都是防止间接接触电击的安全技术。本节主要介绍 TT 系统和 IT 系统的安全防护原理及应用。

一、接地的基本概念

所谓接地，就是将设备的某一部位经接地装置与大地紧密连接起来。

（一）接地分类

按照接地性质，接地可分为正常接地和故障接地。正常接地又有工作接地和安全接地之分。工作接地是指正常情况下有电流流过，利用大地代替导线的接地，以及正常情况下没有或只有很小不平衡电流流过，用以维持系统安全运行的接地。安全接地是正常情况下没有电流流过的起防止事故作用的接地，如防止触电的保护接地、防雷接地等。故障接地是指带电体与大地之间的意外连接，如短路接地。

（二）接地电流和接地短路电流

凡从接地点流入地下的电流即属于接地电流。

系统一相接地可能导致系统发生短路，这时的接地电流称为接地短路电流，如 0.4kV 系统中的单相接地短路电流。在高压系统中，接地短路电流可能很大，接地电流为 500A 及以下的称小接地短路电流系统；接地短路电流大于 500A 的称大接地短路电流系统。

（三）流散电阻和接地电阻

接地电流流入地下后自接地体向四周流散，这个自接地体向四周流散的电流叫作流散电流。流散电流在土壤中遇到的全部电阻叫作流散电阻。接地体的流散电阻与接地线的电阻之和称为接地电阻。接地线的电阻一般很小，可忽略不计，因此，在绝大多数情况下可以认为流散电阻就是接地电阻。

（四）对地电压和对地电压曲线

电流通过接地体向大地作半球形流散。因为半球面积与半径的平方成正比，半球的面积随着远离接地体而迅速增大，因此，与半球面积对应的土壤电阻随着远离接地体而迅速减小，至离接地体 20m 处，半球面积已达 2500m^2，土壤电阻已可小到忽略不计。这就是说，可以认为在离开接地体 20m 以外，电流不再产生电压降了。或者说，至远离接地体 20m 处，电压几乎降低为零。电气工程上通常说的"地"就是这里的地，而不是接地体周围 20m 以内的地。通常所说的对地电压是指带电体与离接地体 20m 处的大地之间的电位差。简单地说，对地电压就是带电体与电位为零的大地之间的电位差。显然，对地电压等于接地电流和接地电阻的乘积。

当电流通过接地体流入大地时，接地体具有最高的电压。离开接地体后，电压逐渐降低，电压降落的速度也逐渐降低。如果用曲线来表示接地体及其周围各点的对地电压，这种曲线就叫作对地电压曲线。单一接地体的对地电压曲线如图 6-7 所示，显然，随着离开接地体，曲线逐渐变平，即曲线的陡度逐渐减小。

（五）接触电动势和接触电压

接触电动势是指接地电流自接地体流散，在大地表面形成不同电位时，设备外壳与水平距离 0.8m 处之间的电位差。

接触电压是指加于人体某两点之间的电压，如图 6-7 所示。当设备漏电，电流 I_E 自接

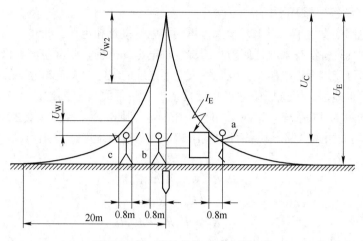

图 6-7 单一接地体的对地电压曲线

地体流入地下时，漏电设备对地电压为 U_E，对地电压曲线呈双曲线形状。a 触及漏电设备外壳，其接触电压即其手与脚之间的电位差。如果忽略人的双脚下面土壤的流散电阻，接触电压与接触电动势相等。图 6-7 中，a 的接触电压为 U_C。如果不忽略脚下土壤的流散电阻，接触电压将低于接触电动势。

（六）跨步电动势和跨步电压

跨步电动势是指地面上水平距离为 0.8m（人的跨距）的两点之间的电位差。

跨步电压是指人站在流过电流的地面上，加于人的两脚之间的电压，如图 6-7 中的 U_{w1} 和 U_{w2}，如果忽略脚下土壤的流散电阻，跨步电压与跨步电动势相等。人的跨步一般按 0.8m 考虑；大牲畜的跨步通常按 1.0~1.4m 考虑。图 6-7 中，b 紧靠接地体位置，承受的跨步电压最大；c 离开了接地体，承受的跨步电压要小一些。如果不忽略脚下土壤的流散电阻，跨步电压也将低于跨步电动势。

二、TT 系统

我国绝大部分企业的低压配电网都采用星形接法的低压中性点直接接地的三相四线配电网，TT 系统如图 6-8 所示。这不仅是因为这种配电网能提供一组线电压和一组相电压，便于动力和照明由同一台变压器供电，而且还在于这种配电网具有较好的过电压防护性能，一相故障接地时单相电击的危险性较小，故障接地点比较容易检测等优点。

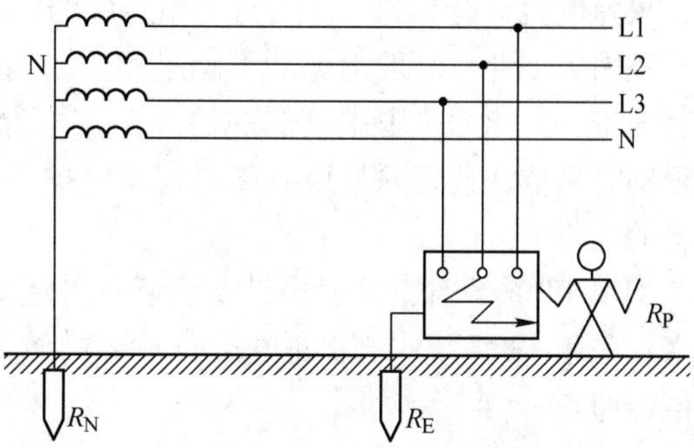

图 6-8 TT 系统

低压中性点的接地常叫作工作接地，中性点引出的导线叫作中性线。由于中性线是通过工作接地与大地连在一起的，因而中性线也称作工作零线。这种配电网的额定供电电压为 0.23/0.4kV（相电压为 0.23kV，线电压为 0.4kV），额定用电电压为 220/380V（相电压为 220V，线电压为 380V）。220V 用于照明设备和单相设备，380V用于动力设备。

接地的配电网中发生单相电击时，人体承受的电压接近相电压。也就是说，在接地的配电网中，如果电气设备没有采取任何防止间接接触电击的措施，则漏电时触及该设备的人所承受的接触电压可能接近相电压，其危险性大于不接地的配电网中单相电击的危险性。

图 6-8 所示接地系统为低压中性点直接接地、设备外壳采取接地的保护接地系统，这种配电防护系统称为 TT 系统。这时，如有一相漏电，则故障电流主要经接地电阻 R_E 和工作接地电阻 R_N 构成回路。漏电设备对地电压和工件零线对地电压分别为：

$$U_E = \frac{R_E R_P}{R_N R_E + R_N R_P + R_E R_P} U \tag{6-3}$$

$$U_N = \frac{R_N R_P + R_N R_E}{R_N R_E + R_N R_P + R_E R_P} U \tag{6-4}$$

式中，U 为配电网相电压；R_P 为人体电阻。一般情况下，$R_N \ll R_P$，$R_E \ll R_P$。上面两式可简化为：

$$U_E = \frac{R_E}{R_N + R_E} U \tag{6-5}$$

$$U_N = \frac{R_N}{R_N + R_E} U \tag{6-6}$$

显然，$U_E + U_N = U$，且 $U_E / U_N = R_E / R_N$。与没有接地相比较，漏电设备上对地电压有所降低，但零线上却产生了对地电压。而且，由于 R_E 和 R_N 同在一个数量级。二者都可能超过安全电压，人触及漏电设备或触及工作零线都可能受到致命的电击。

另一方面，由于故障电流主要由 R_E 和 R_N 构成回路，如不计及带电体与外壳之间的过渡电阻，其大小为：

$$I_E = \frac{U}{R_N + R_E} \tag{6-7}$$

由于 R_E 和 R_N 都是欧姆级的电阻，因此，I_E 不可能太大。这种情况下，一般的过电流保护装置不起作用，不能及时切断电源，使故障长时间延续下去。例如，当 $R_E = R_N = 4\Omega$ 时，故障电流只有 27.5A，能与之相适应的过电流保护装置是十分有限的。

正因为如此，一般情况下不能采用 TT 系统。除非采用其他防止间接接触电击的措施确有困难，且土壤电阻率较低的情况下，才可考虑采用 TT 系统。而且在这种情况下，还必须同时采取快速切除接地故障的自动保护装置或其他防止电击的措施，并保证零线没有电击的危险。

采用 TT 系统时，被保护设备的所有外露导电部分均应同接向接地体的保护导体连接起来；采用 TT 系统应当保证在允许故障持续时间内漏电设备的故障对地电压不超过某一限值，即：

$$U_E = I_E R_E \leqslant U_L \tag{6-8}$$

式中，U_L 为安全极限电压。在环境干燥或略微潮湿、皮肤干燥、地面电阻率高的状态下，U_L 不得超过 50V；在环境潮湿、皮肤潮湿、地面电阻率低的状态下，U_L 不得超过 25V。

故障最大持续时间原则上不得超过 5s。为实现上述要求，可在 TT 系统中装设剩余电流保护装置（漏电保护装置）或过电流保护装置，并优先采用前者。

TT 系统主要用于低压共用用户，即用于未装备配电变压器从外面引进低压电源的小型用户。

三、IT 系统

IT 系统安全原理如图 6-9 所示。图 6-9（a）所示的在不接地配电网中，当一相碰壳时，接地电流 I_E 通过人体和配电网对地绝缘阻抗构成回路。如各相对地绝缘阻抗对称，即 $Z_1 = Z_2 = Z_3 = Z$，则运用戴维南定理可以求出人体承受的电压和流经人体的电流。运用戴维南定理可以得出图 6-9（b）所示的等效电路。等效电路中的电动势为网络二端开路，即没有人触电时该相对地电压。因为对称，该电压即相电压 U，该阻抗即 $Z/3$。根据等值电路，不难求得人体承受的电压和流过人体的电流分别为：

$$\dot{U}_P = \frac{R_P}{R_P + \dfrac{Z}{3}} \dot{U} = \frac{3R_P}{3R_P + Z} \dot{U} \tag{6-9}$$

$$\dot{I}_P = \frac{3\dot{U}}{3R_P + Z} \tag{6-10}$$

式中　$\dot{U}$——相电压；

$\dot{U}_P$，$\dot{I}_P$——人体电压和人体电流；

R_P——人体电阻；

Z——各相对地绝缘阻抗。

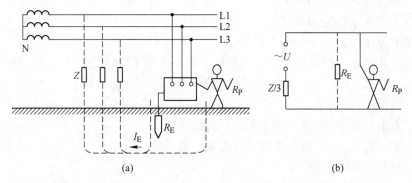

图 6-9　IT 系统安全原理（图中虚线为有保护接地的情况）

（a）示意图；（b）等效电路图

绝缘阻抗 Z 是绝缘电阻 R 和分布电容 C 的并联阻抗。对于对地绝缘电阻较低，对地分布电容又很小的情况，由于绝缘阻抗中的容抗比电阻大得多，可以不考虑电容。这时，可简化式（6-9）和式（6-10），求得人体电压和人体电流分别为：

$$U_P = \frac{3R_P}{3R_P + Z} U \tag{6-11}$$

$$I_P = \frac{3U}{3R_P + Z} \tag{6-12}$$

对于对地分布电容较大，对地绝缘电阻很高的的情况，由于绝缘阻抗中的电阻比容抗大得多，可以不考虑电阻。这时，也可简化复数运算，求得人体电压和人体电流分别为：

$$U_P = \left| \frac{3R_P}{3R_P - j\dfrac{1}{\omega C}} \right| U = \frac{3\omega R_P C U}{\sqrt{9\omega^2 R_P^2 C^2 + 1}} \tag{6-13}$$

$$I_P = \frac{3\omega C U}{\sqrt{9\omega^2 R_P^2 C^2 + 1}} \tag{6-14}$$

由以上各式不难知道，在不接地配电网中，单相电击的危险性决定于配电网电压、配电网对地绝缘电阻和人体电阻等因素。通过保护接地，选取恰当的接地电阻（$R_E \leqslant 4\Omega$），流过人体电流可大大降低。只有在不接地配电网中，由于其对地绝缘阻抗较高，单相接地电流较小，才有可能通过保护接地把漏电设备故障对地电压限制在安全范围之内。

IT 系统适用于各种不接地配电网，包括交流不接地配电网和直流不接地配电网，也包括低压不接地配电网和高压不接地配电网。在这类配电网中，凡由于绝缘损坏或其他原因而可能呈现危险电压的金属部分，除另有规定外，均应接地。它们主要包括：

（1）电机、变压器、电器、携带式或移动式用电器具的金属底座和外壳。

（2）电气设备的传动装置。

（3）屋内外配电装置的金属或钢筋混凝土构架，靠近带电部分的金属遮栏和金属门。

（4）配电、控制、保护用的屏（柜、箱）及操作台等的金属框架和底座。

（5）交、直流电力电缆的金属接头盒、终端头和膨胀器的金属外壳和电缆的金属护层，可触及的金属保护管和穿线的钢管。

（6）电缆桥架、支架和井架。

（7）装有避雷线的电力线路杆塔。

（8）装在配电线路杆上的电力设备。

（9）在非沥青地面的居民区内，无避雷线的小接地短路电流架空电力线路的金属杆塔和钢筋混凝土杆塔。

（10）电除尘器的构架。

（11）封闭母线的外壳及其他裸露的金属部分。

（12）六氟化硫封闭式组合电器和箱式变电站的金属箱体。

（13）电热设备的金属外壳。

（14）控制电缆的金属护层。

某些电气设备的某些金属部分，除非另有规定，否则可不接地：

（1）在木质、沥青等不良导电地面，无裸露接地导体的干燥的房间内，交流额定电压380V 及以下，直流额定电压 440V 及以下的电气设备的金属外壳；但当有可能同时触及上述电气设备外壳和已接地的其他物体时，则仍应接地。

（2）在干燥场所，交流额定电压 127V 及其以下，直流额定电压 110V 及其以下的电气设备的外壳。

（3）安装在配电屏、控制屏和配电装置上的电气测量仪表、继电器和其他低压电器等的外壳，以及当发生绝缘损坏时不会在支持物上引起危险电压的绝缘子的金属底座等。

（4）安装在已接地金属框架上的设备，如穿墙套管等（但应保证设备底座与金属框架接触良好）。

（5）额定电压 220V 及其以下的蓄电池室内的金属支架。

（6）由发电厂、变电所和工业企业区域内引出的铁路轨道。

（7）与已接地的机床、机座之间有可靠电气接触的电动机和电器的外壳。

此外，木结构或木杆塔上方的电气设备的金属外壳一般也不必接地。

四、接地电阻的确定

从保护接地的原理可以知道，保护接地的基本原理是限制漏电设备外壳对地电压在安全限值 U_L 以内，即漏电设备对地电压 $U_E = I_E R_E \leq U_L$。各种保护接地的接地电阻就是根据这个原则来确定的。

（一）低压设备接地电阻

在 380V 不接地低压系统中，单相接地电流很小，为限制设备漏电时外壳对地电压不超过安全范围，一般要求保护接地电阻 $R_E \leq 4\Omega$。

当配电变压器或发电机的容量不超过 100kVA 时，由于配电网分布范围很小，单相故障接地电流更小，可以放宽对接地电阻的要求，取 $R_E \leq 10\Omega$。

（二）高压设备接地电阻

（1）小接地短路电流系统。如果高压设备与低压设备共用接地装置，要求设备对地电压不超过 120V，其接地电阻为：

$$R_E \leq \frac{120}{I_E} \tag{6-15}$$

式中　R_E——接地电阻，Ω；

　　　I_E——接地电流，A。

如果高压设备单独装设接地装置，设备对地电压可放宽至 250V，其接地电阻为：

$$R_E \leq \frac{250}{I_E} \tag{6-16}$$

小接地短路电流系统高压设备的保护接地电阻除应满足式（6-15）和式（6-16）的要求外，还不应超过 10Ω。以上两个式子中的 I_E 为配电网的单相接地电流，应根据配电网的特征计算和确定。

（2）大接地短路电流系统。在大接地短路电流系统中，由于按地短路电流很大，很难限制设备对地电压不超过某一范围，而是靠线路上的速断保护装置切除接地故障。要求其接地电阻为：

$$R_E \leq \frac{2000}{I_E} \tag{6-17}$$

但当接地短路电流 $I_E > 4000A$ 时，可采用 $R_E \leq 0.5\Omega$。

（三）架空线路和电缆线路的接地电阻

小接地短路电流系统中，无避雷线的高压电力线路在居民区的钢筋混凝土杆宜接地，金属杆塔应接地，其接地电阻不宜超过 30Ω。

中性点直接接地的低压系统的架空线路和高、低压共杆架设的架空线路，其钢筋混凝土杆的铁横担和金属杆应与零线连接，钢筋混凝土的钢筋宜与零线连接。与零线连接的电杆可不另做接地。

沥青路面上的高、低压线路的钢筋混凝土和金属杆塔以及已有运行经验的地区，可不另设人工接地装置，钢筋混凝土的钢筋、铁横担和金属杆塔，也可不与零线连接。

三相三芯电力电缆两端的金属外皮均应接地。

变电所电力电缆的金属外皮可利用主接地网接地。与架空线路连接的单芯电力电缆进线段，首端金属外皮应接地。如果在负荷电流下，末端金属外皮上的感应电压超过 60V，末端宜经过接地器或间隙接地。

在高土壤电阻率地区接地电阻难以达到要求数值时，接地电阻允许值可以适当提高。例如，低压设备接地电阻允许达到 $10 \sim 30\Omega$，小接地短路电流系统中高压设备接地电阻允许达到 30Ω，发电厂和区域变电站的接地电阻允许达到 15Ω 等。

五、绝缘监视

在不接地配电网中，发生一相故障接地时，其他两相对地电压升高，可能接近相电压，这会增加绝缘的负担、增加触电的危险。这时，如某设备另一相漏电，即使该设备上有合格的保护接地，也不可能将其故障电压限制在安全范围以内。而且，不接地配电网中一相接地的接地电流很小，线路和设备还能继续工作，故障可能长时间存在。这对安全是非常不利的。因此，在不接地配电网中，需要对配电网进行绝缘监视（接地故障监视），并设置声光双重报警信号。

低压配电网的绝缘监视，是用三只规格相同的电压表来实现的，接线如图 6-10 所示。配电网对地电压正常时三相平衡，三只电压表读数均为相电压，当一相接地时，该相电压表读数急剧降低，另两相则显著升高。即使系统没有接地，由于一相或两相对地绝缘显著恶化，三只电压表也会给出不同的读数，引起工作人员的注意。为了不影响系统中保护接地的可靠性，应当采用高内阻的电压表。

高压配电网的绝缘监视如图 6-11 所示。监视仪表（器）通过电压互感器同配电网连接。互感器有两组低压线圈：一组接成星形，供绝缘监视的电压表用；另一组接成开口三角形，开口处接信号继电器。正常时，三相平衡，三只电压表读数相同，三角形开口处电压为零，信号继电器 KS 不动作。当一相接地或一、两相绝缘明显恶化时，三只电压表出现不同读数，同时三角形开口处出现电压，信号继电器 KS 动作，发出信号。

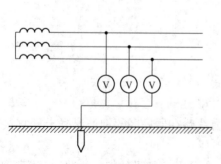

图 6-10　低压配电网的绝缘监视

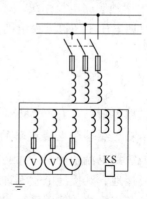

图 6-11　高压配电网的绝缘监视

这种绝缘监视装置是以监视三相对地平衡为基础的,对于一相接地故障很敏感,但对三相绝缘同时恶化,即三相绝缘同时降低的故障是没有反映的。其另一缺点是当三相绝缘都在安全范围以内,但相互差别较大时,会给出错误的指示或信号。由于这两种情况很少发生,上述绝缘监视装置还是可用的。

六、过电压的防护

配电网中出现过电压的原因很多。由于外部原因造成的有雷击过电压、电磁感应过电压和静电感应过电压,由内部原因造成的有操作过电压、谐振过电压以及来自变压器高压侧的过渡电压或感应电压。

不接地电网高压窜低压如图 6-12 所示。对于不接地配电网,由于配电网与大地之间没有直接的电气连接,在意外情况下可能产生很高的对地电压。例如,当高压一相与低压中性点短接时,如图 6-12(a)所示,低压侧对地电压将大幅度升高。如该变压器为 10/0.4kV 的变压器,采用 Y/Y$_0$-12 接法,则低压中性点对地电压 U_{NE} 升高到将近 5800V。由图 6-12(b)所示的电压相量图可知,其他各相对地电压 U_{1E}、U_{2E}、U_{3E} 也将升高到略低于或略高于 5800V。这将给低压系统的安全运行造成极大的威胁。

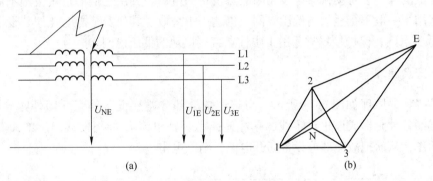

图 6-12　不接地电网高压窜低压
(a)示意图;(b)相量图

为了减轻过电压的危险,在不接地低压配电网中,可把低压配电网的中性点或者一相经击穿保险器接地。

击穿保险器主要由两片黄铜电极夹及带小孔的云母片组成,其击穿电压大多不超过额定电压的 2 倍。正常情况下,击穿保险器处在绝缘状态,配电系统不接地;当过电压产生时,云母片带孔部分的空气隙被击穿,故障电流经接地装置流入大地。这个电流即高压系统的接地短路电流,它可能引起高压系统过电流保护装置动作,切除故障,断开电源。如果这个电流不大,不足以引起保护装置动作,则可以通过选定适当的接地电阻值控制低压系统电压升高不超过 120V。为此,接地电阻应为:

$$R_E \leqslant \frac{120}{I_{HE}} \tag{6-18}$$

式中,R_E 为接地电阻,Ω;I_{HE} 为高压系统单相接地短路电流,A。通常情况下,取 $R_E \leqslant 4\Omega$ 是能够满足上述要求的。

正常情况下,击穿保险器必须保持绝缘良好。否则,不接地配电网变成接地配电网,用电设备上的保护接地将不足以保证安全。因此,对击穿保险器的状态应经常检查,或者接入两只相同的高内阻电压表进行监视。正常时，两只电压表的读数各为相电压的一半。如果击穿保险器内部短路，一只电压表的读数降低至零，而另一只电压表的读数上升至相电压。必要时，防护装置应当设置监视击穿保险器绝缘的声、光双重报警信号。为了不降低系统保护接地的可靠性，监视装置应具有很高的内阻。

第五节　保 护 接 零

保护接零是把电工设备的金属外壳和电网的零线可靠连接，以保护人身安全的一种用电安全措施。保护接零也称 TN 系统，第一个字母表示配电网低压中性点直接接地，第二个字母 N 表示电气设备在正常情况下不带电的金属部分与配电网中性点之间金属性的连接，亦即与配电网保护零线（保护导体）的紧密连接。

保护接零和保护接地都是防止间接接触电击的安全措施，两种接线方式都为保护人身安全起着重要作用。但保护接地与保护接零的保护原理不同。保护接地是限制设备漏电后的对地电压，使之不超过安全范围；保护接零是借助接零线路使设备漏电形成单相短路，促使线路上的保护装置动作，以及切断故障设备的电源。其次它们的适用范围不同。保护接地即适用于一般不接地的高低压电网，也适用于采取了其他安全措施（如装设漏电保护器）的低压电网；保护接零只适用于中性点直接接地的低压电网。

一、安全原理

保护接零的原理如图 6-13 所示。当某相带电部分碰连设备外壳（即外露导电部分）时，通过设备外壳形成该相对零线的单相短路，短路电流 I_{SS} 能促使线路上的短路保护元件迅速动作，从而把故障部分设备断开电源，消除电击危险。

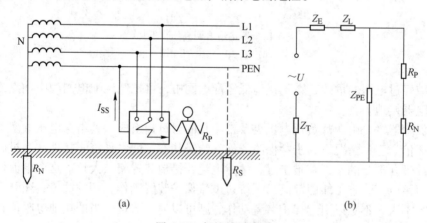

图 6-13　保护接零原理
（a）原理图；（b）等效电路

在三相四线和三相五线配电网中，应当区别工作零线和保护零线。工作零线即中性线，用 N 表示；保护零线即保护导体，用 PE 表示。如果一根线既是工作零线又是保护零线，则用 PEN 表示。

TN 系统分为 TN-C、TN-S、TN-C-S 三种方式，如图 6-14 所示。TN-C 系统的干线部分保护零线是与工作零线完全共用的；TN-S 系统的保护零线是与工作零线完全分开的；TN-C-S 系统干线的前一部分保护零线是与工作零线共用的，后一部分保护零线是与工作零线分开的。

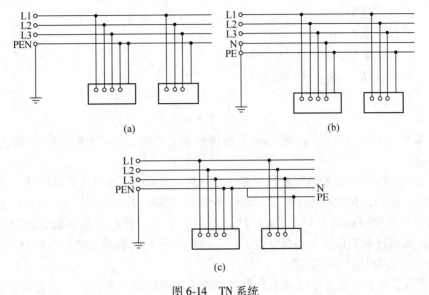

图 6-14　TN 系统

（a）TN-C 系统；（b）TN-S 系统；（c）TN-C-S 系统

在接零系统中，单相短路电流越大，保护元件动作越快；反之，动作越慢。单相短路电流决定于配电网电压和相零线回路阻抗。稳态单相短路电流 I_{SS} 按下式计算：

$$I_{SS} = \frac{U}{Z_L + Z_{PE} + Z_E + Z_T} = \frac{U}{Z} \tag{6-19}$$

式中　U——配电网相电压；

　　　Z_L——相线阻抗；

　　　Z_{PE}——保护零线阻抗；

　　　Z_E——回路中电器元件阻抗；

　　　Z_T——变压器计算阻抗；

　　　Z——相零线回路阻抗，$Z = Z_L + Z_{PE} + Z_E + Z_T$。

显然，相零线回路阻抗不能太大，以保证发生漏电时有足够的单相短路电流，迫使线路上的保护元件迅速动作。

就电流对人体的作用而言，电流通过人体的持续时间越长，致命的危险性越大，引起心室颤动所需要的电流越小。因此，确定速断保护的动作时间的同时，也应当考虑可能的接触电压。

认为保护接零只起过电流速断保护作用，而不能降低漏电设备对地电压也是不对的。由接零等效电路可以求出保护装置动作前漏电设备对地电压为：

$$U_E \approx \frac{R_P}{R_P + R_N} I_{SS} Z_{PE} \approx \frac{R_P}{R_P + R_N} \frac{Z_{PE}}{Z} U = \frac{R_P}{R_P + R_N} \frac{Z_{PE}}{Z_L + Z_{PE} + Z_E + Z_T} U \tag{6-20}$$

如线路截面较小，保护零线与相线紧邻敷设，由于电抗比较小，其范围也比较容易确定，对地电压可按下式简化计算：

$$U_E = K_c U \frac{R_{PE}}{R_L + R_{PE}} \tag{6-21}$$

式中　R_L——相线电阻；

　　　R_{PE}——保护线电阻；

　　　K_c——计算系数，0.6~1。

　　如令：$m = R_{PE}/R_L$，则上式可简化为：

$$U_E = K_c \frac{m}{1+m} U \tag{6-22}$$

　　如导体材质相同，则 m 为相线截面与保护线截面之比。对于电缆和绝缘导线，m 取值范围为 1~3。

　　应当指出，与不接地配电网不同，在这里欲将漏电设备对地电压限制在某一安全范围内是困难的。例如，在相电压 U = 220V 的条件下，当 m = 1.6667 时，U_E = 110V；当 m = 1.0465 时，U_E = 90V；当 m = 0.7426 时，U_E = 75V 等。这些数值都远远超过安全电压值。但是，如果过电流保护元件能保证上面三种电压所对应的动作时间不超过 0.2s、0.5s 和 1s，则应当认为保护是有效的。

　　由于图 6-7 所示的对地电压曲线分布规律随接地体特征及其施工方式而异，发生触电的位置受工艺过程等因素的影响，最大接触电压可能难以确定。为此，国家标准以额定电压为依据作了一个比较简明的规定：对于相线对地电压 220V 的 TN 系统，手持式电气设备和移动式电气设备末端线路或插座回路的短路保护元件应保证相、零线短路持续时间不超过 0.4s；配电线路或固定式电气设备的末端线路应保证短路持续时间不超过 5s。后者之所以放宽规定是因为这些线路不常发生故障，而且接触的可能性较小，即使触电也比较容易摆脱的缘故。如配电箱引出的线路中，除固定设备的线路外，还有手持式、移动式设备或插座线路，短路持续时间也不应超过 0.4s。否则，应采取能将故障电压限制在许可范围之内的等电位联结措施。这里，5s 的时限主要是从热稳定的要求考虑的，只是个时间限值，而并非人为延时，这些规定与国际标准基本符合。

　　为了实现保护接零要求，可以采用一般过电流保护装置或剩余电流保护装置。

二、应用范围

　　保护接零用于中性点直接接地的 220/380V 三相四线和三相五线配电网。在这种配电网中，接地保护方式（TT 系统）难以保证安全，不能轻易采用。在这种系统中，凡因绝缘损坏而出现危险对地电压的金属部分均应接零。要求接零和不要求接零的设备和部位与保护接地的要求大致相同。

　　TN-C 系统可用于无爆炸危险、火灾危险性不大、用电设备较少、用电线路简单且安全条件较好的场所。TN-S 系统可用于有爆炸危险、火灾危险性较大或安全要求较高的场所，宜用于独立附设变电站的车间。TN-C-S 系统宜用于厂内设有总变电站，厂内低压配电的场所及民用楼房。

　　在接地的三相四线配电网中，应当采取接零保护。但在现实中往往会发现如图 6-15 所示的接零系统中个别设备只接地、不接零的情况，即在 TN 系统中个别设备构成 TT 系统的情况。这种情况是不安全的。在这种情况下，当接地的设备漏电时，该设备和保护零线（包括所有接零设备）对地电压分别为：

$$U_E = \frac{R_E}{R_N + R_E} U \qquad (6\text{-}23)$$

$$U_N = \frac{R_N}{R_N + R_E} U \qquad (6\text{-}24)$$

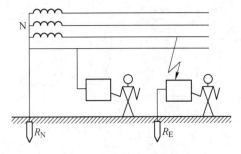

图 6-15　保护方式选择

式中，R_E 为该设备的接地电阻；R_N 为工作接地与零线上所有其他接地电阻的并联值。这时的故障电流不太大，不一定能促使短路保护元件动作而切断电源，危险状态将在大范围内持续存在。因此，除非接地的设备或区段装有快速切断故障的保护装置。否则，不得在 TN 系统中混用 TT 方式。

如果将接地设备的外露金属部分再同保护零线连接起来，构成 TN 系统，即下面将要介绍的重复接地，这对安全是有益无害的。

在同一建筑物内，如有中性点接地和中性点不接地的两种配电方式，则应分别采用接零措施和保护接地措施。在这种情况下，允许二者共用一套接地装置。

三、重复接地

重复接地指零线上除工作接地以外的其他点的再次接地。按照国际电工委员会的提法，重复接地是为了保护导体在故障时尽量接近大地电位的在其他附加点的接地。其实质与上述的定义基本上是一致的。重复接地是提高 TN 系统安全性能的重要措施。

（一）重复接地的作用

1. 减轻零线断开或接触不良时电击的危险性

零线接地与设备漏电如图 6-16 所示。在很多情况下，保护零线（PE 线、PEN 线）断开或接触不良的可能性是不能完全排除的。图 6-16（a）表示没有重复接地的接零系统。当零线断开，后方又有一相碰壳时，故障电流经过触及设备的人体、工作接地构成回路。因为人体电阻比工作接地电阻 R_N 大得多，所以在断线处以后，人体几乎承受全部相电压。如图 6-16（b）所示，零线后方有重复接地 R_S，这时，较大的故障电流经过 R_S 和 R_N 构成回路。在断线处以后，设备对地电压 $U_{NS} = I_E R_S$；在断线处以前，设备对地电压 $U_{NE} = I_E R_N$。因为 U_{SE} 和 U_{NE} 都小于相电压，所以事故严重程度一般都减轻一些。图 6-16 中的下方是相应情况下的电位分布曲线。

在保护零线断线的情况下，即使没有设备漏电，而是三相负荷不平衡，也会给人身安全造成很大的威胁。在这方面，重复接地有减轻危险或消除危险的作用。根据规定，在中性点直接接地的配电系统中，单相 220V 用电设备应均匀地分配在三相线路，由负荷不平衡引起的中性线电流一般不得超过变压器额定电流的 25%。如果零线完好，这 25% 的不平衡电流只在零线上产生很小的电压降，对人身没有伤害。但是，如果零线断裂，断线处以后的零线可能会呈现数十伏乃至接近相电压的危险电压。如图 6-17（a）所示，在两相停止用电，仅一相保持用电的特殊情况下，如果零线断线，电流经过该相负荷、人体、工作接地构成回路。因为人体电阻较大，所以大部分电压加在人体上，造成触电危险。如果像

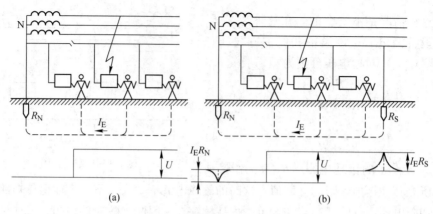

图 6-16   零线接地与设备漏电
（a）无重复接地；（b）有重复接地

图 6-17（b）那样，零线或设备上装有重复接地，则设备对地电压即为重复接地上的电压降。一般情况下，R_S 与负载电阻或 R_N 比较不会是太大的数值，其电压降只是电源相电压的一部分，从而减轻或消除了触电的危险。例如，假定该相负荷为 1kW，电阻 $R_L = 48.4\Omega$，$R_N = 4\Omega$，$R_S = 10\Omega$，可求得对地电压为：

$$U_E = I_E R_S = \frac{R_S}{R_N + R_L + R_S} U \tag{6-25}$$

$$U_E = \left(\frac{10}{4 + 48.4 + 10} \times 220\right) V \approx 35V$$

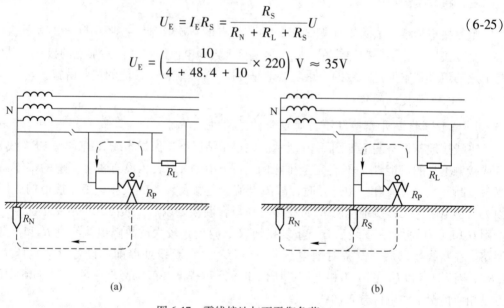

图 6-17   零线接地与不平衡负荷
（a）无重复接地；（b）有重复接地

这个电压对人来说是没有太大危险的。

在零线断线情况下，重复接地一般只能减轻零线断线时触电的危险，而不能完全消除触电的危险。

2. 降低漏电设备的对地电压

同一般接地措施一样，重复接地也有降低故障对地电压（等化对地电位）的作用。重复接地降低设备漏电对地电压如图 6-18 所示。

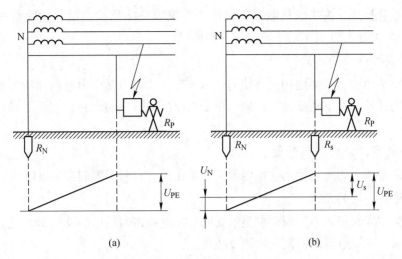

图 6-18 重复接地降低设备漏电对地电压
（a）无重复接地；（b）有重复接地

图 6-18（a）是没有装设重复接地的保护接零系统，当发生碰壳短路时，线路保护元件应能迅速动作，切断电源。但是，如因某种原因，保护系统失灵，则危险状态将延续下来。即使保护接零系统没有失灵，在发生碰壳短路到保护元件动作完毕的这一段时间内，设备外壳是带电的。该设备对地电压为：

$$U_{PE} = \left| \frac{Z_{PE}}{Z_L + Z_{PE}} \right| U \tag{6-26}$$

式中　Z_{PE}——中性点至故障点间零线阻抗；

　　　Z_L——中性点至故障点间相线阻抗。

显然，零线阻抗越大，设备对地电压也越高。这个电压通常高于安全电压。应当指出，企图用降低零线阻抗的办法来获得设备上的安全电压是不现实的。例如，如果要求设备对地电压 $U_E = 50V$，则在 220/380V 系统中，相线电压降为 220V−50V＝170V，零线阻抗与相线阻抗之比为 50：170＝1：3.4，即零线阻抗约为相线的 1/3.4，或者说零线导电能力应当为相线导电能力的 3.4 倍。这显然是很不经济，也是不现实的。当然，只要条件允许，加大零线总是有利于安全的。正因为如此，通常总是把建筑用金属结构、生产用金属装备同保护零线连接起来，实现等电位联结。

在上述情况下，如果像图 6-18（b）那样加上重复接地 R_S，则触电危险可以减轻。这时，短路电流大部分通过零线成回路，导致漏电设备对地电压降低，而中性点对地电压升高，二者分别为：

$$U_S = \frac{R_S}{R_S + R_N} \left| \frac{Z_{PE}}{Z_L + Z_{PE}} \right| U \tag{6-27}$$

$$U_N = \frac{R_N}{R_S + R_N} \left| \frac{Z_{PE}}{Z_L + Z_{PE}} \right| U \tag{6-28}$$

应当注意，迅速切断电源是保护接零的基本保护方式。如不能实现这一基本保护方式，即使有重复接地，往往也只能减轻危险，而难以消除危险，而且危险范围还有所扩大，如图 6-16 和图 6-18 所示的下方电位分布曲线。

3. 缩短漏电故障持续时间

因为重复接地和工作接地构成零线的并联分支，所以当发生短路时能增大单相短路电流，而且线路越长，效果越显著，这就加速了线路保护装置的动作，缩短了漏电故障持续时间。

4. 改善架空线路的防雷性能

架空线路零线上的重复接地对雷电流有分流作用，有利于限制雷电过电压。

（二）重复接地的要求

电缆或架空线路引入车间或大型建筑物处、配电线路的最远端及每 1km 处、高低压线路同杆架设时，共同敷设的两端应做重复接地。

线路上的重复接地宜采用集中埋设的接地体，车间内宜采用环形重复接地或网络重复接地。零线与接地装置至少有两点连接，除进线处的一点外，其对角线最远点也应连接，而且车间周围过长，超过 400m 者，每 200m 应有一点连接。

一个配电系统可敷设多处重复接地，并尽量均匀分布，以等化各点电位。每一重复接地的接地电阻不得超过 10Ω；在变压器低压工作接地的接地电阻允许小于等于 10Ω 的场合，每一重复接地的接地电阻允许小于等于 30Ω，但不得少于三处。

四、速断保护元件

接零系统中的速断保护元件是短路保护元件或剩余电流保护（漏电保护）元件。常见的短路保护元件是熔断器和低压断路器的电磁式过电流脱扣器。

必须明确，接零系统中的短路保护元件不仅仅是保护设备和线路，而且是防止间接接触电击的主要单元，其动作时间必须满足相关安全要求。

应当指出，由于相-零线回路阻抗的计算和测量都不是很方便，取得单相短路电流的准确数值往往会遇到困难，而接零线路中的保护元件又起着保障人身安全的重要作用，因此，应严格控制保护元件的动作电流。在不致错误切断线路、不影响正常工作的前提下，保护元件的动作电流越小越好。

为了不影响线路正常工作，保护元件应能躲过线路上的最大冲击电流而不动作。如异步电动机的堵转电流高达额定电流的 5~7 倍，保护元件应能躲过电流，不妨碍电动机正常启动。例如，用熔断器保护单台电动机时，熔体的额定电流应为电动机额定电流的 1.5~2.5 倍。

断路器动作很快，应要求其瞬时（或短延时）动作过电流脱扣器的整定电流大于线路上的峰值电流。

在接零系统中，对于配电线路或仅供给固定式电气设备的线路，故障持续时间不宜超过 5s；对于供给手持式电动工具、移动式电气设备的线路或插座回路，电压 220V 者故障持续时间不应超过 0.4s、380V 者不应超过 0.2s。如果用熔断器作为短路保护元件，单相短路电流 I_{ss} 与熔体额定电流 I_{FU} 的比值见表 6-12 和表 6-13。

表 6-12　故障持续时间小于或等于 5s 时的 I_{SS}/I_{FU} 最小值

熔体额定电流/A	4~10	12~63	80~200	250~500
I_{SS}/I_{FU}	4.5	5.0	6.0	7.0

表 6-13　故障持续时间小于或等于 0.4s 时的 I_{SS}/I_{FU} 最小值

熔体额定电流/A	4~10	16~32	40~63	80~200
I_{SS}/I_{FU}	8	9	10	11

当中性线导电能力不低于相线导电能力时，不必考虑中性线的过电流保护。即使中性线的导电能力低于相线的导电能力，但相线上的短路保护元件能保护中性线，或正常情况下流过中性线的电流比相线电流小得多，亦不必考虑中性线的短路保护。

如中性线不能被相线上的保护元件保护，可在中性线上装设保护元件。但其动作应当只能断开相线或同时断开相线和中性线，而不能只断开中性线却不断开相线。因此，不允许在有保护作用的零线上装设单极开关或熔断器。例如，在三相四线系统中三相设备的保护零线，以及在有接零要求的单相设备的保护零线上，都不允许装设单极开关或熔断器。如果采用低压断路器，只有当过电流脱扣器动作后能同时切断相线时，才允许在零线上装设过电流脱扣器。

第六节　安　全　电　压

安全电压又称安全特低电压，是属于兼有直接接触电击和间接接触电击防护的安全措施。其保护原理是：通过对系统中可能作用于人体的电压进行限制，从而使触电时流过人体的电流受到抑制，将触电危险性控制在没有危险的范围内。

一、特低电压的区段、限值和安全电压额定值

（一）特低电压区段

所谓特低电压区段，是指如下范围：

（1）交流（工频）。无论是相对地或相对相之间均不大于 50V（有效值）。

（2）直流。无论是极对地或极对极之间均不大于 120V。

（二）特低电压限值

特低电压限值是指任何运行条件下，任何两导体间不可能出现的最高电压值。特低电压值可作为从电压值的角度评价电击防护安全水平的基础性数据。我国国家标准《安全电压》（GB 3805—1983）规定，工频有效值的限值为 50V、直流电压的限值为 120V。

（三）安全电压额定值

我国国家标准《安全电压》（GB 3805—1983）规定了安全电压的系列，将安全电压额定值（工频有效值）的等级规定为：42V、36V、24V、12V 和 6V。具体选用时，应根据使用环境、人员和使用方式等因素确定。特别危险环境中使用的手持电动工具应采用 42V 安全电压；有电击危险环境中使用的手持照明灯和局部照明灯应采用 36V 或 24V 安全

电压；金属容器内、特别潮湿处等特别危险环境中使用的手持照明灯应采用 12V 安全电压；水下作业等场所应采用 6V 安全电压。当电气设备采用 24V 以上安全电压时，必须采取防护直接接触电击的措施。

二、特低电压防护的类型及安全条件

（一）类型

特低电压电击防护的类型分为特低电压（ELV，Extra Low Voltage）和功能特低电压（FELV，Functional Extra Low Voltage）。其中，ELV 防护又包括了安全特低电压（SELV，Safety Extra Low Voltage）和保护特低电压（PELV，Protective Extra Low Voltage）两种类型的防护。但是，根据国际电工委员会相关的导则中有关慎用"安全"一词的原则，上述缩写仅作为特低电压保护类型的表示，而不再有原缩写字的含义，即：不能认为仅采用了"安全"特低电压电源就能防止电击事故的发生。因为只有同时符合规定的条件和防护措施，系统才是安全的。

综上，可将特低电压防护类型分为以下三类：

（1）SELV。只作为不接地系统的安全特低电压用的防护。

（2）PELV。只作为保护接地系统的安全特低电压用防护。

（3）FELV。由于功能原因采用的特低电压，但不能满足或没有必要满足 SELV 和 PELV 的所有条件。FELV 防护是在这种前提下，补充规定了某些直接接触电击和间接接触电击防护措施的一种防护。

（二）安全条件

要达到兼有直接接触电击防护和间接接触电击防护的要求，必须满足以下条件：

（1）线路或设备的电压不超过标准所规定的安全特低电压值。

（2）SELV 和 PELV 必须满足安全电源、回路配置和各自的特殊要求。

（3）FELV 必须满足其辅助要求。

三、SELV 和 PELV 的安全电源及回路配置

SELV 和 PELV 对安全电源的要求完全相同，在回路配置上有共同要求，也有特殊要求。

（一）SELV 和 PELV 的安全电源

可以作为安全电源的主要有：

（1）安全隔离变压器或与其等效的具有多个隔离绕组的电动发电机组，其绕组的绝缘至少相当于双重绝缘或加强绝缘。

安全隔离变压器的电路图如图 6-19 所示。安全隔离变压器的一次与二次绕组之间必须有良好的绝缘；其间还可用接地的屏蔽隔离开来。安全隔离变压器各部分的绝缘电阻不得低于表 6-14 中的数值。

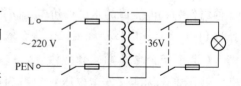

图 6-19　安全隔离变压器电路图

表 6-14　安全隔离变压器各部分的绝缘电阻最小值　　　　　　　（MΩ）

带电部分与壳体之间的工作绝缘	2
带电部分与壳体之间的加强绝缘	7
输入回路与输出回路之间	5
输入回路与输入回路之间	2
输出回路与输出回路之间	2
Ⅱ类变压器的带电部分与金属物件之间	2
Ⅱ类变压器的带电部分与壳体之间	5
绝缘壳体内、外金属物之间	2

安全隔离变压器的额定容量：单相变压器不得超过 10kVA；三相变压器不得超过 16kVA；电铃用变压器不得超过 100VA；玩具用变压器不得超过 200VA。

安全隔离变压器的输入和输出导线应有各自的通道。导线进、出变压器处应有护套。固定式变压器的输入电路中不得采用接插件。

此外，安全隔离变压器各部分的最高温升不得超过允许限值。例如：金属握持部分的温升不得超过 20℃；非金属握持部分的温升不得超过 40℃；金属非握持部分的外壳，其温升不得超过 25℃；非金属非握持部分的外壳，其温升不得超过 50℃；接线端子的温升不得超过 35℃；橡皮绝缘的温升不得超过 35℃；聚氯乙烯绝缘的温升不得超过 40℃。

（2）电化电源或与电压较高回路无关的电源，如蓄电池及独立供电的柴油发电机等。

（3）即使在故障时仍能够确保输出端子上的电压不超过特低电压值的电子装置电源等。

（二）SELV 和 PELV 的回路配置

SELV 和 PELV 的回路配置都应满足以下要求：

（1）SELV 和 PELV 回路的带电部分相互之间、回路与其他回路之间应实行电气隔离，其隔离水平不应低于安全隔离变压器输入与输出回路之间的电气隔离。

（2）SELV 和 PELV 回路的导线应与其他任何回路的导线分开敷设，以保持适当的物理上的隔离。当此要求不能满足时，必须采取诸如将回路的导线置于非金属外护物中，或将电压不同的回路的导线以接地的金属屏蔽层，或接地的金属护套分隔开等措施。回路电压不同的导线置于同一根多芯电缆或导线组中时，其中 SELV 和 PELV 回路的导线的绝缘必须单独地或成组地按能够耐受所有回路中的最高电压考虑。

（3）SELV 的特殊要求。

SELV 回路的带电部分严禁与大地或其他回路的带电部分或保护导体相连接。

SELV 回路的外露可导电部分不应有意地连接到大地或其他回路的保护导体和外露可导电部分，也不能连接到外部可导电部分。若设备功能要求与外部可导电部分进行连接，则应采取措施，使这部分所能出现的电压不超过安全特低电压。如果 SELV 回路的外露可导电部分容易偶然或被有意识地与其他回路的外露可导电部分相接触，则电击保护就不能再仅仅依赖于 SELV 的保护措施，还应依靠其他回路的外露可导电部分的保护方法，如发生接地故障时自动切断电源。

标称电压超过 25V 交流有效值或 60V 无纹波直流值，应装设必要的遮栏或外护物，或者提高绝缘等级；若标称电压不超过上述数值时，除某些特殊应用的环境条件外，一般无须直接接触电击防护。

（4）PELV 的特殊要求。

实际上，可以将 PELV 类型看作是由 SELV 类型进行接地演变而来。PELV 允许回路接地。由于 PELV 回路的接地，有可能从大地引入故障电压，使回路的电位升高，因此，PELV 的防护水平要求比 SELV 高。通常利用必要的遮栏或外护物，或者提高绝缘等级来实现直接接触电击防护。如果设备在等电位联结有效区域内，以下情况可不进行上述直接接触电击防护。

1）当标称电压不超过 25V 交流有效值或 60V 无纹波直流值，而且设备仅在干燥情况下使用，且带电部分不大可能同人体大面积接触时。

2）在其他任何情况下，标称电压不超过 6V 交流有效值或 15V 无纹波直流值。

此外，当 FELV 回路设备的外露可导电部分与一次侧回路的保护导体相连接时，应在一次侧回路装设自动断电的防护装置，以实现间接接触电击的防护。

四、插头及插座

为了避免经电源插头和插座将外部电压引入，必须从结构上保证 SELV、PELV 及 FELV 回路的插头和插座不致误插入其他电压系统或被其他系统的插头插入。SELV 和 PELV 回路的插座还不得带有保护插孔，而 FELV 回路则根据需要决定是否带保护插孔。

第七节　漏　电　保　护

漏电保护是利用漏电保护装置来防止电气事故的一种安全技术措施。漏电保护装置又称为剩余电流保护装置（RCD，Residual Current Operated Protective Device）。漏电保护装置是一种低压安全保护电器，主要用于单相电击保护，也用于防止由漏电引起的火灾，还可用于检测和切断各种一相接地故障。漏电保护装置的功能是提供间接接触电击保护，而额定漏电动作电流不大于 30mA 的漏电保护装置，在其他保护措施失效时，也可作为直接接触电击的补充保护，但不能作为基本的保护措施。

实践证明，漏电保护装置和其他电气安全技术措施配合使用，在防止电气事故方面有显著的作用。

一、漏电保护装置的原理

电气设备漏电时，将呈现出异常的电流和电压信号。漏电保护装置通过检测此异常电流或异常电压信号，经信号处理，促使执行机构动作，借助开关设备迅速切断电源。根据故障电流动作的漏电保护装置是电流型漏电保护装置，根据故障电压动作的是电压型漏电保护装置。早期的漏电保护装置为电压型漏电保护装置，因其可靠性不高、保护功能不完善，已逐步被淘汰，取而代之的是电流型漏电保护装置。目前，国内外漏电保护装置的研制生产及有关技术标准均以电流型漏电保护装置为对象。下面主要对电流型漏电保护装置（即 RCD）进行介绍。

（一）漏电保护装置的组成

漏电保护装置的组成如图 6-20 所示，主要有三个基本环节，即检测元件、中间环节（包括放大元件和比较元件）和执行机构。其次，还具有辅助电源和试验装置。

（1）检测元件。它是一个零序电流互感器，如图 6-21 所示。图中，被保护主电路的导线穿过环形铁心构成了互感器的一次线圈 N_1，均匀缠绕在环形铁心上的绕组构成了互感器的二次线圈 N_2。检测元件的作用是将漏电电流信号转换为电压或功率信号输出给中间环节。

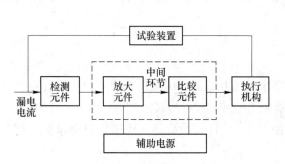

图 6-20　漏电保护装置组成框图

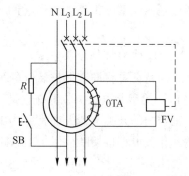

图 6-21　电磁式电流型漏电保护原理

（2）中间环节。该环节对来自零序电流互感器的漏电信号进行处理。中间环节通常包括放大器、比较器等，不同型式的漏电保护装置在中间环节的具体构成上型式各异。

（3）执行机构。该机构用于接收中间环节的指令信号，实施动作，自动切断故障处的电源。执行机构常用低压断路器。

（4）辅助电源。当中间环节为电子式时，辅助电源的作用是提供电子电路工作所需的低压电源。

（5）试验装置。这是对运行中的漏电保护装置进行定期检查时所使用的装置。通常是用一只限流电阻和检查按钮相串联的支路来模拟漏电的路径，以检验装置能否正常动作。

（二）漏电保护装置的工作原理

电磁式电流型漏电保护装置的原理如图 6-21 所示。这种保护装置以极化电磁铁 FV 作为执行机构，这种电磁铁由于装有永久磁铁而具有极性，在正常情况下，永久磁铁的吸力克服弹簧的拉力使衔铁保持在闭合位置。图中，三条相线和一条工作零线穿过环形的零序电流互感器 0TA 构成互感器的原边，与极化电磁铁连接的线圈构成互感器的副边。设备正常运行时，互感器原边三相电流在其铁心中产生的磁场互相抵消，互感器副边不产生感应电动势，电磁铁不动作。设备发生漏电或后方有人触电时，出现额外的零序电流（剩余电流），互感器副边产生感应电动势，电磁铁线圈中有电流流过，并产生交变磁通，这个磁通与永久磁铁的磁通叠加，产生去磁作用，使吸力减小，衔铁被反作用弹簧拉开，电磁铁动作，并通过开关设备断开电源。图中，SB、R 是检查支路，SB 是检查按钮，R 是限流电阻。

在检测元件与执行元件之间增设电子放大环节（中间环节），即构成电子式漏电保护装置。

二、漏电保护装置的分类

（一）按漏电保护装置中间环节的结构特点分类

按漏电保护装置中间环节的结构特点可将漏电保护装置分为：

（1）电磁式漏电保护装置。这种装置全部由电磁元件组成，其主要特点是：不用辅助电源、结构简单、承受过电流或过电压冲击的能力较强；灵敏度不高，工艺难度较大。

（2）电子式漏电保护装置。这种装置装有由不同类型的电子线路构成的中间环节，其主要特点是：灵敏度很高、动作时间容易调节，但其可靠性较低、承受电磁冲击的能力较弱。

（二）按结构特征分类

按结构特征可将漏电保护装置分为：

（1）开关型漏电保护装置。它是一种将零序电流互感器、中间环节和主开关组合安装在同一机壳内的开关电器，通常称为漏电开关或漏电断路器。其特点是：当检测到触电、漏电后，开关可直接切断被保护主电路的供电电源。这种保护器有的还兼有短路保护及过载保护功能。

（2）组合型漏电保护装置。它是一种由漏电继电器和主开关通过电气连接组合而成的漏电保护装置。当发生触电、漏电故障时，由漏电继电器进行信号检测、处理和比较，通过其脱扣器或继电器动作，发出报警信号；也可通过控制触点去操作主开关切断供电电源。漏电继电器本身不具备直接断开主电路的功能。

（三）按安装方式分类

按安装方式可将漏电保护装置分为：（1）固定位置安装、固定接线方式的漏电保护装置；（2）带有电缆的可移动使用的漏电保护装置。

（四）按极数分类

按照主开关的极数可将漏电保护装置分为单极、二极、三极和四极漏电保护装置。

（五）按运行方式分类

按运行方式可将漏电装置分为：（1）不需要辅助电源的漏电保护装置；（2）需要辅助电源的漏电保护装置。

（六）按动作时间分类

按动作时间可将漏电保护装置分为：快速动作型漏电保护装置、延时型漏电保护装置和反时限型漏电保护装置。

（七）按动作灵敏度分类

按动作灵敏度可将漏电保护装置分为：高灵敏度型漏电保护装置、中灵敏度型漏电保护装置和低灵敏度型漏电保护装置。

三、漏电保护装置的主要技术参数

（一）关于漏电动作性能的技术参数

关于漏电动作性能的技术参数是漏电保护装置最基本的技术参数，包括漏电动作电流和漏电动作时间。

（1）额定漏电动作电流（$I_{\Delta n}$）。它是指在规定的条件下，漏电保护装置必须动作的漏电动作电流值。该值反映了漏电保护装置的灵敏度。我国标准规定的额定漏电动作电流值为：6mA、10mA、（15mA）、30mA、（50mA）、（75mA）、100mA、（200mA）、300mA、500mA、1000mA、3000mA、5000mA、10000mA、20000mA 共 15 个等级（带括号的值不推荐优先采用）。其中，30mA 及以下者属于高灵敏度，主要用于防止各种人身触电事故；30mA 以上至 1000mA 者属中灵敏度，用于防止触电事故和漏电火灾；1000mA 以上者属低灵敏度，用于防止漏电火灾和监视一相接地事故。

（2）额定漏电不动作电流（$I_{\Delta no}$）。它是指在规定的条件下，漏电保护装置必须不动作的电流值。为了防止误动作，漏电保护装置的额定不动作电流不得低于额定动作电流的 1/2。

（3）漏电动作分断时间。它是指从突然施加漏电动作电流开始到被保护电路完全被切断为止的全部时间。为适应人身触电保护和分级保护的需要，漏电保护装置有快速型、延时型和反时限型三种。快速型适用于单级保护，用于直接接触电击防护时必须选用快速型的漏电保护装置。延时型漏电保护装置人为地设置了延时，主要用于分级保护的首端。反时限型漏电保护装置是配合人体安全电流-时间曲线而设计的，其特点是漏电电流愈大，则对应的动作时间愈小，呈现反时限动作特性。

快速型漏电保护装置动作时间与动作电流的乘积不应超过 30mA·s。

我国标准规定漏电保护装置的动作时间见表 6-15，表中额定电流≥40A 的一栏适用于组合型漏电保护装置。延时型漏电保护装置延时时间的优选值为：0.2s、0.4s、0.8s、1s、1.5s、2s。

表 6-15　漏电保护装置的动作时间

额定动作电流 $I_{\Delta n}$/mA	额定电流 I_n/A	动作时间/s			
		$I_{\Delta n}$	$2I_{\Delta n}$	0.5A	$5I_{\Delta n}$
≤30	任意值	0.2	0.1	0.04	
>30	任意值	0.2	0.1		0.04
	≥40	0.2			0.15

（二）其他技术参数

漏电开关的其他技术参数的额定值主要有：（1）额定频率为 50Hz；（2）额定电压为 220V 或 380V；（3）额定电流（I_n）为 6A、10A、16A、20A、25A、32A、40A、50A、63A、（80A）、100A、（125A）、160A、200A、250A（带括号值不推荐优先采用）。

（三）接通分断能力

漏电开关在规定的使用和性能条件下能够接通，在其分断时间内能承受和能够分断的预期漏电电流值称为接通分断能力。漏电保护装置的接通分断能力见表 6-16。

表 6-16　漏电保护开关的分断能力

额定动作电流 $I_{\Delta n}$/mA	接通分断电流/A
$I_{\Delta n} \leqslant 10$	$\geqslant 300$
$10 < I_{\Delta n} \leqslant 50$	$\geqslant 500$
$50 < I_{\Delta n} \leqslant 100$	$\geqslant 1000$
$100 < I_{\Delta n} \leqslant 150$	$\geqslant 1500$
$150 < I_{\Delta n} \leqslant 200$	$\geqslant 2000$
$200 < I_{\Delta n} \leqslant 250$	$\geqslant 3000$

四、漏电保护装置的应用

（一）漏电保护装置的选用

选用漏电保护装置应首先根据保护对象的不同要求进行选型，既要保证在技术上有效，还应考虑经济上的合理性。不合理的选型不仅达不到保护目的，还会造成漏电保护装置的拒动作或误动作。正确合理地选用漏电保护装置，是实施漏电保护措施的关键。

1. 动作性能参数的选择

（1）防止人身触电事故。用于直接接触电击防护的漏电保护装置应选用额定动作电流为 30mA 及其以下的高灵敏度、快速型漏电保护装置。

在浴室、游泳池、隧道等场所，漏电保护装置的额定动作电流不宜超过 10mA。在触电后，可能导致二次事故的场合，应选用额定动作电流为 6mA 的快速型漏电保护装置。

漏电保护装置用于间接接触电击防护时，着眼点在于通过自动切断电源，消除电气设备发生绝缘损坏时因其外露可导电部分持续带有危险电压而产生触电的危险。例如，对于固定式的电机设备、室外架空线路等，应选用额定动作电流为 30mA 及其以上的漏电保护装置。

（2）防止火灾。对木质灰浆结构的一般住宅和规模小的建筑物，考虑其供电量小、泄漏电流小的特点，并兼顾到电击防护，可选用额定动作电流为 30mA 及其以下的漏电保护装置。

对除住宅以外的中等规模的建筑物，分支回路可选用额定动作电流为 30mA 及其以下的漏电保护装置；主干线可选用额定动作电流为 200mA 以下的漏电保护装置。

对钢筋混凝土类建筑，内装材料为木质时，可选用 200mA 以下的漏电保护装置，内装材料为不燃物时，应区别情况，可选用 200mA 到数安的漏电保护装置。

（3）防止电气设备烧毁。由于作为额定动作电流选择的上限，选择数安的电流一般不会造成电气设备的烧毁，因此，防止电气设备烧毁所考虑的主要是与防止触电事故的配合和满足电网供电可靠性问题。通常选用 100mA 到数安的漏电保护装置。

2. 其他性能的选择

对于连接户外架空线路的电气设备，应选用冲击电压不动作型漏电保护装置。对于不允许停转的电动机，应选用漏电报警方式，而不是漏电切断方式的漏电保护装置。

对于照明线路，宜根据泄漏电流的大小和分布，采用分级保护的方式。支线上用高灵敏度的漏电保护装置，干线上选用中灵敏度的漏电保护装置。

漏电保护装置的极线数应根据被保护电气设备的供电方式选择，单相 220V 电源供电的电气设备应选用二极或单极二线式漏电保护装置；三相三线 380V 电源供电的电气设备应选用三极式漏电保护装置；三相四线 220/380V 电源供电的电气设备应选用四极或三极四线式漏电保护装置。

漏电保护装置的额定电压、额定电流、分断能力等性能指标应与线路条件相适应。漏电保护装置的类型应与供电线路、供电方式、系统接地类型和用电设备特征相适应。

（二）漏电保护装置的安装

（1）需要安装漏电保护装置的场所有：带金属外壳的 I 类设备和手持式电动工具，安装在潮湿或强腐蚀等恶劣场所的电气设备，建筑施工工地的电气施工机械设备，临时性电气设备，宾馆类的客房内的插座，触电危险性较大的民用建筑物内的插座，游泳池、喷水池或浴室类场所的水中照明设备，安装在水中的供电线路和电气设备，以及医院中直接接触人体的电气医疗设备（胸腔手术室除外）等均应安装漏电保护装置。对于公共场所的通道照明及应急照明电源，消防用电梯及确保公共场所安全的电气设备的电源，消防设备（如火灾报警装置、消防水泵、消防通道照明等）的电源，防盗报警装置用电源，以及其他不允许突然停电的场所或电气装置的电源，若在发生漏电时上述电源被立即切断，将会造成严重事故或重大经济损失，应装设不切断电源的漏电报警装置。

（2）不需要安装漏电保护装置的设备或场所有：使用安全电压供电的电气设备，具有双重绝缘或加强绝缘的电气设备，使用隔离变压器供电的电气设备，采用了不接地的局部等电位联结安全措施的场所中适用的电气设备以及其他没有间接接触电击危险场所的电气设备。

（3）漏电保护装置的安装要求。

1）漏电保护装置的安装应符合生产厂家产品说明书的要求，应考虑供电线路、供电方式、系统接地类型和用电设备特征等因素。漏电保护装置的额定电压、额定电流、额定分断能力、极数、环境条件以及额定漏电动作电流和分断时间，在满足被保护供电线路和设备的运行要求时，还必须满足安全要求。

2）安装漏电保护装置之前，应检查电气线路和电气设备的泄漏电流值和绝缘电阻值。所选用漏电保护装置的额定不动作电流应不小于电气线路和设备正常泄漏电流最大值的 2 倍。当电气线路或设备的泄漏电流大于允许值时，必须更换绝缘良好的电气线路或设备。

3）安装漏电保护装置不得拆除或放弃原有的安全防护措施，漏电保护装置只能作为电气安全防护系统中的附加保护措施。

4）漏电保护装置标有电源侧和负载侧，安装时必须加以区别，按照规定接线，不得接反。如果接反，会导致电子式漏电保护装置的脱扣线圈无法随电源切断而断电，以致长时间通电而烧毁。

5）安装漏电保护装置时必须严格区分中性线和保护线。使用三极四线式和四极四线式漏电保护装置时，中性线应接入漏电保护装置。经过漏电保护装置的中性线不得作为保护线、不得重复接地或连接设备外露可导电部分。保护线不得接入漏电保护装置。

6）漏电保护装置安装完毕后应操作试验按钮试验 3 次，带负载分合 3 次，确认动作正常后，才能投入使用。漏电保护装置接线方式见表 6-17。

表 6-17　漏电保护装置接线方式

接地型式		单相（单极或双极）	三　　相	
			三线（三极）	四线（三极或四极）
TT				
TN	TN-C			
	TN-S			
	TN-C-S	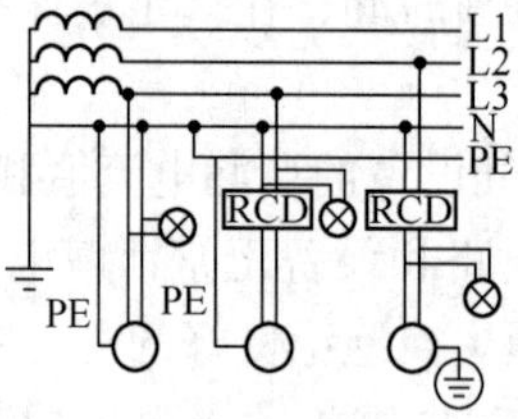	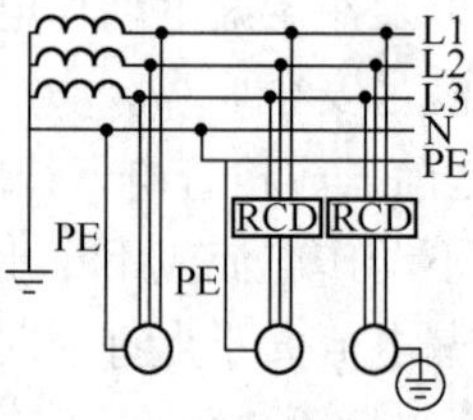	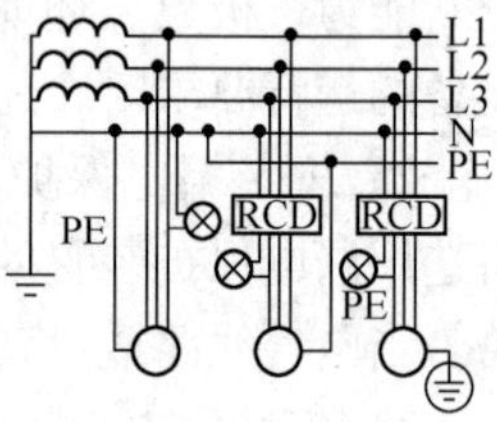

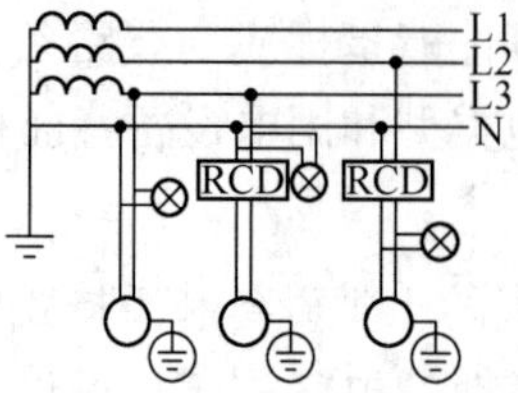

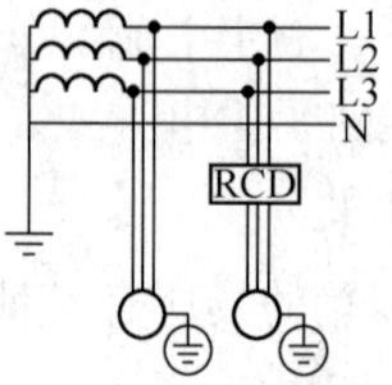

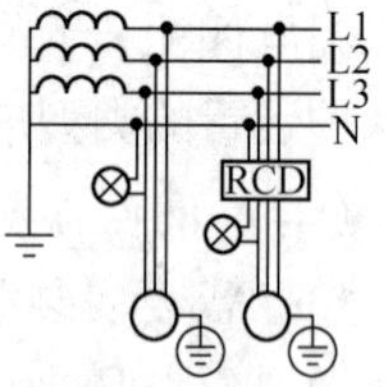

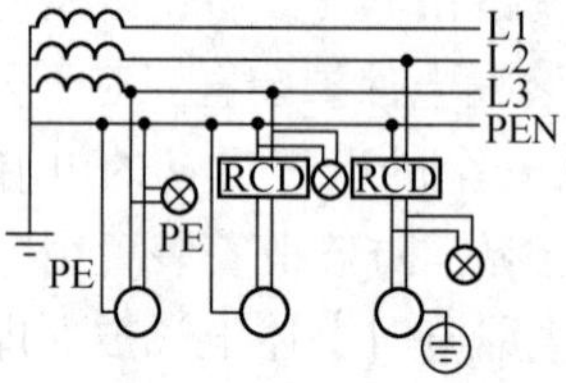

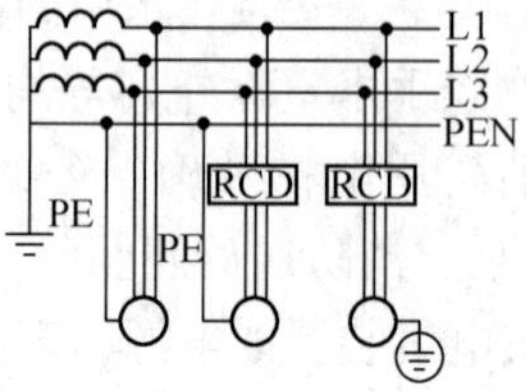

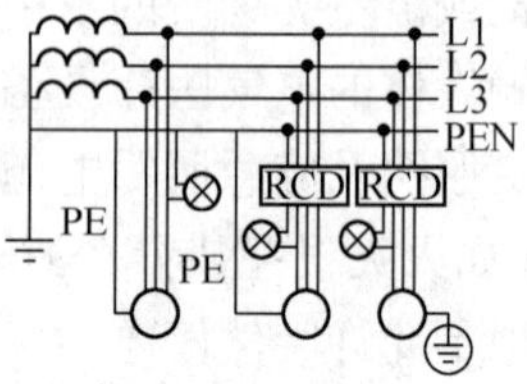

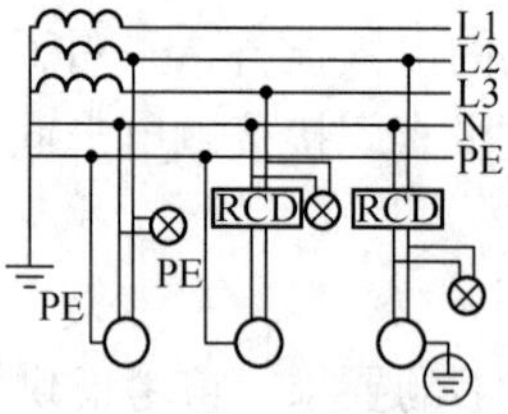

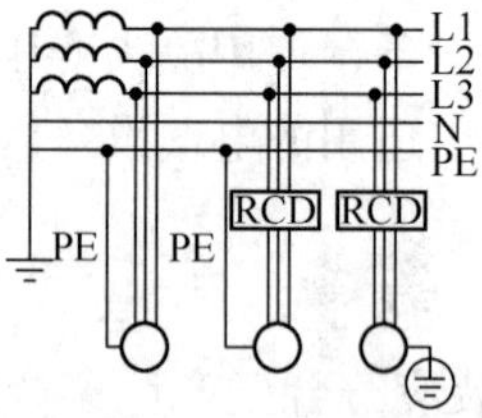

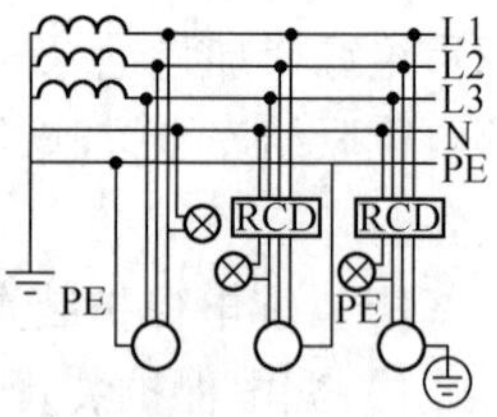

注：1. L1、L2、L3 为相线；N 为中性线；PE 为保护线；PEN 为中性线和保护线合一；⊗⊗为单相或三相电气设备；⊗为单相照明设备；RCD 为漏电保护器；⏚为不与系统中接地点相连的单独接地装置，作保护接地用。

2. 单相负载或三相负载在不同的接地保护系统中的接线方式图中，左侧设备未装漏电保护器，中间和右侧设备装有漏电保护器。

3. 在 TN 系统中使用漏电保护器的电气设备，其外露可导电部分的保护线可接在 PEN 线，也可以接在单独接地装置上形成局部 TT 系统，如 TN 系统接线方式图的右侧设备的接线。

（三）漏电保护装置的运行

（1）为了确保漏电保护装置的正常运行，必须加强运行管理。

1）对使用中的漏电保护装置应定期用试验按钮试验其可靠性。

2）为检验漏电保护装置使用中动作特性的变化，应定期对其动作特性（包括漏电动作电流值、漏电不动作电流值及动作时间）进行试验。

3）运行中漏电保护器跳闸后，应认真检查其动作原因，排除故障后再合闸送电。

（2）安全技术要求。

1）线路的工作中性线 N 要通过零序电流互感器。

2）接零保护线（PE）不准通过零序电流互感器。

3）漏电保护装置后面的工作中性线 N 与保护线（PE）不能合并为一体。

4）被保护的用电设备与漏电保护器之间的各线互相不能碰接。

（3）漏电保护装置的误动作。

漏电保护装置的误动作是指线路或设备未发生预期的触电或漏电时漏电保护装置产生的动作。误动作的原因主要来自两方面：一方面是由漏电保护装置本身的原因引起；另一方面是由来自线路的原因引起。

由漏电保护装置本身引起误动作的主要原因是质量问题。如装置在设计上存在缺陷，选用元件质量不良，装配质量差，屏蔽不良等，均会降低保护器的稳定性和平衡性，使可靠性下降。

由线路原因引起误动作的原因主要有：

1）接线错误。例如，保护装置后方的零线与其他零线连接或接地，或保护装置的后方的相线与其他支路的同相相线连接，或将负载跨接在保护装置电源侧和负载侧等。

2）绝缘恶化。保护器后方一相或两相对地绝缘破坏或对地绝缘不对称降低，都将产生不平衡的泄漏电流，从而引发误动作。

3）冲击过电压。冲击过电压产生较大的不平衡冲击泄漏电流，从而导致误动作。

4）不同步合闸。不同步合闸时，先于其他相合闸的一相可能产生足够大的泄漏电流，从而引起误动作。

5）大型设备启动。在漏电保护装置的零序电流互感器平衡特性差时，大型设备的大启动电流作用下，零序电流互感器一次绕组的漏磁可能引发误动作。

6）偏离使用条件，制造安装质量低劣，抗干扰性能差等都可能引起误动作的发生。

（4）漏电保护装置的拒动作。

拒动作是指线路或设备已发生预期的触电或漏电而漏电保护装置却不产生预期的动作。拒动作较误动作少见，然而其带来的危险不容忽视。造成拒动作的原因主要有：

1）接线错误。错将保护线也接入漏电保护装置，从而导致拒动作。

2）动作电流选择不当。额定动作电流选择过大或整定过大，从而造成拒动作。

3）线路绝缘阻抗降低或线路太长。由于部分电击电流经绝缘阻抗再次流经零序电流互感器返回电源，从而导致拒动作。

4）零序电流互感器二次线圈断线，脱扣元件粘连等内部故障、缺陷造成拒动作。

第八节　电气隔离

所谓电气隔离，就是将电源与用电回路作电气上的隔离，即将用电的分支电路与整个电气系统隔离，使之成为一个在电气上被隔离的、独立的不接地安全系统，以防止在裸露导体故障带电情况下发生间接触电危险。电气隔离防护的主要要求之一是被隔离设备或电路必须由单独的电源供电。这种单独的电源可以是一个隔离变压器，也可以是一个安全等级相当于隔离变压器的电源。通常电气隔离是指采用电压比为 1∶1，即一次侧与二次侧电压相等的隔离变压器，实现工作回路与其他电气回路上的电气隔离。

一、安全原理

　　电气隔离实质上是将接地的电网转换为一范围很小的不接地电网。电气隔离的原理如图 6-22 所示。分析图中 a、b 两人的触电危险性可以看出：正常情况下，由于 N 线（或 PEN 线）直接接地，使流经 a 的电流沿系统的工作接地和重复接地构成回路，a 的危险性很大；而流经 b 的电流只能沿绝缘电阻和分布电容构成回路，电击的危险性可以得到抑制。

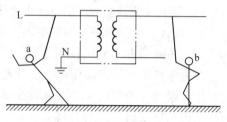

图 6-22　电气隔离原理

二、电气隔离的安全条件

　　供电电源有的仅对单一设备供电，有的同时对多台设备供电。对这两种情况，从安全条件上有其通用的要求，也有各自的特殊要求。

　　（一）通用要求

　　电气隔离的安全通用要求有：

　　（1）电气上隔离的回路，其电压不得超过 500V 交流有效值。

　　（2）电气上隔离的回路必须由隔离的电源供电。使用隔离变压器供电时，隔离变压器必须具有加强绝缘的结构，其温升和绝缘电阻要求与安全隔离变压器相同。最大容量单相变压器不得超过 25kVA、三相变压器不得超过 40kVA。但是必须注意，隔离变压器不能采用自耦变压器，因为自耦变压器的一、二次绕组之间本身就存在直接的电气联系，也就是说是不绝缘的，因此不能用来作为电气隔离用。

　　（3）被隔离回路的带电部分保持独立，严禁与其他电气回路、保护导体或大地有任何电气连接。应有防止被隔离回路发生故障接地及窜入其他电气回路的措施。

　　（4）软电线电缆中易受机械损伤的部分的全长均应是可见的。

　　（5）被隔离回路应尽量采用独立的布线系统。

　　（6）隔离变压器的二次侧线路电压过高或线路过长都会降低回路对地绝缘水平。因此，必须限制二次侧电压和二次侧线路长度，电压与长度的乘积不应超过 $10^5 \text{V} \cdot \text{m}$，同时，布线系统的长度不应超过 200m。

　　（二）特殊要求

　　电气隔离安全的特殊要求有：

　　（1）对单一电气设备隔离的补充要求。当实行电气隔离的为单一电气设备时，设备的外露可导电部分严禁与系统或装置中的保护导体或其他回路的外露可导电部分连接，以防止从隔离回路以外引入故障电压。若设备的外露可导电部分易于与其他回路的外露可导电部分形成接触，则触电防护就不应再依赖于电气隔离，而必须采取电击防护措施，例如实行以外露可导电部分接地为条件的自动切断电源的防护。

（2）对多台电气设备隔离的补充要求。

1）当实行电气隔离的为多台电气设备时，必须用绝缘和不接地的等电位联结导体相互连接，如图6-23所示。如果没有等电位联结线（图中的虚线），当隔离回路中两台相距较近的设备发生不同相线的碰壳故障时，这两台设备的外壳将带有不同的对地电压。当有人同时触及这两台设备时，则承受的接触电压为线电压，具有相当大的危险性。还须注意，等电位联结导体严禁与其他回路的保护导体、外露可导电部分或任何可导电部分连接。

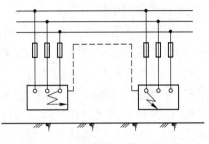

图6-23　电气隔离的等电位联结

2）回路中所有插座必须带有供等电位联结用的专用插孔。

3）除了为Ⅱ类设备供电的软电缆之外，所有软电缆都必须包含一根用于等电位联结的保护芯线。

4）设置自动切断供电的保护装置，用于在隔离回路中两台设备发生不同相线的碰壳故障时，按规定的时间自动切断故障回路的供电。

第九节　保护导体

保护导体指PE线、PEN线及与其相连接的不用作正常电流回路的导体，包括接零线、接地线、等电位联结线等。PE线是专用的保护导体、PEN线是与工作零线共用的保护导体。保护导体断开或缺陷除可能导致触电事故外，还可能导致电气火灾和设备损坏。因此，必须保证保护导体的可靠性。

一、保护导体的组成

保护导体分为人工保护导体和自然保护导体。

交流电气设备应优先利用自然导体作保护导体。例如，建筑物的金属结构（梁、柱等）及混凝土结构内部的钢筋，生产用起重机的轨道，配电装置的外壳、走廊、平台、电梯竖井、起重机与升降机的构架，电除尘器的构架等金属结构，配线的钢管，电缆的金属构架及铅、铝包皮（通信电缆除外）等均可用作自然保护导体。在低压系统，还可利用不流经可燃液体或气体的金属管道作保护导体。在非爆炸危险环境，如自然保护导体有足够的截面积，可不再另行敷设人工保护导体。

人工保护导体可以采用多芯电缆的芯线、与相线同一护套内的绝缘线、固定敷设的绝缘线或裸导体等。

保护干线（保护导体干线）必须与电源中性点和接地体（工作接地、重复接地）相连。保护支线（保护导体支线）应与保护干线相连。为提高可靠性，保护干线应经两条连接线与接地体连接。

利用母线的外护物作保护导体时，外护物各部分电气连接必须良好，且不会受到机械破坏或化学腐蚀，其导电能力必须符合要求，而且每个预定的分接点应能与其他保护导体连接。利用电缆的外护物或导线的穿管作保护零线时，亦应保证连接良好和有足够的导电能力。利用设备以外的导体作保护零线时，除保证连接可靠、导电能力足够外，还应有防止变形和移动的措施。

利用自来水管作保护导体必须得到供水部门的同意，而且水表及其他可能断开处应予跨接。煤气管等输送可燃气体或液体的管道原则上不得用作保护导体。

为了保持保护导体导电的连续性，所有保护导体，包括有保护作用的 PEN 线上均不得安装单极开关和熔断器；保护导体应有防机械损伤和化学腐蚀的措施；保护导体的接头应便于检查和测试（封装的除外）；可拆开的接头必须是用工具才能拆开的接头；各设备的保护线（支线）不得串联连接，即不得用设备的外露导电部分作为保护导体的一部分。此外，还应注意，一般不得在保护导体上接入电器的动作线圈。

二、保护导体的截面积

为满足导电能力、热稳定性、机械稳定性、耐化学腐蚀的要求，保护导体必须有足够的截面积。

当保护线与相线材料相同时，保护线可以直接按表 6-18 选取，如果保护线与相线材料不同，可按相应的阻抗关系考虑。

表 6-18　保护零线截面选择

相线面积 S_L/mm^2	保护导体面积 S_{PE}/mm^2
$S_L \leqslant 16$	S_L
$16 < S_L \leqslant 35$	16
$S_L > 35$	$S_L/2$

除应用电缆芯线或金属护套作保护线外，有机械防护的保护零线不得小于 $2.5\mathrm{mm}^2$；没有机械防护的不得小于 $4\mathrm{mm}^2$。

兼作工作零线和保护零线的 PEN 线的最小截面积除应满足不平衡电流的导电要求外，还应满足保护接零可靠性的要求。为此，要求铜质 PEN 线截面积不得小于 $10\mathrm{mm}^2$，铝质的不得小于 $16\mathrm{mm}^2$，如系电缆芯线，则不得小于 $4\mathrm{mm}^2$。

三、等电位联结

等电位联结指保护导体与建筑物的金属结构、生产用的金属装备以及允许用作保护线的金属管道等用于其他目的的不带电导体之间的联结（包括 IT 系统和 TT 系统中各用电设备金属外壳之间的联结）。

保护导体干线应接向总开关柜。总开关柜内保护导体端子排与自然导体之间的联结称为总等电位联结。总开关柜以下，如采用放射式配电，则保护导体作为支线分别接向用电设备或配电箱（配电箱以下都属于支线）；如采用树干式配电，应从总开关柜上引出保护导体干线，再从该干线向用电设备或配电箱引出保护支线。对于用电设备或配电箱，如其保护接零难以满足速断要求，或为了提高保护接零的可靠性，可将其与自然导体之间再进

行联结。这一联结称为局部等电位联结或辅
助等电位联结。等电位联结的组成如图 6-24
所示。图中主接地端子与自然导体之间的连
接称为总等电位连接；用电设备金属外壳与
自然导体之间的连接称为局部等电位连接。

总等电位联结导体的最小截面不得小于
最大保护导体的 1/2，且不得小于 6mm^2；两
台设备之间局部等电位联结导体的最小截面
不得小于两台设备保护导体中较小者的截
面。设备与设备外导体之间的局部等电位联
结线的截面不得小于该设备保护零支线的 1/2。

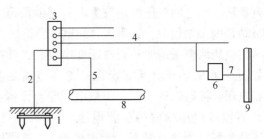

图 6-24　等电位联结

1—接地体；2—接地线；3—主接线端子；4—保护导体；
5—总等电位联结导体；6—电器设备；7—局部等电位
联结导体；8—自然导体；9—装置以外的接零导体

通过等电位联结可以实现等电位环境。等电位环境内可能的接触电压和跨步电压应限
制在安全范围内。采用等电位环境时应采取防止环境边缘处危险跨步电压的措施，并应考
虑防止环境内高电位引出和环境外低电位引入的危险。

四、相-零线回路检测

相-零线回路检测是 TN 系统的主要检测项目，主要包括保护零线完好性、连续性检查
和相-零线回路阻抗测量。测量相-零线回路阻抗是为了检验接零系统是否符合规定的速断
要求。

（一）相-零线回路阻抗停电测量法

相-零线回路阻抗停电测量接线如图 6-25
所示，开关 QS1 断开为切除电力电源，QS2
和其他开关合上以接通试验回路。试验变压
器可采用小型电焊变压器（约 65V）或行灯
变压器（50V 以下）。试验变压器二次线圈接
入电流表后再接向一条相线和保护零线。为
了检验熔断器 FU1，应在 a 处使相线与零线
短接，测量回路阻抗。为了检验熔断器 FU2，
应在线路末端，即在 b 处使相线与零线短接，

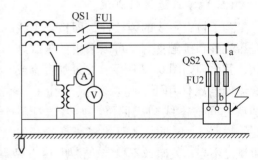

图 6-25　停电测量相-零线回路阻抗

测量回路阻抗。所测量的阻抗应由电压表读数 U_M 和电流表读数 I_M 直接算出，即：

$$Z_S = \frac{U_M}{I_M} \tag{6-29}$$

这样测量得到的结果不包括配电变压器的阻抗，计算短路电流时应加上变压器的阻
抗。为了减小测量误差，测量应尽量靠近变压器。

如零线上有其他原因产生的不平衡电流流过，这种测量方法将带有一定的误差。对此
误差，应设法消除。

（二）相-零线回路阻抗不停电测量法

如果现场停电有困难，则只能应用不停电测量法。不停电测量法有辅助负荷法和电压

调整法。当电网电压波动较大时，辅助负荷法测量结果的误差较大。这里仅介绍电压调整法。

电压调整法需要一套电压变换设备，其接线如图 6-26 所示。电压变换设备把线电压变换成相电压。接通开关 S 前，调整电压变换设备，使 a、b 两端电压恰好等于相电压。这时，电压表读数为零。接通开关后，有电流沿相-零线回路和电阻 R_P 流通，c、b 两点之间的电压即电阻 R_P 上的电压降 U_R，电压表读数 U_M 应为相电压 U 与 U_R 之差，即

$$U_M = U - U_R \qquad (6-30)$$

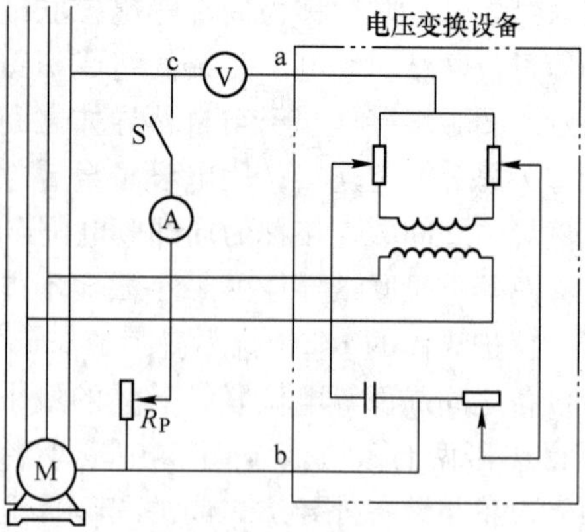

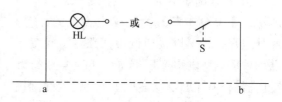

图 6-26　电压调整法测量相-零线回路阻抗

这个电压即消耗在相-零线回路阻抗上的电压降。因此，可求得相-零线回路阻抗为：

$$Z_{SO} = \frac{U_M}{I_M} \qquad (6-31)$$

式中　I_M——电流表读数，即通过电阻 R_P 的电流。

不停电测量法测量得到的结果是包括配电变压器阻抗在内的相-零线回路全阻抗。不停电测量相-零线回路阻抗时，如果零线部分有断裂处或接触不良，设备外壳可能呈现不允许的电压，因此，测量用辅助装置的电阻和电感都必须有较高的数值，电阻值和感抗值均在 10kΩ 以上。

（三）零线连续性测试

为了检查零线的连续性，即检查零线是否完整和接触良好，可以采用低压试灯法，其原理如图 6-27 所示。在外加直流或交流低电压作用下，电流经试灯沿 a、b 两点之间的零线构成回路。如果试灯很亮，说明 a、b 两点之间的零线良好；如

图 6-27　零线连续性测试原理

果试灯不亮、发暗或不稳定，说明 a、b 两点之间的零线断裂或接触不良。试灯也可用电流表代替，用电流表的指示来作判断。外加低压电源可用直流电源，也可从双线圈变压器取得交流电源。如果安全条件许可，可适当提高试验电压。必要时，可配用电流互感器测量试验电流。

第十节　接 地 装 置

接地装置是接地体（极）和接地线的总称。运行中电气设备的接地装置应当始终保持良好状态。

一、自然接地体和人工接地体

自然接地体是用于其他目的，且与土壤保持紧密接触的金属导体。例如，埋设在地下

的金属管道（有可燃或爆炸性介质的管道除外）、金属井管，与大地有可靠连接的建筑物的金属结构、水工构筑物及类似构筑物的金属管、桩等自然导体均可用作自然接地体。利用自然接地体不但可以节省钢材和施工费用，还可以降低接地电阻和等化地面及设备间的电位。如果有条件，应当优先利用自然接地体。当自然接地体的接地电阻符合要求时，可不敷设人工接地体（发电厂和变电所除外）。在利用自然接地体的情况下，应考虑到自然接地体拆装或检修时，接地体被断开，断口处出现的电位差及接地电阻发生变化的可能性。自然接地体至少应有两根导体在不同地点与接地网相连（线路杆塔除外）。

人工接地体可采用钢管、角钢、圆钢或废钢铁等材料制作。人工接地体宜采用垂直接地体，多岩石地区可采用水平接地体。垂直埋设的接地体可采用直径为 40~50mm 的钢管或 40mm×40mm×4mm 至 50mm×50mm×5mm 的角钢。垂直接地体可以成排布置，也可以按环形布置。水平埋设的接地体可采用 40mm×4mm 的扁钢或直径为 16mm 的圆钢。水平接地体多呈放射形布置，也可成排布置或环形布置。

变电所经常采用以水平接地体为主的复合接地体，即人工接地网。复合接地体的外缘应闭合，并做成圆弧形。为了保证足够的机械强度，并考虑到防腐蚀的要求，钢质接地体的最小尺寸见表 6-19。电力线路杆塔接地体引出线应镀锌，截面积不得小于 50mm^2。

表 6-19 钢质接地体和接地线的最小尺寸

材料种类		地　　上		地　　下	
		室内	室外	交流	直流
圆钢直径/mm		6	8	10	12
扁钢	截面/mm^2	60	100	100	100
	厚度/mm	3	4	4	6
角钢厚度/mm		2.0	2.5	4.0	6.0
钢管管壁厚度/mm		2.5	2.5	3.5	4.5

二、接地线

交流电气设备应优先利用自然导体作接地线。在非爆炸危险环境，如自然接地线有足够的截面积，可不再另行敷设人工接地线。如果车间电气设备较多，宜敷设接地干线。各电气设备外壳分别与接地干线连接，而接地干线经两条连接线与接地体连接。各电气设备的接地支线应单独与接地干线或接地体相连，不应串联连接。接地线的最小尺寸亦不得小于表 6-19 规定的数值。低压电气设备外露接地线的截面积不得小于表 6-20 所列的数值。选用时，一般应比表中数值选得大一些。接地线截面应与相线载流量相适应。

表 6-20 低压电气设备外露铜、铝接地线截面积

材　料　种　类	铜/mm^2	铝/mm^2
明设的裸导线	4	6
绝缘导线	1.5	2.5
电缆接地芯或与相线包在同一保护套内的多芯导线的接地芯	1.0	1.5

接地线的涂色和标志应符合国家标准。非经允许，接地线不得作其他电气回路使用。

不得用蛇皮管、管道保温层的金属外皮或金属网以及电缆的金属护层作接地线。

三、接地装置安装

凡利用自然接地体、金属构件接地时，其伸缩缝和螺栓串接部位要加焊金属跨接线，以保证电气连接。接地体规格、埋设深度、接地体间的间距及夹角、接地体离建筑物基础及人行通道的距离等，均应符合设计及技术规范要求。

埋设在腐蚀性土壤中的接地体应选用镀锌钢材或铜材，并适当加大截面。

接地线应尽量安装在不易被人和机械碰触而又位置比较明显，不妨碍设备拆卸、检修的地方。在穿过墙壁时应敷设在保护管内，跨越建筑物伸缩缝、沉降缝时，应弯成弧形或另加补偿装置。

接地体本身及其他接地体的连接应用搭接焊，其焊接面应满足导电需要。接地线与电气装置或设备的连接可采用螺栓连接或焊接。明敷接地线表面应涂以沥青或其他黑色漆；中性点的接地线应涂紫色带黑色条纹的标志；在接地线引进建筑物的入口处及检修用临时接地端子处应刷白色底漆，并标以黑色的接地符号。

接地装置安装完毕后应测量其接地电阻。接地电阻为电流自接地体周围向大地流散所遇到的电阻与接地线本身的电阻之和，分工频接地电阻（接地装置流过工频电流时的电阻值）和冲击接地电阻（接地装置流过雷电冲击电流时的电阻值）两种。为了降低高土壤电阻率和冻土地区的接地电阻值，可采取换土、化学处理、深埋、外引接地体等措施。

（一）高土壤电阻率地区

在高土壤电阻率地区，可采用下列各种方法降低接地电阻。

（1）外引接地法。将接地体引至附近的水井、泉眼、水沟、河边、水库边、大树下等土壤电阻率较低的地方，或者敷设水下接地网，以降低接地电阻。外引接地装置应避开人行道，以防跨步电压电击。穿过公路的外引线，埋设深度不应小于0.8m。外引接地对于工频接地电流是有效的。对于冲击接地电流或高频接地电流，由于外引接地线本身感抗急剧增加，可能达不到预期的目的。

（2）接地体延长法。延长水平接地体，增加其与土壤的接触面积，可以降低接地电阻。但采用这种方法同样应当注意外引接地法可能遇到的问题。

（3）深埋法。在不能用增大接地网水平尺寸的方法来降低流散电阻的情况下，如果周围土壤电阻率不均匀，可在土壤电阻率较低的地方深埋接地体以减小接地电阻。深埋接地体具有流散电阻稳定，受地面施工影响小，地面跨步电动势低，便于土壤化学处理等优点。

（4）化学处理法。这种方法是在接地周围置换或加入低电阻率的固体或液体材料，以降低流散电阻。采用固体材料置换时，可以开挖如图6-28所示的人工接地坑或人工接地沟。为保证施工质量，应将置换材料捣碎，并保持25%～30%的含水量；填入前应给坑（沟）壁洒水，以保证置换材料与坑（沟）壁之间接触良好；填入时应分层夯实。此外，还应注意避开在冰冻季节施工，回填时上端宜填入一层黏土，所用接地体直径应适当加大。应用这种施工方法时，可以采用氯化钙、电石渣、氧化铸渣、氯化钠（食盐）、烧碱、木炭、黏土等多种废渣作为置换材料。所用材料应当是电阻率低、不易流失、性能稳定、易于吸收和保持水分、腐蚀性弱、施工方便和价格低廉的材料。

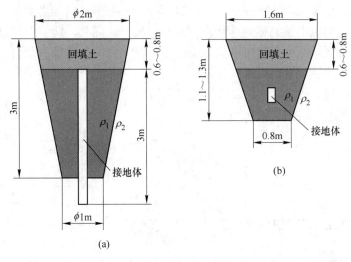

图 6-28 人工接地坑和接地沟
（a）接地坑；（b）接地沟

（5）换土法。这是指给接地坑内换上低电阻土壤以降低接地电阻的方法。这种方法可用于多岩石地区。

（二）冻土地区

在冻土地区，为提高接地质量，可以采用下列各种措施：

（1）将接地体敷设在融化地带或融化地带的水池、水坑中。

（2）敷设深埋式接地体，或充分利用井管或其他深埋在地下的金属构件作接地体。

（3）除深埋式接地体外，再敷设深度为 0.5m 的延长接地体，以便在夏季地层表面化冻时起流散作用。

（4）在接地体周围人工处理土壤，以降低冻结温度和土壤电阻率。

四、接地电阻测量

影响接地电阻的因素很多，如接地体的尺寸（长度、粗细）、形状、数量、埋设深度、周围地理环境（如平地、沟渠、坡地是不同的）、土壤湿度、质地等，都可能对接地电阻有影响。

各种接地装置的接地电阻应当定期测量，以检查其可靠性，一般应当在雨季前或其他土壤最干燥的季节测量。雨天一般不应测量接地电阻，雷雨天不得测量防雷装置的接地电阻。对于易于受热、受腐蚀的接地装置应适当缩短测量周期。凡新安装或设备大修后的接地装置，均应测量接地电阻。

接地电阻可用电流表-电压表法测量或接地电阻测量仪法测量。现在大都采用接地电阻测量仪法。接地电阻测量仪是电位差计型测量仪器，它能产生交变的接地电流，不需外加电源，电流极和电压极也是配套的，使用简单，携带方便。这种测量仪器的本体由手摇发电机（或电子交流电源）和电位差式测量机构组成，其主要附件是三条测量电线和两支辅助测量电极。测量仪有 E、P、C 三个接线端子。测量时，在离被测接地体一定的距离向地下打入电流极和电压极。测量接线如图 6-29 所示，E 端接于被测接地体，P 端接于电压极，C端接于电流极。选好倍率，以大约120r/min左右的转速转动摇把时，即可产生110~115Hz的交流电流沿被测接地体和电流极构成回路。同时，调节电位器旋钮，使仪表指针保持在中心位置，即可直接由电位器旋钮的位置（刻度盘读数）结合所选倍率读出被测接地电阻值。有的接地电阻测量仪有C2、P2、P1、C1四个接线端子。进行一般接地电阻测量时，将连接起来的C2、P2端接于被测接地体、P1端接于电压极、C1端接于电流极。使用方法与接地电阻测量仪相同。

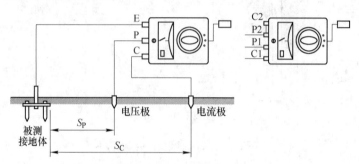

图6-29 接地电阻测量仪外部接线

目前，数字接地电阻测量仪的应用日益推广，它是在原来的基础上，摒弃了传统的人工手摇发电工作方式，采用先进的大规模集成电路，应用DC/AC变换技术将三端钮、四端钮测量方式合并为一种机型的新型接地电阻测量仪。工作原理为由机内DC/AC变换器将直流变为交流的低频恒流，经过辅助接地极C和被测物E组成回路，被测物上产生交流压降，经辅助接地极P送入交流放大器放大，再经过检波送入表头显示。借助倍率开关，可得到三个不同的量程：0~2Ω，0~20Ω，0~200Ω。

测量接地电阻，均应将被测接地体与其他接地体分开，以保证测量的正确性。测量接地电阻应尽可能把测量回路同电力网分开，以有利于测量的安全，也有利于消除杂散电流引起的误差，还能防止将测量电压反馈到与被测接地体连接的其他导体上而引起的事故。

测量应注意以下事项：

（1）接地电阻值的大小与季节、天气、土壤干湿程度等环境因素有关，并随着上述诸因素的变化而有差异。一般来说，测量接地电阻适宜于天气干燥进行，测出数值较准确、可靠。

（2）雷雨天气不得进行接地测量。

（3）测量电气设备保护接地电阻时，要断开与设备的连接，否则会影响测量的数值。

（4）在测量中常常发现有的接地线年久锈蚀严重，必须先用锉刀挫去铁锈后，使导线接触良好方可测量，否则会因接触电阻过大而造成测量失真。

（5）注意是否单点接地，被测接地线是否已与设备连接，有无可靠的接地回路。接地回路不可靠，测量结果不准确。

（6）注意测量位置，选取合适的测量点。选取的测量点不同，测得的结果是不同的，而且有时候差别很大，这就要求在使用中要对测量点的选取加以注意。

（7）注意"噪声"干扰。接地线上较大的回路电流对测量会造成干扰，导致测量结果不准确，甚至使测试不能进行。

五、接地装置的检查和维护

对接地装置进行定期检查的主要内容有：各部位连接是否牢固，有无松动，有无脱焊，有无严重锈蚀，接地线有无机械损伤或化学腐蚀，涂漆有无脱落，人工接地体周围有无堆放强烈腐蚀性物质，地面以下 50cm 以内接地线的腐蚀和锈蚀情况如何，接地电阻是否合格。

对接地装置进行定期检查的周期为：变、配电站接地装置，每年检查一次，并于干燥季节每年测量一次接地电阻；车间电气设备的接地装置，每半年检查一次，并于干燥季节每年测量一次接地电阻；防雷接地装置，每年雨季前检查一次；避雷针的接地装置，每 5 年测量一次接地电阻；手持电动工具的接地线，每次使用前进行检查；有腐蚀性的土壤内的接地装置，每 5 年局部挖开检查一次。

应对接地装置进行维修的情况有：焊接连接处开焊，螺丝连接处松动，接地线有机械损伤、断股或有严重锈蚀、腐蚀，锈蚀或腐蚀 30% 以上者应予更换，接地体露出地面，接地电阻超过规定值。

本章小结

本章主要介绍了电击的防护技术。绝缘、屏护和间距用来对直接接触电击进行防护，这些措施是各种电气设备都必须考虑的通用安全措施，其主要作用是防止人体触及或过分接近带电体造成触电事故以及防止短路、故障接地等电气事故。对于间接接触电击常采用保护接地和保护接零系统，包括 TT 系统、IT 系统和 TN 系统，应重点掌握它们的安全原理与应用。安全电压、漏电保护等防护技术兼有直接和间接接触电击防护的功能。此外，本章对上述防护技术中用到的保护导体和接地装置进行了阐述，介绍了绝缘电阻和接地电阻的测量方法。在学习的过程中，要注意与实际生活工作中电气设施相结合，加深理解，达到学以致用、融会贯通的目的。

自我小结

_____

_____

_____

_____

_____

_____

_____

_____

_____

_____

_____

_____

自测题 1

一、是非判断题（每题 1 分共 10 分）

1. 不同条件下所进行的绝缘电阻的测量结果可以直接进行比较分析。　　　　　（　　）
2. 固体电介质一旦击穿，将失去其绝缘性能。　　　　　　　　　　　　　　（　　）
3. 液体绝缘材料使用之前，须进行纯化、脱水、脱气处理。　　　　　　　　（　　）
4. 高压设备全部绝缘有困难，不论是否有绝缘，均要加装屏护装置。　　　　（　　）
5. 间距防护是将可能触及的带电体置于可能触及的范围之外以保证人体和带电体有一定的安全
　　距离。　　　　　　　　　　　　　　　　　　　　　　　　　　　　　　（　　）
6. 由于具有双重绝缘或加强绝缘，Ⅱ类设备无须再采取接地、接零等安全措施。（　　）
7. 同杆架设不同电压的电气线路时，高压线路应位于低压线路的下方。　　　（　　）
8. 为了维持不导电的特征，不导电场所内必须设置保护零线或保护地线。　　（　　）
9. 根据电工电子设备防触电保护分类，Ⅲ类设备的防触电保护是基本绝缘加接地。（　　）
10. 为保证测量接地电阻的正确性，应将被测接地体与其他接地体分开。　　　（　　）

二、单项选择题（每题 1 分，共 10 分）

1. 在电动机接线端子与外壳之间所加的直流电压与流过两个电极之间的稳态电流之商称为（　　）。
   A. 绝缘电阻　　　　B. 体积电阻　　　　C. 表面电阻　　　　D. 体积电阻率
2. （　　）是检验电器、电气设备、电气装置、电气线路和电工安全用具等承受过电压能力的主要方法。
   A. 绝缘电阻试验　　B. 耐压试验　　　　C. 泄漏电流试验　　D. 介质损耗试验
3. 屏护是一种对电击危险因素进行隔离的手段，下列装置中（　　）不属于屏护。
   A. 遮栏　　　　　　B. 护罩　　　　　　C. 护盖　　　　　　D. 标示牌
4. 安全电压是在一定条件下、一定时间内不危及生命安全的电压。我国标准规定的工频安全电压等级有
   42V、36V、24V、12V、6V（有效值）。不同的用电环境、不同种类的用电设备应选用不同的安全电
   压。在有触电危险的环境中所使用的手持照明灯电压不得超过（　　）V。
   A. 12　　　　　　　B. 24　　　　　　　C. 36　　　　　　　D. 42
5. 以下各项措施中，（　　）是直接电击的防护措施。
   A. 屏护　　　　　　　　　　　　　　　B. 定期组织安全检查
   C. 保护接零　　　　　　　　　　　　　D. 保护接地
6. 直埋电缆埋设深度不应小于（　　）m，并应位于冻土层之下。
   A. 0.5　　　　　　　B. 1.5　　　　　　C. 2　　　　　　　　D. 0.7
7. 由（　　）的大小可以对绝缘受潮程度和内部有无缺陷存在进行判断。
   A. 绝缘电阻　　　　B. 吸收比　　　　　C. 泄漏电流　　　　D. 介质损耗因素
8. 工作绝缘，又称（　　），是保证电气设备正常工作和防止触电的绝缘，位于带电体与不可触及金属
   件之间。
   A. 基本绝缘　　　　B. 加强绝缘　　　　C. 附加绝缘　　　　D. 双重绝缘
9. 加强绝缘的绝缘电阻值不得低于（　　）MΩ。
   A. 2　　　　　　　　B. 5　　　　　　　C. 7　　　　　　　　D. 10
10. 双重绝缘是兼有（　　）的绝缘。
    A. 工作绝缘和基本绝缘　　　　　　　　B. 保护绝缘和附加绝缘
    C. 工作绝缘和保护绝缘　　　　　　　　D. 工作绝缘和空气绝缘

三、多项选择题（每题 2 分，共 10 分。5 个备选项：A、B、C、D、E。至少 2 个正确，
　　至少 1 个错误项。错选不得分；少选，每选对 1 项得 0.5 分）

1. 电击分为直接接触电击和间接接触电击，针对这两种电击应采取不同的安全技术措施。下列技术措施

中，对预防直接接触电击有效的有（　　　）。

A. 应用安全电压的设备（Ⅲ类设备）

B. 应用加强绝缘的设备（Ⅱ类设备）

C. 将电气设备的金属外壳接地

D. 与带电体保持安全距离

E. 将带电体屏蔽起来

2. 下列关于绝缘的说法，正确的有（　　　）。

A. 双重绝缘是指工作绝缘和加强绝缘

B. 加强绝缘的绝缘电阻不得低于 7MΩ

C. 工作绝缘是带电体与不可触及的导体之间的绝缘

D. 具有双重绝缘和加强绝缘的电气设备属于Ⅰ类设备

E. 保护绝缘是不可触及的导体与可触及导体之间的绝缘

3. 绝缘的击穿使绝缘材料的绝缘性能遭到破坏，固体绝缘的击穿有（　　　）等形式。

A. 电击穿　　　B. 热击穿　　　C. 电化学击穿　　　D. 放电击穿　　　E. 电介质击穿

4. 在电击防护措施中，适用于防止直接接触电击事故的有（　　　）。

A. 设置遮栏或外护物

B. 将带电部分置于伸臂范围之外

C. 在配电回路上装用 RCD（剩余电流动作保护器）

D. 采用接地和总等电位联结

E. 利用绝缘材料对带电体进行封闭

5. 下列电压中，属于安全电压额定值的是（　　　）。

A. 42V　　　　B. 36V　　　　C. 12V　　　　D. 50V　　　　E. 220V

四、填空题（每空 1 分，共 20 分）

1. 防止直接接触触电，可采用_____、_____、_____和安全电压等防护措施。

2. 低压电气设备的绝缘性能，可以采用测量_____和进行_____来判断。

3. 测量绝缘电阻最常用的仪表是_____。运行中的线路和设备的绝缘电阻不应低于每伏工作电压_____Ω，潮湿环境下可降低为每伏工作电压_____Ω。对于电力变压器、交流电动机等高压设备，除测量绝缘电阻之外，还要求测量其_____。

4. 固体电介质的击穿包括：_____、_____、_____和_____。

5. 绝缘的破坏方式有：_____、_____和_____。

6. 根据老化机理，绝缘老化分为_____和_____。

7. 变压器的防护栅栏上应有_____的标志。

8. 架空线路与有爆炸、火灾危险的厂房之间应保持必要的_____，且不应跨越具有可燃材料屋顶的建筑物。

五、名词解释（每题 4 分，共 20 分）

1. 吸收比

2. 绝缘击穿

3. 绝缘损坏

4. 屏护

5. 间距

六、问答题（每题 10 分，共 30 分）

1. 试述屏护装置的安全条件。

2. 试述绝缘电阻率的影响因素。

3. 电气设备绝缘破坏的主要原因是什么？

扫描封面二维码可获取自测题 1 参考答案

自测题 2

一、是非判断题（每题 1 分，共 10 分）

1. 当设备发生接地故障时，距离接地点越近，跨步电压越大。　　　　　　　　　（　　）

2. 对地电压是指带电体与零电位"地"之间的电位差。　　　　　　　　　　　　（　　）

3. TN-S 系统的中性线与保护线是合一的。　　　　　　　　　　　　　　　　　（　　）

4. IT 系统适用于中性点不接地电网中。　　　　　　　　　　　　　　　　　　　（　　）

5. 重复接地可减小零线断线时漏电设备的对地电压。　　　　　　　　　　　　　（　　）

6. 接地装置包括接地体和接地线两部分。　　　　　　　　　　　　　　　　　　（　　）

7. 接地电阻近似等于流散电阻。　　　　　　　　　　　　　　　　　　　　　　（　　）

8. 不接地系统中的用电设备都必须保护接地。　　　　　　　　　　　　　　　　（　　）

9. 采用重复接地的 TN 系统，可以不接过流速断保护装置。　　　　　　　　　　（　　）

10. TN-C 系统可用于爆炸危险场所。　　　　　　　　　　　　　　　　　　　　（　　）

二、单项选择题（每题 1 分，共 10 分）

1. 人体接触漏电设备金属外壳时，所承受的电压是（　　）。

　　A. 跨步电压　　　　B. 线电压　　　　　　C. 设备工作电压　　D. 接触电压

2. 保护接地电阻一般不应大于（　　）。

　　A. 2Ω　　　　　　B. 4Ω　　　　　　　C. 8Ω　　　　　　D. 10Ω

3. （　　）系统就是电源中性点直接接地、用电设备外壳也直接接地的系统。

　　A. IT　　　　　　　B. TT　　　　　　　　C. TN-C　　　　　　D. TN-S

4. 电气设备的接地规程规定：电压在 1000V 以下电源中性点不接地的电网中，需采用的安全保护的技术
措施是（　　）系统。

　　A. IT　　　　　　　B. TT　　　　　　　　C. TN-C　　　　　　D. TN-S

5. TN-C-S 系统中的保护线、中性线是（　　）。

　　A. 合用的　　　　　B. 部分合用部分分开　C. 分开的　　　　　D. 以上都不对

6. 把电气设备正常情况下不带电的金属部分与电网的保护零线进行连接，称作（　　）。

　　A. 保护接地　　　　B. 保护接零　　　　　C. 工作接地　　　　D. 工作接零

7. 保护接零属于（　　）系统。

　　A. IT　　　　　　　B. TT　　　　　　　　C. TN　　　　　　　D. 三相三线制

8. 在实施保护接零的系统中，工作零线即中线，通常用（　　）表示；保护零线即保护导体，通常用
（　　）表示。若一根线既是工作零线又是保护零线，则用（　　）表示。

　　A. N；PEN；PE　B. PE；N；PEN　　　　C. N；PE；PEN　　D. PEN；N；PE

9. 有爆炸危险环境、火灾危险性大的环境及其他安全要求高的场所的保护接零应采用（　　）系统。

　　A. TN-C-S　　　　B. TN-C　　　　　　　C. TN-C-S 或 TN-C　D. TN-S

10. 变压器或发电机的中性点接地属于（　　）。

　　A. 保护接地　　　　B. 保护接零　　　　　C. 工作接地　　　　D. 重复接地

三、多项选择题（每题 2 分，共 10 分。5 个备选项：A、B、C、D、E。至少 2 个正确，至少 1 个错误项。错选不得分；少选，每选对 1 项得 0.5 分）

1. 电气设备外壳接保护线是最基本的安全措施之一。下列电气设备外壳接保护线的低压系统中，允许应

用的系统有（   ）。

    A. TN-S 系统　　B. TN-C-S 系统　　C. TN-C 系统　　D. TN-SC 系统　　E. TT 系统

2. TN 系统的"TN"两位字母表示系统的接地型式及保护方式，下列各解释中与该系统情况相符合的有

    （   ）。

    A. 前一位字母 T 表示电力系统一点（通常是中性点）直接接地

    B. 前一位字母 T 表示电力系统所有带电部分与地绝缘或一点经阻抗接地

    C. 后一位字母 N 表示电气装置的外露可导电部分直接接地

    D. 后一位字母 N 表示电气装置的外露可导电部分通过保护线与电力系统的中性点联结

    E. 后一位字母 N 表示设备外露导电部分经阻抗接地

3. 电击分为直接接触电击和间接接触电击。下列说法中，属于间接接触电击的有（   ）。

    A. 电动机漏电，手指直接碰到电动机的金属外壳

    B. 起重机碰高压线，挂钩工人遭到电击

    C. 电动机接线盒盖脱落，手持金属工具碰到接线盒内的接线端子

    D. 电风扇漏电，手背直接碰到风扇的金属护网

    E. 检修工人手持电工刀割破带电的导线

4. 电击分为直接接触电击和间接接触电击，针对这两种电击应采取不同的安全技术措施。下列技术措施

    中，对预防间接接触电击有效的有（   ）。

    A. 屏护　　　　　B. 加强绝缘　　　　C. 电气隔离　　　　D. 不导电环境　　　E. 保护接地

5. IT 系统是电源系统的带电部分不接地或经高阻抗接地，电气设备的外露导电部分接地。IT 系统适用于

    各种不接地配电网，包括（   ）配电网。

    A. 交流不接地　　B. 直流不接地　　　C. 电子线路　　　　D. 低压不接地　　　E. 高压不接地

四、填空题（每空 1 分，共 10 分）

1. 保护接零适用于中性点_____的三相四线制和三相五线制_____配电系统。

2. 重复接地线应与_____相连接。

3. 保护接零是将电气设备正常运行情况下_____的金属外壳和架构与配电系统的_____直接进行电

气连接。

4. 接地电流流入地下后自接地体向四周流散的电流称为_____。

5. 重复接地是指零线上的一处或多处通过_____与大地再连接，其安全作用是：降低漏电设备的

_____电压；减轻零线断线时的_____危险；缩短碰壳或接地短路持续时间；改善架空线路的

_____性能等。

五、名词解释（每题 5 分，共 20 分）

1. 工作接地

2. 保护接地

3. 保护接零

4. 重复接地

六、问答题（每题 10 分，共 40 分）

1. 试比较保护接零与保护接地异同。

2. 应用保护接零应注意哪些安全要求？

3. 重复接地的作用是什么？

4. 什么叫等电位联结？等电位联结的作用是什么？

扫描封面二维码可获取自测题 2 参考答案

自测题 3

一、是非判断题（每题 1 分共 10 分）

1. 延长水平接地体，增加其与土壤的接触面积，可以降低接地电阻。　　　　（　　）
2. 使用安全电压的设备是绝对安全的。　　　　（　　）
3. 国家标准规定，工频安全特低电压的有效值的限值为 50V、直流电压为 120V。　　　　（　　）
4. 电气隔离是使一个电路与另外的电路在电气上完全断开的技术措施。　　　　（　　）
5. 采用安全电压的电气设备无须考虑防直接电击的安全措施。　　　　（　　）
6. Ⅰ类手持式电动工具必须装设漏电保护器。　　　　（　　）
7. 剩余电流保护不具备直接接触电击的防护功能。　　　　（　　）
8. 为了避免误动作，漏电保护装置的额定不动作电流不得低于额定动作电流的 1/2。　　　　（　　）
9. 反时限型漏电保护装置的漏电电流越大，动作时间越长，呈现反时限动作特性。　　　　（　　）
10. 自耦变压器的一、二次绕组之间本身存在直接的电气联系，因此可作为电气隔离的隔离
　　变压器使用。　　　　（　　）

二、单项选择题（每题 1 分，共 10 分）

1. 交流电气设备应优先利用自然导体作保护导体，但一般不能使用（　　）作保护导体。
　　A. 起重机轨道　　　　B. 建筑物的金属结构　　　　C. 电梯竖井的金属构架　　　　D. 天然气金属管道
2. 漏电保护装置主要用于（　　）。
　　A. 减少设备及线路漏电　　　　　　　　B. 防止供电中断
　　C. 减少线路损耗　　　　　　　　　　　D. 防止触电及漏电火灾事故
3. 对于漏电保护器，其额定漏电动作电流在（　　）者属于低灵敏度型。
　　A. 30mA～1A　　　　B. 30mA 及以下　　　　C. 1A 以上　　　　D. 1A 以下
4. 设备的防触电保护不仅靠基本绝缘，还具备像双重绝缘或加强绝缘这样的附加安全措施。这种设备不
　　采用保护接地的措施，也不依赖于安装条件。这样的设备属于（　　）设备。
　　A. 0 类设备　　　　B. Ⅰ类设备　　　　C. Ⅱ类设备　　　　D. Ⅲ类设备
5. 下列电源中不可用做安全电源的是（　　）。
　　A. 独立供电的柴油发电机　　　　　　　B. 蓄电池
　　C. 安全隔离变压器　　　　　　　　　　D. 自耦变压器
6. 需要安装漏电保护装置的场所是（　　）。
　　A. 安装在潮湿或强腐蚀场所的电气设备　　　　B. 使用隔离变压器供电的电气设备
　　C. 使用安全电压供电的电气设备　　　　　　　D. 没有间接接触电击危险场所的电气设备
7. 对于漏电保护器，其额定漏电动作电流在（　　）者属于低灵敏度型。
　　A. 30mA～1A　　　　B. 30mA 及以下　　　　C. 1A 以上　　　　D. 1A 以下
8. 行灯电压不得超过（　　）V，在特别潮湿场所或导电良好的地面上，若工作地点狭窄（如锅炉内、
　　金属容器内），行动不便，行灯电压不得超过（　　）V。
　　A. 36；12　　　　B. 50；42　　　　C. 110；36　　　　D. 50；36
9. 在电气设备绝缘保护中，符号"回"是（　　）的辅助标记。
　　A. 基本绝缘　　　　B. 双重绝缘　　　　C. 功能绝缘　　　　D. 屏蔽
10. 采用安全特低电压是（　　）的措施。
　　A. 仅有直接接触电击保护　　　　　　　B. 只有间接接触电击保护

C. 用于防止爆炸火灾危险　　　　　　　D. 兼有直接接触电击和间接接触电击保护

三、多项选择题（每题2分，共20分。5个备选项：A、B、C、D、E。至少2个正确，至少1个错误项。错选不得分；少选，每选对1项得0.5分）

1. 剩余电流保护装置主要用于（　　　）。
   A. 防止人身触电事故
   B. 防止供电中断
   C. 减少线路损耗
   D. 防止漏电火灾事故
   E. 防止人员接近带电体

2. 下列电源中可用做安全电源的是（　　　）。
   A. 自耦变压器
   B. 分压器
   C. 蓄电池
   D. 安全隔离变压器
   E. 独立供电的柴油发电机

3. 兼有防止直接和间接接触电击的措施有（　　　）。
   A. 双重绝缘　　　　　B. 保护接零　　　　　　C. 加强绝缘
   D. 安全电压　　　　　E. 电气隔离

4. 接地体可以采用（　　　）。
   A. 金属水道系统
   B. 铝质包皮和其他金属外皮电缆
   C. 埋于基础内的接地极
   D. 钢筋混凝土中的钢筋
   E. 天然气管道

5. 下列可作为保护导体的有（　　　）。
   A. 输送可燃气体的管道
   B. 通信电缆的铅、铝包皮
   C. 固定敷设的裸导体或绝缘导体
   D. 金属外护层、屏蔽体及铠装层等
   E. 多芯电缆的芯线

6. 在高土壤电阻率地区，降低接地电阻宜采用的方法有（　　　）。
   A. 外引接地法
   B. 接地体埋于较浅的低电阻率土壤中
   C. 延长水平接地体，增加其与土壤的接触面积
   D. 采用降阻剂或换土法
   E. 化学处理法

7. 下列选项中不需要安装漏电保护装置的设备有（　　　）。
   A. 使用安全电压供电的电气设备
   B. 具有双重绝缘或加强绝缘的电气设备
   C. 建筑施工工地的电气施工机械设备
   D. 带金属外壳的 I 类设备和手持式电动工具
   E. 使用隔离变压器供电的电气设备

8. 下列关于接地电阻测量注意事项中，正确的是（　　　）。

   A. 雷雨天气可以进行测量

   B. 测量电气设备保护接地电阻时，要断开与设备的连接

   C. 一般应当在雨季前或其他土壤最干燥的季节测量

   D. 新安装或设备大修后的接地装置，均应测量

   E. 为保证测量安全应尽可能把测量回路同电力网相连

9. 下列关于保护导体导电连续性和工作可靠性的选项中，正确的是（　　　）。

   A. 不得在起保护作用的 PEN 线安装单极开关

   B. 不得在起保护作用的 PEN 线安装熔断器

   C. 各设备的保护线（支线）可以串联连接

   D. 设备的外露导电部分可作为保护导体的一部分

   E. 不得在保护导体上接入电器的动作线圈

10. 相-零线回路检测是 TN 系统的主要检测项目，主要包括（　　　）。

   A. 绝缘电阻测量

   B. 相-零线回路阻抗测量

   C. 过载电流测量

   D. 保护零线完好性检查

   E. 保护零线连续性检查

四、填空题（每空 1 分，共 10 分）

1. 国家标准《安全电压》（GB 3805—1983）中规定安全电压额定值的等级为 42V、_____、_____、12V、6V。

2. 根据电工电子设备防触电保护分类，由安全电压供电的设备属于_____类设备。

3. Ⅱ类设备的防触电保护具备_____或_____的安全措施。

4. 漏电保护装置是指在指定条件下被保护电路中的_____达到预定值时能_____电路或发出_____的装置。

5. 接地装置是_____和接地线的总称。运行中电气设备的接地装置应当始终保持良好状态。

6. 为了避免误动作，漏电保护装置的额定不动作电流不得低于额定动作电流的_____。

五、名词解释（每题 4 分，共 20 分）

1. 保护绝缘

2. 双重绝缘

3. 加强绝缘

4. 电气隔离

5. 不导电环境

六、问答题（每题 10 分，共 30 分）

1. 简述不导电环境的安全要求。

2. 简述电气隔离的一般安全要求。

3. 简述漏电保护装置误动作的原因及拒动作的原因。

扫描封面二维码可获取自测题 3 参考答案

第七章　电气线路与设备安全

本章内容提要

1. 知识框架结构图

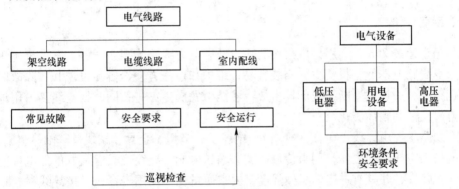

2. 知识导引

随着工业生产的发展，为了减轻人们的劳动强度，提高工效，越来越多的电气设备被应用于生产劳动中。如果这些电气设备和提供电能输送的电气线路使用不当或管理不善，电气设备往往会发生电击、火灾、爆炸等电气灾害事故。提供电能输送的电气线路往往由于短路、过载运行、接触电阻过大等原因，产生电火花、电弧或引起电线、电缆过热造成火灾。所以安全高效地使用、管理好电气线路及设备，是各企业部门安全生产管理的重要环节，因此有必要加深对电气线路及设备的认识，了解其安全运行条件及其防护方法，提高电力系统安全性。

3. 重点及难点

本章重点阐述架空线路、电缆线路、室内配电线路的安全基本要求、常见故障及其相关安全技术。通过学习用电设备的环境条件和外壳防护等级，重点掌握电动机及单相电器设备、低压电器的安全运行条件。

4. 学习目标

通过本章的学习，应达到以下目标：

（1）掌握电气线路安全基本要求及其常见故障；

（2）了解电气线路巡视检查内容；

（3）掌握用电设备的环境条件和外壳防护等级；

（4）熟悉电动机及单相电器设备安全运行条件；

（5）掌握低压控制电器和低压保护电器的安全要求；

（6）了解变配电设备及其高压电器的安全要求。

5. 教学活动建议

搜集相关的图片及其电气线路与设备事故案例，课间播放相关视频，注重与实际相结合，以提高读者学习兴趣。

—·—+

第一节　电气线路的种类和特点

电气线路按功能划分为电力线路和控制线路。电力线路用于输送电能，控制线路用于保护和测量时的连接。

电气线路按敷设方式划分为架空线路、电缆线路和室内配电线路。

一、架空线路

凡是挡距超过25m，利用杆塔敷设的高、低压电力线路为架空线路。其主要用于输送电能。架空线路成本低，投资少，安装容易，维护和检修方便，容易发现和排除故障。但易受环境影响，一旦发生断线或倒杆事故，可能引发次生灾害；同时架空线路占用地面和空间，有碍交通和整体美化。

架空线路主要由导线、电杆（杆塔）、绝缘子、横担、金具、拉线及基础等组成。

导线是架空线路的主体，用来传输电流、输送电能。导线应具有良好的导电性能、绝缘性能、防腐性，并具有一定的机械强度，要求质量轻，使用寿命长。按导线材料划分为铜导线、铝导线和钢导线。铜导线导电性能好，机械强度高，耐腐蚀，但价格贵。铝导线质轻价廉，在可以以铝代铜的场合应优先采用。钢导线机械强度高，价廉，导电性差，功率损耗大，易生锈，主要用作避雷线，但必须镀锌。按导线结构划分为裸导线和绝缘导线。

电杆（杆塔）是导线及其附属的横担、绝缘子等的支柱。常见的电杆有木电杆、水泥电杆、金属杆塔。电杆按其在架空线路中的地位和功能划分为直线杆（中间杆）、分段杆（耐张杆）、分支杆、转角杆、终端杆、跨越杆等。直线杆位于线路的直线段上，仅用作支持导线、绝缘子和金具，以及承受线路侧面的风力。耐张杆位于线路直线段上的几个直线杆之间，在断线事故或架线时紧线的情况下，能承受一侧导线的拉力。跨越杆位于线路横穿铁路、公路、河流处，是高大、加强的耐张型杆。转角杆位于线路改变方向的地方，承受两侧导线的合力。终端杆位于导线的首端和终端，能承受线路方向的全部导线的拉力。分支杆位于线路的分支处。

绝缘子通常由玻璃或陶瓷制成，用来支撑和固定导线，并保证导线与横担、电杆、大地间的绝缘。因此要求绝缘子必须具有足够的电气绝缘强度和机械强度。常用的有针式绝缘子、蝴蝶式绝缘子、悬式绝缘子、拉线绝缘子。

横担安装在电杆的上部，用于安装绝缘子以固定导线。横担有铁横担、木横担和瓷横担。从保护环境和经久耐用看，现在普遍采用的是铁横担和瓷横担，一般不用木横担。瓷横担具有良好的电气绝缘性能，一旦发生断线故障时它能相应的转动，以避免事故的扩大。瓷横担结构简单、安装方便、便于维护，在10kV及以下的高压架空线路中广泛应用。但瓷横担脆而易碎，在运输和安装中要注意。

拉线用于平衡电杆所受到的不平衡作用力，并可抵抗风压防止电杆倾倒。拉线必须具有足够的机械强度并要保证拉紧。在受力不平衡的转角杆、分段杆、终端杆上需装设拉线。

金具是用于安装和固定导线、横担、绝缘子、拉线等的金属附件。常用的金具有圆形抱箍、带凸抱箍、支撑扁铁、穿心螺栓、横担垫铁、花篮螺丝等。

杆塔基础是将杆塔固定在地面上，以保证杆塔不发生倾斜、倒塌、下沉等事故的设施。

架空线路上需装设避雷线，一般悬挂于杆塔顶部，并通过接地线与接地体相连接。当雷云放电雷击线路时，因避雷线位于导线的上方，雷首先击中避雷线，并借以将雷电流通过接地体泄入大地，从而减少雷击导线的概率，保护线路绝缘免遭雷电过电压的破坏，起到防雷保护的作用，保证线路安全运行。一般只有 110kV 以上的电压等级线路才全线架设，其材料常采用镀锌钢绞线。

架空线路的敷设应严格遵守有关技术规程和操作规程，严格保证工程质量，竣工后必须严格按规定进行检查验收。架空线路的敷设应综合考虑运行、施工、交通条件和路径长度等因素。架空线路应沿道路平行架设，避免通过行人、车辆、起重机械等频繁活动的地区及露天堆放场而导致交通与人行困难。减少与其他设施的交叉或跨越建筑物，并与建筑物保持一定的距离。避免低洼积水、多尘、有腐蚀性化学气体的场所及有爆炸物和可燃流体的生产厂房、仓库、贮罐等场所。与工厂及城镇规划、环境美化、网络改造等协调配合，并适当考虑今后的发展。

二、电缆线路

同架空线路一样，电力电缆主要用于传输和分配电能。此外，它也可作为各种电气设备间的连接线。与架空线路相比较，电力电缆的主要优点是：受外界因素（如雷电、风害、鸟害等）的影响小，所以它的供电可靠性高；电力电缆是埋入地下的，工程隐蔽，所以对市容环境影响较少，即使发生事故，一般也不会影响人身安全；电缆电容较大，可改善线路功率因数。其缺点是：成本高，一次性建设投资大，电缆线路的投资约为同电压等级架空线路的 4 倍；线路分支困难；故障点较难发现，不便及时处理事故；电缆接头施工工艺复杂。

电缆线路主要由电力电缆、电缆中间接头、电缆终端头等组成。电缆终端头和中间接头是电缆线路的薄弱环节。根据我国各地电缆事故统计，约 70% 的事故发生在终端头和中间接头上。由此可见，确保电缆接头的质量，对电缆线路的安全运行意义重大。

电力电缆的基本结构由线芯（导体）、绝缘层、屏蔽层和保护层等组成。线芯是电力电缆的导电部分，用来输送电能。绝缘层是将线芯与大地以及不同相的线芯间在电气上彼此隔离，保证电能输送。15kV 及以上的电力电缆一般都有导体屏蔽层和绝缘屏蔽层。保护层的作用是保护电力电缆免受外界杂质和水分的侵入，防止外力直接损坏电力电缆。

电缆按绝缘材料划分为油浸纸绝缘电力电缆、塑料绝缘电力电缆、橡皮绝缘电力电缆。

油浸纸绝缘电力电缆是以油浸纸作绝缘的电力电缆。由于其安全性能差，现已停止生产。

塑料绝缘电力电缆是绝缘层为挤压塑料的电力电缆。常用的材料有聚氯乙烯、聚乙烯、交联聚乙烯。塑料电缆结构简单，制造加工方便，质量轻，敷设安装方便，不受敷设落差限制，广泛应用于中低压电缆。

橡皮绝缘电力电缆是绝缘层为橡胶加上各种配合剂，经过充分混炼后挤包在导电线芯上，经过加温硫化而成。它柔软，富有弹性，适合于移动频繁、敷设弯曲半径小的场合。

电缆可直接埋地敷设；也可安装在电缆沟内、排管内、地下隧道内、建筑物内部墙上或天棚内；也有用电缆桥架敷设的。确定敷设方式时一般要考虑城市发展规划、现有建筑物的密度、电缆线路的长度、敷设电缆的条件及其周围环境的影响等。

三、室内配线

室内配线是指敷设在室内电器设备的供电和控制线路。室内配线有明线安装和暗线安装两种。明线安装是指导线沿墙壁、天花板、梁及柱子等表面敷设的安装方法。暗线安装是指导线穿管埋设在墙内、地下、顶棚里的安装方法。室内配线的主要方式有槽板配线、护套线配线、电线管配线等。照明线路中常用的是槽板配线和护套线配线，动力线路中常用的是护套线配线和电线管配线。

第二节　电气线路常见故障及防护

电气线路故障可能导致触电、火灾、停电等多种事故。

一、架空线路故障及防护

架空线路敞露在大气中，容易受到气候、环境条件等因素的影响。其故障主要源于以下几个方面：

（1）当风力超过杆塔的稳定度或机械强度时，将使杆塔歪倒或损坏。超风速情况下固然可以导致这种事故，但如杆塔锈蚀或腐朽，正常风力也可能导致这种事故。大风还可能导致混线及接地事故。

（2）降雨可能造成停电或倒杆事故。毛毛细雨能使脏污的绝缘子发生闪络，造成停电；倾盆大雨可能导致山洪暴发冲倒电杆。

（3）线路遭受雷击，可能使绝缘子发生闪络或击穿。

（4）在严寒的雨雪季节，导线覆冰将增加线路的机械负载，增大导线的弧垂，导致导线高度不够；覆冰脱落时，又会导致导线跳动，造成混线。

（5）严冬季节，导线收缩将增加导线的拉力，可能拉断导线；高温季节，导线将因温度升高而松弛，弧垂加大可能导致对地放电。

（6）大雾天气可能造成绝缘子闪络。

（7）鸟类筑巢、树木成长、邻近的开山采石或工程施工、风筝及其他抛物均可能造成线路短路或接地。

（8）厂矿生产过程中排放出来的烟尘和有害气体会使绝缘子的绝缘水平显著降低，以致在空气湿度较大的天气里发生闪络事故；在木杆线路上，因绝缘子表面污秽，泄漏电流增大，会引起木杆、木横担燃烧事故；有些氧化作用很强的气体会腐蚀金属杆塔、导线、避雷线和金具。

（9）污闪事故。污闪事故是由于绝缘子表面脏污引起的。一般灰尘容易被雨水冲洗掉，对绝缘性能的影响不大。但是，化工、水泥、冶炼等厂矿排放出来的烟尘和废气中含有的氧化硅、氧化硫、氧化钙等氧化物，沿海地区大气中含有的氯化钠，对绝缘子危害极大。

针对架空线路故障采取以下防护措施：

（1）为了防止倒杆断线，对电杆要加强维护，不要在电线杆附近挖土和在电线杆上拴牲畜。

（2）架空电线穿过通航河流、公路时，应加装警示牌，以引起通行车、船注意安全。

（3）架空线路不应跨越屋顶为燃烧材料的建筑物。

（4）架空线与甲类物品库房、可燃易燃液体贮罐、可燃助燃气体贮罐、易燃材料堆场等的防火间距，不应小于电杆高度的 1.5 倍；与散发可燃气体的甲类生产厂房的防火间距，不应小于 30m。

（5）平时对电气线路附近的树木要及时修剪，以保持足够的安全距离，防止树枝拍打电线而引起事故。

（6）架空线路的边导线与建筑物之间的距离，导线与树木之间的垂直、净空距离，架空配电线路的导线与导线之间的距离，必须符合有关安全规定。

二、电缆线路故障及防护

就现象而言，电缆故障包含机械损伤、铅皮（铝皮）龟裂、胀裂、终端头污闪、终端头或中间接头爆炸、绝缘击穿、金属护套腐蚀穿孔等。就原因而言，电缆故障包含外力破坏、化学腐蚀或电解腐蚀、雷击、水淹、虫害、施工不妥、维护不当等。电缆常见故障和防护方法如下：

（1）由于外力破坏的事故占电缆事故的 50%。为了防止这类事故，应加强对横穿河流、道路的电缆线路和塔架上电缆线路的巡视和检查；在电缆线路附近开挖地面时，应采取有效的安全措施。

（2）由于管理不善或施工不良，电缆在运输、敷设过程中可能受到机械损伤；运行中的电缆，特别是直埋电缆，可能由于地面施工或小动物（主要是白蚁）啮咬受到机械损伤。对此，应加强管理、保证敷设质量、做好标记、保存好施工资料、严格执行破土动工制度、喷洒灭蚁药剂等。

（3）由于施工、制作质量差或弯曲、扭转等机械力的作用，可能导致电缆终端头漏油。对此，应严格控制施工质量，并加强巡视。

（4）由于检查不严、安装不良（如过分弯曲、过分密集等）、环境条件太差（如环境温度太高等）、运行不当（如过负荷、过电压等），运行中的电缆可能发生绝缘击穿、铅包发生疲劳、龟裂、胀裂等损伤。对此，除针对以上原因采取措施外，还应加强巡视，发现问题及时处理。

（5）由于地下杂散电流和非中性物质的作用，电缆可能受到电化学腐蚀或化学腐蚀。电化学腐蚀是由于直流机车及其他直流装置经大地流通的电流造成的；化学腐蚀是由于土壤中的酸、碱、氯化物、有机体腐烂物、炼铁炉灰渣等杂物造成的。对此，可采取将电缆涂以沥青，将电缆装于保护管内等措施予以预防；电缆与直流机车轨道平行时，应保持2m以上的距离或采取隔离措施；应定期挖开泥土，查看其受到腐蚀情况。

（6）浸水、导体连接不好、制作不良、超负荷运行、污闪等均可能导致电缆终端头或中间接头爆炸。对此，应针对不同原因采取适当措施，并加强检查和维修。

三、室内配电线路故障及防护

室内配电线路常见故障有短路故障、断线故障、过载故障、接地故障、高次谐波电流过载故障，以及线路的连接部分过热故障或火花电弧放电故障等。针对上述故障在配线时应采取以下防护措施：

（1）配线时应注意导线的额定电压应大于线路的工作电压。导线的截面应满足供电安全电流和机械强度的要求。导线的绝缘应符合线路的安装方式和敷设环境的条件。

（2）配线时应尽量避免导线接头。必须有接头时，应采用压接和焊接，并用绝缘胶布将接头缠好。穿在管内的导线不允许有接头，尽可能把接头放在接线盒内。

（3）配线时应水平或垂直敷设。水平敷设时，导线距地面不小于2.5m；垂直敷设时，导线距地面不小于2m。否则，应将导线穿在钢管内加以保护，以防机械损伤。同时所配线路要便于检查和维修。

（4）当导线穿过楼板或穿墙时，应设钢管加以保护。当导线互相交叉时，为避免碰线，在每根导线上均应套塑料管或其他绝缘管，并将套管固定紧，以防其发生移动。

四、线路故障原因分析

（一）绝缘损坏

绝缘损坏后依据损坏的程度可能出现以下两种情况：

（1）短路。绝缘完全损坏将导致短路。短路时流过线路的电流增大为正常工作电流的数倍到数十倍，而导线发热量又与电流的平方成正比，以致发热量急剧增加，短时间即可能起火燃烧。如短路时发生弧光放电，高温电弧可能烧伤邻近的工作人员，也可能直接引起燃烧。此外，在短路状态下，一些裸露导体将带有危险的故障电压，可能给人以致命的电击。

（2）漏电。如绝缘未完全损坏，将导致漏电。漏电是电击事故最多见的原因之一。一方面，漏电处局部发热，局部温度过高可能直接导致起火，亦可能使绝缘进一步损坏，形成短路，由短路引起火灾。另一方面，如果导体接地，由于接地电流与短路电流相差甚远，虽然线路不致由接地电流产生的热量引燃起火，但接地处的局部发热和电弧可导致起火燃烧。

线路绝缘可由多种方式导致损坏。例如，雷击等过电压的作用可使绝缘击穿而受到破坏；线路过长时间的使用绝缘将因老化而失去原有的电气性能和机械性能；由于内部原因或外部原因长时间过热、化学物质的腐蚀、机械损伤和磨损、受潮发霉、恶劣的自然条件、小动物或昆虫的啮咬以及操作人员不慎损伤均可能使绝缘遭到破坏。此外，导电性粉尘或纤维沉积在绝缘体表面上将破坏其表面绝缘性能而导致漏电或短路；胶木绝缘受电弧作用后，其表面可能发生炭化，并由此导致新的更为强烈的弧光短路。

（二）接触不良

电气连接部位包括导体间永久性的连接（如焊接）、可拆卸连接（如导线与接线端子的螺栓连接）和工作性活动连接（如各种电器的触头）。连接部位是电气线路的薄弱环节。如连接部位接触不良，则接触电阻增大，必然造成连接部位发热，产生危险温度，构成引燃源。如连接部位松动，则可能放电打火，构成引燃源。

铜导体与铝导体的连接，如没有采用铜铝过渡接头，经过一段时间使用之后，很容易成为引燃源。铜导体与铝导体直接连接容易起火的原因如下：

（1）铝导体表面的氧化膜。铝导体在空气中数秒钟之内即能形成厚 $3 \sim 6 \mu m$ 的高电阻氧化膜。氧化膜将大幅度提高接触电阻，使连接部位发热，产生危险温度。接触电阻过大还造成回路阻抗增加，减小短路电流，延长短路保护装置的动作时间甚至阻碍短路保护装置动作。这也将增大火灾的危险性。

（2）铜和铝的热胀系数不同。铝的热胀系数较铜的大 36%，发热时使铝端子增大而本身受到挤压，冷却后不能完全复原。经多次反复后，连接处逐渐松弛，接触电阻增加；如连接处出现微小缝隙，则遇空气进入，将导致铝导体表面氧化，接触电阻大大增加；如连接处的缝隙进入水分，将导致铝导体电化学腐蚀，接触状态将急剧恶化。

（3）铜和铝的化学性能不同。铝为 3 价元素，铜为 2 价元素。因此，当有水分进入铜、铝之间的缝隙时，将发生电解，使铝导体腐蚀，必然导致接触状态迅速恶化。

（4）氯化氢的产生。当温度超过 $75\ ℃$，且持续时间较长时，聚氯乙烯绝缘将分解出氯化氢气体。这种气体对铝导体有腐蚀作用，从而增大接触电阻。

因此，在潮湿场所或室外，铝导体与铜导体不能直接连接，而必须采用铜铝过渡接头。

（三）过载

过载将使绝缘加速老化。如过载太多或过载时间太长，将造成导线过热，引发引燃危险。此外，过载还会增大线路上的电压损失。过载的主要原因有两个方面，一方面是使用者私自接用大量用电设备造成过载；另一方面是设计者没有充分考虑发展的需要，裕量太小而造成的过载。

（四）断线

断线可能造成接地、混线、短路等多种事故。导线断落在地面或接地导体上可能导致电击事故。导线断开或拉脱时产生的电火花以及架空线路导线摆动、跳动时产生的电火花均可能引燃邻近的可燃物起火燃烧。此外，三相线路断开一相将造成三相设备不对称运行，可能烧坏设备；中性线断开也可能造成负载三相电压不平衡，并烧坏用电设备。

（五）间距不足

线路安装中最为多见的问题是间距不足。间距不足可能导致碰撞短路、电击、漏电等事故，间距不足还妨碍正常操作。间距不足的事故主要是以下三方面原因造成的：一是施工质量差，没有严格地按照规范设计和安装；二是运行维护不当或长时间不维护检修；三是某些人员不顾原有的电气装备，违反规程，冒险施工。

（六）保护导体带电

保护导体带电除可能导致电气设备外壳带电外，还可能引发火灾的危险性。在下列情况下，保护导体可能带电：

（1）接地方式与接零方式混合使用，且接地的设备漏电。

（2）保护导体（包括 PE 线和 PEN 线）断开（或接触不良），且后方有接地的设备漏电。

（3）TN-C 系统中保护导体（PEN 线）断开（或接触不良），且后方有不平衡负荷。

（4）保护导体（包括 PE 线和 PEN 线）阻抗太大，末端接零设备漏电。

（5）TN-C 系统中的 PEN 线阻抗较大，且不平衡负荷太大。

（6）TN-S 系统中，单相负荷接在相线和 PE 线上。

（7）某一相线故障接地。

（8）某一相线经负载接地。

（9）保护导体与其他系统的保护导体连通，其他系统的保护导体带电。

（七）过热

过热是电气线路的常见故障，但线路过热可能是多种原因造成的。例如，线路过载、接触不良、线路散热条件被破坏、运行环境温度过高、短路、漏电、三相电动机堵转、三相电动机缺相运行、电动机过于频繁地起动等不安全状态均可能导致线路过热。

第三节 电气线路安全要求

电气线路不仅要满足供电可靠性、经济指标、维修管理方便的要求，还必须满足各项安全要求。本节主要介绍安全要求。应该指出，这些安全要求对于保证电气线路运行的可靠性及其他要求在不同程度上也是满足的。

一、导电能力

导线的导电能力包含发热、电压损失和短路电流三方面的要求。

（一）发热条件

为防止线路过热，保证线路正常工作，橡皮绝缘线、塑料电缆运行最高温度不得超过65℃；裸导线、塑料绝缘线运行最高温度不得超过70℃；铅包或铝包电缆运行最高温度不得超过80℃。

（二）电压损失

电压损失是受电端电压与供电端电压之间的压差。电压损失太大，不但用电设备不能正常工作，而且可能导致电气设备和电气线路发热。

电压太高将导致电气设备的铁心磁通增大和照明线路电流增大；电压太低可能导致接触器等吸合不牢，吸引线圈电流增大；对于恒功率输出的电动机，电压太低也将导致电流增大；过低的电压还可能导致电动机堵转。以上这些情况都将导致电气设备损坏和电气线路发热。

我国有关标准规定，对于供电电压，10kV 及以下动力线路的电压损失不得超过额定电压的±7%，低压照明线路和农业用户线路的不得超过-10%~+7%。

（三）短路电流

为了短路时速断保护装置能可靠动作，短路时必须有足够大的短路电流。这也要求导线截面不能太小。另一方面，由于短路电流很大，导线应能承受短路电流的冲击而不被破坏。

二、机械强度

运行中的导线将受到自重、风力、热应力、电磁力和覆冰重力的作用。因此，必须保证足够的机械强度。按照机械强度的要求，架空线路导线最小截面积不得小于表7-1所列数值；低压配线最小截面积不得小于表7-2所列数值。

表7-1　架空线路导线最小截面积　　　　　　　　　　　　　（mm²）

类　别	铜	铝及铝合金	铁
单股	6	10	6
多股	6	16	10

表7-2　低压配线的最小截面积　　　　　　　　　　　　　（mm²）

类　别		最小截面积		
		铜芯软线	铜线	铝线
移动式设备 电源线	生活用	0.2	—	—
	生产用	1.0	—	—
吊灯引线	民用建筑，户内	0.4	0.5	1.5
	工业建筑，户内	0.5	0.8	2.5
	户外	1.0	1.0	2.5
支点间距离为 d 的 支持件上的绝缘导线	$d \leqslant 1m$，户内	—	1.0	1.5
	$d \leqslant 1m$，户外		1.5	2.5
	$d \leqslant 2m$，户内		1.0	2.5
	$d \leqslant 2m$，户外		1.5	2.5
	$d \leqslant 6m$，户内		2.5	4
	$d \leqslant 6m$，户外		2.5	6
接户线	$\leqslant 10m$	—	2.5	6
	$\leqslant 25m$		4	10
穿管线		1.0	1.0	2.5
塑料护套线		—	1.0	1.5

应当注意，移动式设备的电源线和吊灯引线必须使用铜芯软线，而除穿管线之外，其他型式的配线不得使用软线。

三、线路间距

电气线路间距应满足防碰撞、防短路、便于操作等要求。电气线路与建筑物、树木、地面、水面、其他电气线路以及各种工程设施之间的安全距离应符合第六章中所述的间距要求。

架空线路电杆埋设深度不宜小于2m，并不宜小于杆高的1/6。

接户线和进户线的故障比较多见。安装低压接户线应当注意以下各项间距要求：

（1）如下方是交通要道，接户线离地面最小高度不得小于6m；在交通困难的场合，接户线离地面最小高度不得小于 3.5m。

（2）接户线不宜跨越建筑物，必须跨越时，离建筑物最小高度不得小于 2.5m。

（3）接户线离建筑物突出部位的距离不得小于 0.15m、离下方阳台的垂直距离不得小于 2.5m、离下方窗户的垂直距离不得小于 0.3m、离上方窗户或阳台的垂直距离不得小于 0.8m、离窗户或阳台的水平距离也不得小于 0.8m。

（4）接户线与通信线路交叉，接户线在上方时，其间垂直距离不得小于 0.6m；接户线在下方时，其间垂直距离不得小于 0.3m。

（5）接户线与树木之间的最小距离不得小于 0.3m。

如不能满足上述距离要求，须采取其他防护措施。

除以上安全距离的要求外，还应注意接户线长度一般不超过 25m；接户线应采用绝缘导线；接户线不宜从变压器台电杆引出，由专用变压器附杆引出的接户线应采用多股导线；接户线与配电线路之间的夹角达到 45°时，配电线路的电杆上应安装横担；接户线不得有接头。

四、导线连接

导线接头接触不良或松脱会增大接触电阻，致使接头过热从而烧毁绝缘，还可能产生火花，甚至酿成火灾和触电事故。因此要求接头务必牢靠、紧密，接头的机械强度不应低于导线机械强度的 80%；接头的绝缘强度不应低于导线的绝缘强度；接头部位的电阻不得大于原线段电阻的 1.2 倍。通常情况下尽可能减少导线的接头，接头过多的导线不宜使用。铜、铝导体连接采用铜铝过渡接头。

五、线路绝缘

电气线路的绝缘应满足防电击、防火、耐腐蚀、耐机械损伤等要求。

六、线路防护

电气线路对酸、碱、盐、温度、湿度、灰尘、火灾和爆炸等外界因素应具有足够的防护能力。因此在特别潮湿环境应采用硬塑料管配线或针式绝缘子配线；在高温环境应采用电线管或焊接钢管配线；在多尘（非爆炸性粉尘）环境应采用各种管配线；在腐蚀性环境应采用硬塑料管配线；在火灾危险环境应采用电线管或焊接钢管配线；在爆炸危险环境应采用焊接钢管配线。

七、线路管理与巡视检查

电气线路应备有必要的资料和文件，如施工图、实验记录等。要建立巡视、检查、清扫、维修等制度。对临时线应建立相应的管理制度，装设临时线必须首先考虑安全问题，满足基本安全要求。临时架空线离地面高度不得低于 4~5m，离建筑物和树木的距离不得小于 2m，长度一般不超过 500m，必要的部位应采取屏护措施。

巡视检查是运行维护的基本内容之一。通过巡视检查可及时发现缺陷，以便采取防范措施，保障线路的安全运行。巡视人员应将发现的缺陷记入记录本内，并及时报告上级。

（一）架空线路巡视检查

架空线路巡视分为定期巡视、特殊巡视和故障巡视。定期巡视是日常工作内容之一。10kV 及 10kV 以下的线路，至少每季度巡视一次。特殊巡视是运行条件突然变化后的巡视，如雷雨、大雪、重雾天气后的巡视，地震后的巡视等。故障巡视是发生故障后的巡视，巡视中一般不得单独排除故障。

架空线路巡视检查主要包括以下内容：

（1）沿线路的地面是否堆放有易燃、易爆或强烈腐蚀性物质；沿线路附近有无危险建筑物，有无在雷雨或大风天气可能对线路造成危害的建筑物及其他设施；线路上有无树枝、风筝、鸟巢等杂物。如有应设法清除。

（2）电杆有无倾斜、变形、腐朽、损坏及基础下沉等现象；横担和金具是否移位、固定是否牢固、焊缝是否开裂、是否缺少螺母等。

（3）导线和避雷线有无断股、腐蚀外力破坏造成的伤痕；导线接头是否良好、有无过热、严重氧化、腐蚀痕迹；导线对地、邻近建筑物或邻近树木的距离是否符合要求。

（4）绝缘子有无破裂、脏污、烧伤及闪络痕迹；绝缘子串偏斜程度、绝缘子铁件损坏情况如何。

（5）拉线是否完好、是否松弛、绑扎线是否紧固、螺丝是否锈蚀等。

（6）保护间隙（放电间隙）的大小是否合格；避雷器瓷套有无破裂、脏污、烧伤及闪络痕迹，密封是否良好，固定有无松动；避雷器上引线有无断股、连接是否良好；避雷器引下线是否完好、固定有无变化、接地体是否外露、连接是否良好。

（二）电缆线路巡视检查

电缆线路的定期巡视一般每季度一次；户外电缆终端头每月巡视一次。电缆线路巡视检查主要包括以下内容：

（1）直埋电缆。线路标桩是否完好；沿线路地面上是否堆放矿渣、建筑材料、瓦砾、垃圾及其他重物，有无临时建筑；线路附近地面是否开挖；线路附近有无酸、碱等腐蚀性排放物，地面上是否堆放石灰等可构成腐蚀的物质；露出地面的电缆有无穿管保护，保护管有无损坏或锈蚀，固定是否牢固；电缆引入室内处的封堵是否严密；洪水期间或暴雨过后，巡视附近有无严重冲刷或塌陷现象等。

（2）沟道内的电缆线路。沟道的盖板是否完整无缺；沟道是否渗水、沟内有无积水、沟道内是否堆放有易燃易爆物品；电缆铠装或铅包有无腐蚀，全塑电缆有无被老鼠啮咬的痕迹；洪水期间或暴雨过后，巡视室内沟道是否进水、室外沟道泄水是否畅通等。

（3）电缆终端头和中间接头。终端头的瓷套管有无裂纹、脏污及闪络痕迹，充有电缆胶（油）的终端头有无溢胶（漏油）现象；接线端子连接是否良好，有无过热迹象；接地线是否完好、有无松动；中间接头有无变形、温度是否过高等。

（4）明敷的电缆。沿线的挂钩或支架是否牢固；电缆外皮有无腐蚀或损伤；线路附近是否堆放有易燃、易爆或强烈腐蚀性物质等。

第四节　低压用电设备安全

绝大多数用电设备是低压用电设备。低压用电设备种类极多，本节所涉及的用电设备只是一些最常用的、危险性较大的低压设备，主要包括电动机、手持电动工具、照明装置等电气设备。

一、用电设备的环境条件和外壳防护等级

（一）用电环境类型

工作环境或生产厂房可按多种方式分类。按照电击的危险程度，用电环境分为三类：无较大危险的环境、有较大危险的环境和特别危险的环境。

1. 无较大危险的环境

正常情况下有绝缘地板、没有接地导体或接地导体很少的干燥、无尘环境，属于无较大危险的环境。

2. 有较大危险的环境

下列环境均属于有较大危险的环境：

（1）空气相对湿度经常超过75%的潮湿环境。

（2）环境温度经常或昼夜间周期性地超过35℃的炎热环境。

（3）生产过程中排出工艺性导电粉尘（如煤尘、金属尘等）并沉积在导体上或进入机器、仪器内的环境。

（4）有金属、泥土、钢筋混凝土、砖等导电性地板或地面的环境。

（5）工作人员同时接触接地的金属构架、金属结构等，又接触电气设备金属壳体的环境。

3. 特别危险的环境

下列环境均属于特别危险的环境：

（1）室内天花板、墙壁、地板等各种物体都潮湿，空气相对湿度接近100%的特别潮湿的环境。

（2）室内经常或长时间存在腐蚀性蒸气、气体、液体等化学活性介质或有机介质的环境。

（3）具有两种及两种以上有较大危险环境特征的环境。

（二）电气设备外壳防护等级

电机和低压电器的外壳防护包括两种防护。第一种防护是对固体异物进入内部的防护以及对人体触及内部带电部分或运动部分的防护；第二种防护是对水进入内部的防护。根据 GB 4208—2008 标准，外壳防护等级按如图 7-1 所示方法标志：第一位数字表示第一种防护型式等级；第二位数字表示第二种防护型式等级。仅考虑一种防护时，另一位数字用"X"代替。前附加字母是电机产品的附加字母，W 表示气候防护式电机，R 表示管道通风式电机；后附加字母也是电机产品的附加字母，S 表示在静止状态下进行第二种防护型式试验的电机，M 表示在运转状态下进行第二种防护型式试验的电机。如无需特别说明，附加字母可以省略。

其中第一种防护分 7 个防护等级，见表 7-3。

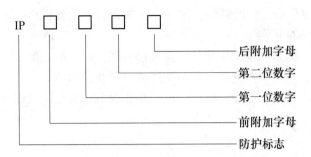

图 7-1 外壳防护等级标志示意图

表 7-3 电气设备第一种防护性能

防护等级	简 称	防 护 性 能
0	无防护	无专门的防护
1	防护直径大于 50mm 的固体	能防止直径超过 50mm 的固体异物进入壳内，防止人体某一大面积部分（手）偶然或意外触及壳内带电或运动部分（但对有意识的接触并无防护）
2	防护直径大于 12.5mm 的固体	能防止手指或类似物，直径超过 12.5mm 的固体异物进入壳体内
3	防护直径大于 2.5mm 的固体	能防止直径大于 2.5mm 的工具、电线等异物进入壳体内
4	防护直径大于 1.0mm 的固体	能防止直径大于 1mm 的固体异物进入壳体内
5	防尘	不能完全防止尘埃进入壳体内，但进入量不会妨碍设备正常运行
6	尘密	无尘埃进入

第二种防护分 9 个防护等级，见表 7-4。

表 7-4 电气设备第二种防护性能

防护等级	简 称	防 护 性 能
0	无防护	无专门的防护
1	防滴	垂直滴水无有害影响
2	15°防滴	设备与垂直线成 15°角以内时，垂直滴水无有害影响
3	防淋水	与垂直线成 60°角以内的淋水无有害影响
4	防溅水	任何方向溅水无有害影响
5	防喷水	任何方向冲水无有害影响
6	防海浪	猛烈海浪或强烈喷水时，进入外壳水量不至于达到有害影响
7	防浸水	浸入在规定压力的水中经规定的时间后，进入外壳水量不至于达到有害影响
8	防潜水	能按制造厂规定的技术条件长期潜水

（三）单相电气设备防触电分类

按照防止触电的保护方式，单相电气设备分为以下五类：

（1）0 级电器：仅仅依靠基本绝缘来防止触电。

（2）0 Ⅰ 级电器：也是依靠基本绝缘来防止触电的，但可以有双重绝缘或加强绝缘的部件，以及在安全电压下工作的部件。这种设备的金属外壳上装有接地（零）的端子，但不提供带有保护芯线的电源线。

（3）Ⅰ级电器：除依靠基本绝缘外，还有接零或接地等附加的安全措施。

（4）Ⅱ级电器：具有双重绝缘和加强绝缘的安全防护措施。

（5）Ⅲ级电器：依靠特低安全电压供电来防止触电。Ⅲ级电器内不得产生比特低安全电压高的电压。

二、电动机

（一）电动机的分类

电动机有直流电动机和交流电动机。交流电动机分为同步电动机和异步电动机（即感应电动机），而异步电动机又分为绕线式电动机和笼型电动机。

1. 直流电动机

直流电动机的电磁机构由定子部分和转子部分组成。直流电动机的定子上装有极性固定的磁极，直流电源经整流子（换向器）接入转子（电枢），转子电流与定子磁场相互作用产生机械力矩使转子旋转。直流电动机结构复杂、成本高、维护困难，但有良好的调速性能和启动性能。

2. 交流电动机

交流电动机的种类及其工作原理和应用范围如下：

（1）同步电动机。同步电动机转子上装有极性固定的磁极。定子接通交流电源后，转子开始旋转，至转速达到同步转速（旋转磁场转速）的95%时，转子经滑环接通直流电源，电动机进入同步运转。同步电动机的结构比较复杂，制动困难，需配置变频设备调速。主要用于大中型设备。

（2）异步电动机。

1）绕线式电动机转子绕组经滑环与外部电阻器等元件连接，用以改变启动特性和调速。绕线式电动机主要用于启动、制动控制频繁和启动困难的场合，如起重机械和一些冶金机械等。

2）笼型电动机的转子是笼状绕组，结构简单，工作可靠，维护方便，但启动性能和调速性能差。笼型电动机广泛用于各种机床、泵、风机等多种机械的电力拖动，是应用最多的电动机。

（二）电动机的选用

电动机的选用原则如下：

（1）根据环境条件，选用相应防护等级的电动机。例如，多尘、水土飞溅或火灾危险场所应选用封闭电动机，爆炸危险场所应选用防爆型电动机等。

（2）电动机的功率必须与生产机械负荷的大小及其持续和间断的规律相适应。

（3）根据负荷的启、制动及调速要求，选用相应类型的电动机。

（三）电动机的故障

电动机的故障原因如下：

（1）三相电动机缺一相运行。会造成启动电流大，转速降低，机体振动，发出嗡嗡声，长期运行烧毁绕组。

（2）三相电动机两相一零运行。这是一种十分危险的运行方式。三相电动机两相一零运行是由于一条相线与接向金属外壳的保护零线接错造成的。这时电动机外壳带电，触电危险性很大。如果负载转矩不大，接通电源时，电动机仍能正向启动；运行时转速变化很小，异常声音也不明显。正因为如此，这种故障状态可能给人以错觉，使人忽略电动机外壳带电的危险。

（3）电动机过载。表现为：电动机定子过电流；电动机整体或局部过热；电动机发出不正常的嗡嗡声；电动机转速明显下降；电动机及其所带负载发生不应有的振动；绕线式异步电动机电刷火花较大。

电动机或其控制电器内起火冒烟、剧烈振动、温度超过允许值并继续上升、转速突然明显下降、三相电动机缺相运行、电动机内发出撞击声或其控制电器、被拖动机械严重故障时，应停止运行。

（四）电动机安全运行条件

电动机安全运行条件如下：

（1）运行参数。电动机的电压、电流、频率、温升等运行参数应符合要求。电压波动不得超过-5%~10%，电压不平衡不得超过5%，电流不平衡不得超过10%。当环境温度 T 为35℃时，电动机的允许温升见表7-5。环境温度 T 低于35℃时，电动机功率可增加（35-T)%，但最多不得超过10%；环境温度 T 高于35℃时，电动机功率应降低（T-35)%。

表 7-5　电动机允许温升　　　　　　　　　　　　　（℃）

部　位	绝缘等级					测量方法
	A	E	B	F	H	
绕组	70	85	95	105	130	电阻法
铁心	70	85	95	105	130	温度计法
滑环			70			温度计法
滚动轴承			80			温度计法
滑动轴承			45			温度计法

（2）绝缘。电动机的各项绝缘指标应符合第六章要求，其绝缘电阻参见表7-6。

表 7-6　电动机绝缘电阻允许值

额定电压/V	6000			<500			≤42		
绕组温度/℃	20	45	75	20	45	75	20	45	75
交流电动机定子绕组/MΩ	25	15	6	3	1.5	0.5	0.15	0.1	0.05
绕线式转子绕组和滑环/MΩ	—	—	—	3	1.5	0.5	0.15	0.1	0.05
直流电动机电枢绕组和换向器/MΩ	—	—	—	3	1.5	0.5	0.15	0.1	0.05

（3）保护。电动机的保护应当齐全。用熔断器保护时，熔体额定电流应取为异步电动机额定电流的1.5倍（减压启动）或2.5倍（全压启动）。用热继电器保护时，热元件的电流应为电动机的额定电流的1.0~1.5倍。

（4）检修和保养。电动机应定期进行检修和保养工作。日常检修工作包括清除外部灰尘和油污。检查轴承并换补润滑油，检查润滑油、滑环和整流子并更换电刷，检查接地（零）线，紧固各螺丝，检查引出线连接和绝缘，检查绝缘电阻等。

（5）外观。电动机应保持主体完整、零附件齐全、无损坏并保持清洁。

（6）资料。除原始技术资料外，还应建立电动机运行记录、试验记录、检修记录等资料。

三、单相电气设备

单相电气设备包括照明设备、家用电器、小型电动工具、小电炉及其他小型电气设备。统计资料表明，单相设备上的触电事故及其他事故都多，因此，要特别重视单相电气设备的安全措施。

（一）通用安全要求

通用安全要求如下：

（1）防触电措施。单相电气设备的安装、使用应保持三相负荷的平衡。单相系统的工作零线应与相线的截面积相同。设备的安装、维护应由专业人员进行，严禁乱接乱拉。

（2）防火措施。电炉、灯泡、日光灯镇流器等电器应避开易燃物，周围通风良好。各种单相电气设备的温度和温升不得超过允许值。对运行中的单相设备，应经常检查和清扫，不能让单相设备带故障运行。不论是长时使用还是短时使用的单相设备，用完后应及时切断电源。电炉、电熨斗、电烙铁等温度高、热容量大的电器必须静置一段时间，待冷却后再予包装收藏。导线接头应始终保持接触紧密，固定连接处不得松动。

（二）电气照明

按光源的性质，电气照明分为热辐射光源（如白炽灯、碘钨灯等）和气体放电光源照明（如日光灯、高压汞灯等）。就照明功能而言，电气照明可分为工作照明和事故照明（包括应急照明）。工作照明又分为用于整个场地的一般照明和用于工作场地的局部照明。一般照明的电源采用220V电压，但若灯具达不到要求的最小高度时，应采用36V安全电压。凡有较大危险的环境里的局部照明灯和手持照明灯（行灯），应采用36V或24V安全电压。在金属容器内、水井内、特别潮湿的地沟内等特别危险环境中使用的手持照明灯，应采用12V安全电压。

在爆炸危险环境、中毒危险环境、火灾危险性较大的环境及手术室之类一旦停电即关系到人身安危的环境、500人以上的公共环境、一旦停电使生产受到影响会造成大量废品的环境等都应该有事故照明（至少应有应急照明）。事故照明线路不能与动力线路或照明线路合用，而必须有单独的供电线路。

电气照明设备的安装应满足如下安全要求：

（1）应根据环境条件选用适当防护型式的照明装置。

（2）为了安全，应采用带电部分不暴露在外的螺口灯座。为了防止火灾，除敞开式灯具外，凡100W及其以上的照明器应采用瓷灯座。从安全角度考虑，灯座不宜带有开关或插座。

（3）户内吊灯灯具高度一般不应小于2.5m。

（4）灯具安装应牢固可靠。

（5）照明灯具、日光灯镇流器等发热元件不能紧贴可燃物安装。

（6）灯具若带电金属件、金属吊管和吊链应采取接零（或接地）措施。

（7）每一照明支路上熔断器熔体的额定电流不应超过 15～20A，每一照明支路上所接的灯具，室内原则上不超过 20 盏（插座应按灯计入），室外原则上不超过 10 盏（节日彩灯除外）。

（8）照明配线应采用额定电压 500V 的绝缘导线。

（9）照明线路应避开暖气管道，其间距离不得小于 30cm。

（10）配电箱内单相照明线路的开关必须采用双极开关；照明器具的单极开关必须装在相线上。

（11）照明线路的相线和工作零线上都应装有熔断器。

（12）单相插座遵循"上相（L）下零（N）、右相（L）左零（N）"的原则。

（三）手持电动工具和移动式电气设备

手持电动工具包括手电钻、手砂轮、冲击电钻、电锤、手电锯等。移动式设备包括蛙夯、振捣器、水磨石磨平机、电焊机等电气设备。使用手持电动工具应当注意以下安全要求：

（1）工具的额定使用条件应与实际使用条件相适应。工具的各部件及连接处应完好、牢固。

（2）电源线应采用橡皮绝缘软电缆。电缆不得有破损或龟裂，中间不得有接头。

（3）绝缘电阻合格，带电部分与可触及导体之间的绝缘电阻 Ⅰ 类设备不低于 2MΩ，Ⅱ 类设备不低于 7MΩ。

（4）Ⅱ 类和 Ⅲ 类手持电动工具修理后，不得降低原设计确定的安全技术指标。

（5）电动工具用毕后，应及时切断电源，并妥善保管。

（四）交流弧焊机

交流弧焊机使用时应注意以下安全事项：

（1）安装前应检查弧焊机是否完好；绝缘电阻是否合格（一次侧绝缘电阻不应低于 1MΩ，二次侧绝缘电阻不应低于 0.5MΩ）。

（2）弧焊机应与安装环境条件相适应，并应安装在干燥、通风良好处。

（3）弧焊机一次侧额定电压与电源电压相符合，接线应正确，应经端子排接线。

（4）弧焊机一次侧熔断器熔体的额定电流略大于弧焊机的额定电流即可。

（5）二次侧导线长度一般不应超过 20～30m，否则，应验算电压损失。

（6）弧焊机外壳应当接零（或接地）。

（7）弧焊机二次侧焊钳连接线不得接零（或接地）、二次侧的另一条线也只能一点接零（或接地），以防止部分焊接电流经其他导体构成回路。

（8）移动焊机必须停电进行。

第五节　低压电器

一、低压电器的分类

电器是指能自动或手动接通和断开电路，对电路进行切换、控制、保护、检测、调节的元件。凡交流 1000V 及以下与直流 1200V 及以下电路中起通断、控制、保护和调节作用的均属于低压电器。

低压电器可分为控制电器和保护电器。控制电器主要用来接通和断开线路，以及用来控制用电设备。如：刀开关、低压断路器、减压启动器、电磁启动器等。保护电器主要用来获取、转换和传递信号，并通过其他电器对电路实现控制。如：熔断器、热继电器等。

二、低压控制电器

（一）低压控制电器通用安全要求

低压控制电器通用安全要求如下：

（1）电压、电流、断流容量、操作频率、温升等运行参数符合要求。

（2）结构型式与使用的环境条件相适应。

（3）灭弧装置（包括灭弧罩、灭弧触头、灭弧用绝缘板）完好。

（4）触头接触表面光洁，接触紧密并有足够的接触压力。各极触头应当同时动作。

（5）防护完善，门（或盖）上的联锁装置可靠，外壳、手柄、漆层无变形和损伤。

（6）安装合理、牢固，操作方便，且能防止自行合闸；与邻近设施的间距符合安装要求。

（7）正常时不带电的金属部分接地（或接零）良好。

（8）绝缘电阻符合要求。

（二）刀开关

刀开关是一种手动电器，常用的刀开关有 HD 型单投刀开关、HS 型双投刀开关、HR 型熔断器式刀开关、HZ 型组合开关、HK 型闸刀开关、HY 型倒顺开关等。

HD 型单投刀开关、HS 型双投刀开关、HR 型熔断器式刀开关主要用于在成套配电装置中作为隔离开关，装有灭弧装置的刀开关也可以控制一定范围内的负荷线路。作为隔离开关的刀开关的容量比较大，其额定电流在 100～1500A 之间，主要用于供配电线路的电源隔离作用。隔离开关没有灭弧装置，不能操作带负荷的线路，只能操作空载线路或电流很小的线路，如小型空载变压器、电压互感器等。操作时应注意，停电时应将线路的负荷电流用断路器、负荷开关等开关电器切断后再将隔离开关断开，送电时操作顺序相反。隔离开关断开时有明显的断开点，有利于检修人员的停电检修工作。隔离刀开关由于控制负荷能力很小，也没有保护线路的功能，所以通常不能单独使用，一般要和能切断负荷电流和故障电流的电器（如熔断器、断路器和负荷开关等电器）一起使用。

HZ 型组合开关、HK 型闸刀开关一般用于电气设备及照明线路的电源开关。

HY 型倒顺开关、HH 型铁壳开关装有灭弧装置，一般可用于电气设备的起动、停止控制。

1. HD 型单投刀开关

HD 型单投刀开关按极数分为 1 极、2 极、3 极几种，其示意图及图形符号如图 7-2 所示。其中（a）为直接手动操作，（b）为手动杠杆操作，（c）~（h）为刀开关的图形符号和文字符号。其中图 7-2（c）为一般图形符号，（d）为手动符号，（e）为三极单投刀开关符号；当刀开关用作隔离开关时，其图形符号上加有一横杠，如图 7-2（f）~图 7-2

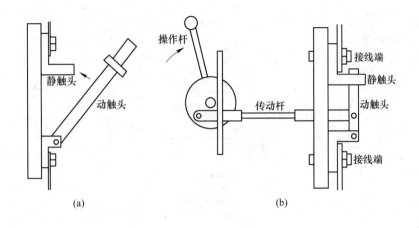

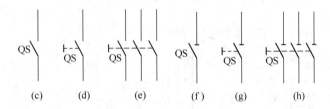

图 7-2 HD 型单投刀开关示意图及图形符号

（a）直接手动操作；（b）手动杠杆操作；（c）一般图形符号；（d）手动符号；

（e）三极单投刀开关符号；（f）一般隔离开关符号；

（g）手动隔离开关符号；（h）三极单投刀隔离开关符号

（h）所示。单投刀开关的型号含义如图 7-3 所示。

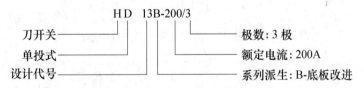

图 7-3 单投刀开关的型号含义

型号中的设计代号分别为：11 代表中央手柄式，12 代表侧方正面杠杆操作机构式，13 代表中央正面杠杆操作机构式，14 代表侧面手柄式。

2. HS 型双投刀开关

HS 型双投刀开关也称转换开关，其作用和单投刀开关类似，常用于双电源的切换或双供电线路的切换等，其示意图及图形符号如图 7-4 所示。由于双投刀开关具有机械互锁的结构特点，因此可以防止双电源的并联运行和两条供电线路同时供电。

3. HR 型熔断器式刀开关

HR 型熔断器式刀开关也称刀熔开关，它实际上是将刀开关和熔断器组合成一体的电器。刀熔开关操作方便，并简化了供电线路，在供配电线路上应用很广泛，其工作示意图及图形符号如图 7-5 所示。刀熔开关可以切断故障电流，但不能切断正常的工作电流，所

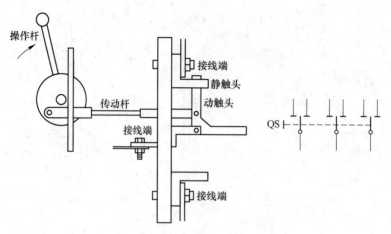

图 7-4　HS 型双投刀开关示意图及图形符号

以一般应在无正常工作电流的情况下进行操作。

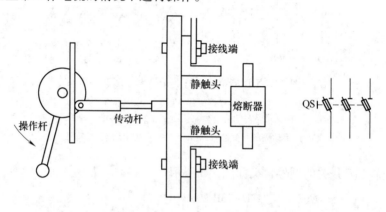

图 7-5　HR 型熔断器式刀开关示意图及图形符号

4. 组合开关

组合开关又称转换开关，控制容量比较小，结构紧凑，常用于空间比较狭小的场所，如机床和配电箱等。组合开关一般用于电气设备的非频繁操作、切换电源和负载以及控制小容量感应电动机和小型电器。

组合开关由动触头、静触头、绝缘连杆转轴、手柄、定位机构及外壳等部分组成。其动、静触头分别叠装于数层绝缘壳内，当转动手柄时，每层的动触片随转轴一起转动。

常用的产品有 HZ5、HZ10 和 HZ15 系列。HZ5 系列是类似万能转换开关的产品，其结构与一般转换开关有所不同，组合开关有单极、双极和多极之分。组合开关的结构示意图及图形符号如图 7-6 所示。

5. 开启式负荷开关和封闭式负荷开关

开启式负荷开关和封闭式负荷开关是一种手动电器，常用于电气设备中作隔离电源用，有时也用于直接启动小容量的鼠笼型异步电动机。

HK 型开启式负荷开关俗称闸刀或胶壳刀开关，由于它结构简单、价格便宜、使用维

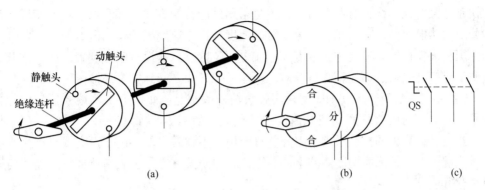

图 7-6　组合开关的结构示意图和图形符号

（a）内部结构示意图；（b）外形示意图；（c）图形符号

修方便，故得到广泛应用。该开关主要用作电气照明电路和电热电路、小容量电动机电路的不频繁控制开关，也可用作分支电路的配电开关。负荷开关如图 7-7 所示。

胶底瓷盖刀开关由熔丝、触刀、触点座和底座组成，如图 7-7（a）所示。此种刀开关装有熔丝，可起短路保护作用。

闸刀开关在安装时，手柄要向上，不得倒装或平装，以避免由于重力自动下落而引起误动合闸。接线时，应将电源线接在上端，负载线接在下端，这样拉闸后刀开关的刀片与电源隔离，既便于更换熔丝，又可防止可能发生的意外事故。

HH 型封闭式负荷开关俗称铁壳开关，主要由钢板外壳、触刀开关、操作机构、熔断器等组成，如图 7-7（b）所示。刀开关带有灭弧装置，能够通断负荷电流，熔断器用于切断短路电流。一般用于小型电力排灌、电热器、电气照明线路的配电设备中，用于不频繁地接通与分断电路，也可以直接用于异步电动机的非频繁全压启动控制。

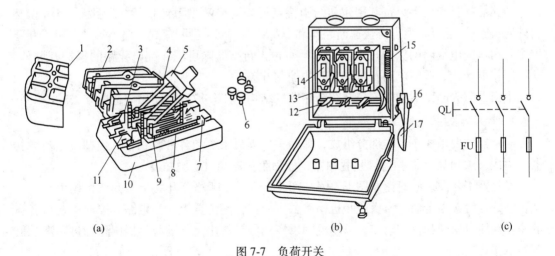

（a）　　　　　　　　　　　　（b）　　　　　　　　　（c）

图 7-7　负荷开关

（a）开启式负荷开关；（b）封闭式负荷开关；（c）图形文字符号

1—上胶盖；2—下胶盖；3，13—插座；4，12—触刀；5—操作手柄；6—固定螺母；7—进线端；

8—熔丝；9—触点座；10—底座；11—出线端；14—熔断器；

15—速断弹簧；16—转轴；17—操作手柄

铁壳开关的操作结构有两个特点：一是采用储能合闸方式，即利用一根弹簧以执行合闸和分闸的功能，使开关的闭合和分断时的速度与操作速度无关。它既有助于改善开关的动作性能和灭弧性能，又能防止触点停滞在中间位置。二是设有联锁装置，以保证开关合闸后便不能打开箱盖，而在箱盖打开后，不能再合开关，起到安全保护作用。

HK 型开启式负荷开关和 HH 型封闭式负荷开关都是由负荷开关和熔断器组成，其图形符号也是由手动负荷开关 QL 和熔断器 FU 组成，如图 7-7（c）所示。

刀开关是最简单的控制电器。刀开关只能用于不频繁启动。由于没有或只有极为简单的灭弧装置，刀开关无力切断短路电流。因此，刀开关下方应装有熔体或熔断器。刀开关使用注意事项：

（1）胶盖刀开关只能用来控制 5.5kW 以下的三相电动机。刀开关的额定电压必须与线路电压相适应。

（2）380V 的动力线路，应采用 500V 的闸刀开关；220V 的照明线路，可采用 250V 的刀开关。

（3）对于照明负荷，刀开关的额定电流大于负荷电流即可；对于动力负荷，开关的额定电流应大于负荷电流的 3 倍。

（4）闸刀开关所配用熔断器和熔体的额定电流不得大于开关的额定电流。

（5）用刀开关控制电动机时，为了维护和操作的安全，应该在刀开关上方另装一组插式熔断器。

（三）低压断路器

低压断路器又叫自动开关或空气开关。低压断路器主要由感受元件、执行元件和传递元件组成。用于低压配电电路中不频繁的通断控制。在电路发生短路、过载或欠电压等故障时能自动分断故障电路，是一种控制兼保护电器。

断路器的种类繁多，按其用途和结构特点可分为 DW 型万能框架式断路器、DZ 型塑料外壳式断路器、DS 型直流快速断路器和 DWX 型、DZX 型限流式断路器等。框架式断路器主要用作配电线路的保护开关，而塑料外壳式断路器除可用作配电线路的保护开关外，还可用作电动机、照明电路及电热电路的控制开关。

下面以塑壳断路器为例简单介绍断路器的结构、工作原理、使用与选用方法。

1. 断路器的结构和工作原理

断路器主要由 3 个基本部分组成，即触头、灭弧系统和各种脱扣器，包括过电流脱扣器、失压（欠电压）脱扣器、热脱扣器、分励脱扣器和自由脱扣器。

断路器工作原理示意图及图形符号如图 7-8 所示。断路器开关是靠操作机构手动或电动合闸的，触头闭合后，自由脱扣机构将触头锁在合闸位置上。当电路故障时，通过各自的脱扣器使自由脱扣机构动作，自动跳闸以实现保护作用。分励脱扣器则作为远距离控制分断电路之用。

过电流脱扣器用于线路的短路和过电流保护，当线路的电流大于整定的电流值时，过电流脱扣器所产生的电磁力使挂钩脱扣，动触点在弹簧的拉力下迅速断开，实现断路器的跳闸功能。

热脱扣器用于线路的过负荷保护，工作原理和热继电器相同。

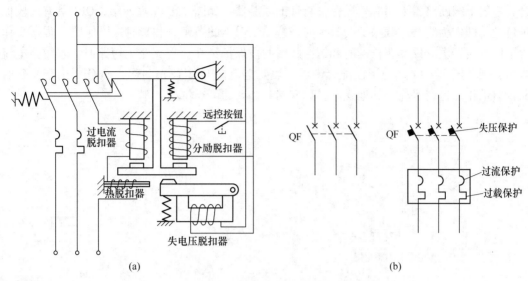

图 7-8　断路器工作原理示意图及图形符号

（a）断路器工作原理示意图；（b）断路器图形符号

　　失压（欠电压）脱扣器用于失压保护，如图 7-8 所示，失压脱扣器的线圈直接接在电源上，处于吸合状态，断路器可以正常合闸。当停电或电压很低时，失压脱扣器的吸力小于弹簧的反力，弹簧使动铁心向上使挂钩脱扣，实现断路器的跳闸功能。

　　分励脱扣器用于远方跳闸，当在远方按下按钮时，分励脱扣器得电产生电磁力，使其脱扣跳闸。

　　不同断路器的保护是不同的，使用时应根据需要选用。在图形符号中也可以标注其保护方式，如图 7-8 所示，断路器图形符号中标注了失压、过负荷、过电流 3 种保护方式。

　　2. 低压断路器的保护特性

　　低压断路器的特性指标很多，如断路器的型式、极数、电流种类、通断方式（直接人力、远程人力、过流、欠压、逆电流）、主电路的额定值、保护特性等。低压配电系统中的低压断路器按其保护性能可分为选择性和非选择性两类。选择性低压断路器有两段保护和三段保护两种，其中瞬时特性和短延时特性适用于短路动作，长延时特性适用于过载保护。非选择性低压断路器一般为瞬时动作，只做短路保护用，也有的为长延时动作，只做过负荷保护用。低压断路器的保护特性如图 7-9 所示。图 7-9（a）为带三段保护特性的选择性断路器的保护特性曲线，即动作时间 t 与过流脱扣器动作电流 I 的关系图。图中曲线部分为过载保护部分，动作时间与动作电流成反时限关系，过载倍数越大，动作时间越短。短延时的延时时间和瞬时脱扣器整定值都可调节，短延时的延时调节是用于让前后级断路器的动作时间匹配，实现选择性保护。而瞬时脱扣器整定值的调节，用于确定上下级选择性匹配的电流范围。

　　图 7-9（b）表示低压配电系统前后级断路器安装位置。选择性保护是指当支路 1 发生短路时，仅下级支路断路器 QF2 开断短路电流，而上级开关 QF1 不动作，这就不会影响其他支路如支路 2 和 3 的正常供电，因而选择性保护对提高低压配电系统的工作可靠性有重要作用。如何实现配电系统上下级断路器的选择性匹配，主要决定于两者保护特性的配

168

合，一般上级断路器采用有三段保护特性的断路器。如图 7-9（c）所示，QF1 具有三段保护特性，即作为线路过载保护的长延时，短路情况下的短延时和瞬时三段保护，而 QF2 作为下级支路开关，仅具有长延时和短路瞬时两段保护特性。当支路 1 短路时，若短路电流为 I_1，则从图 7-9（c）的特性配合来看，短路电流使 QF2 首先动作，而 QF1 由于短延时而没有动作，这就保证了其他支路，如支路 2 和 3 的可靠供电。

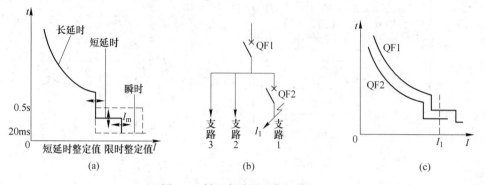

图 7-9　低压断路器的保护特性

（a）断路器的保护特性曲线；（b）两种断路器的安装；（c）保护特性配合

3. 低压断路器的选择原则

低压断路器的选择应从以下几方面考虑：

（1）断路器类型的选择：应根据使用场合和保护要求来选择。一般选用塑壳式；短路电流很大时选用限流型；额定电流比较大或有选择性保护要求时选用框架式；控制和保护含有半导体器件的直流电路时应选用直流快速断路器。

（2）断路器额定电压、额定电流应大于或等于线路、设备的正常工作电压、工作电流。

（3）断路器极限通断能力大于或等于电路最大短路电流。

（4）欠电压脱扣器额定电压等于线路额定电压。

（5）过电流脱扣器的额定电流大于或等于线路的最大负载电流。

（6）长延时动作过电流脱扣器应按照线路计算负荷电流或电动机额定电流整定，具有反时限特性，以实现过载保护。

（7）自动开关的过电流保护特性必须与被保护对象的允许发热特性相匹配。

4. 低压断路器的安装与维护要求

低压断路器的安装要求如下：

（1）按规定的方向正确安装，只能垂直装设，触头的闭合和断开有明显显示。

（2）连接线接触良好，上下导线端接点必须使用规定截面导线或母线连接。

（3）安装时不能去除灭弧罩，应保持灭弧罩的完好无损。

低压断路器是一种比较复杂的电器，除正确选用和调整外，还须妥善维护，才能保证其安全运行。为此，应注意以下几点：

（1）使用前将电磁铁工作面上的防锈油脂擦净，以免影响其动作值。

（2）定期检修时清除落在自动开关上的灰尘，以免降低其绝缘。

（3）使用一定次数后，应清除触头表面的毛刺、颗粒等物；触头磨损超过原来厚度的1/3时，应予更换。

（4）经分断短路电流或多次正常分断后，清除灭弧室内壁和栅片上的金属颗粒和黑烟，以保持良好的绝缘和灭弧性能。

（5）必要时，给操作机构的转动部位加润滑油。

（6）定期检查各脱扣器的整定值和延时。

三、低压保护电器

低压保护电器主要包括熔断器、热继电器、电磁式过电流继电器以及低压断路器、减压启动器、电磁接触器里安装的各种脱扣器。

（一）低压电器常用保护方式

低压电器常用保护方式如下：

（1）短路保护。短路保护是指线路或设备发生短路时，迅速切断电源的一种保护。熔断器、电磁式过电流继电器和脱扣器都是常用的短路保护元件。

（2）过载保护。它是当线路或设备的载荷超过允许范围时，能延时切断电源的一种保护。热继电器和热脱扣器是常用的过载保护元件。

（3）失压（欠压）保护。当电源电压消失或低于某一限度时，它能自动断开线路。失压（欠压）保护由失压（欠压）脱扣器等元件执行。

（二）熔断器

熔断器在电路中主要起短路保护作用，用于保护线路。熔断器的熔体串接于被保护的电路中，熔断器以其自身产生的热量使熔体熔断，从而自动切断电路，实现短路保护及过载保护。熔断器具有结构简单、体积小、质量轻、使用维护方便、价格低廉、分断能力较强、限流能力良好等优点，因此在电路中得到广泛应用。

1. 熔断器的结构原理及分类

熔断器由熔体和安装熔体的绝缘底座（或称熔管）组成。熔体由易熔金属材料铅、锌、锡、铜、银及其合金制成，形状常为丝状或网状。由铅锡合金和锌等低熔点金属制成的熔体，因不易灭弧，多用于小电流电路；由铜、银等高熔点金属制成的熔体，易于灭弧，多用于大电流电路。

熔断器串接于被保护电路中，电流通过熔体时产生的热量与电流平方和电流通过的时间成正比，电流越大，则熔体熔断时间越短，这种特性称为熔断器的反时限保护特性或安秒特性，如图 7-10 所示。图中 I_N 为熔断器额定电流，熔体允许长期通过额定电流而不熔断。

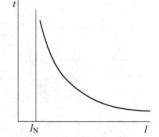

图 7-10　熔断器的反时限保护特性

熔断器种类很多，按结构分为开启式、半封闭式和封闭式；按有无填料分为有填料式、无填料式；按用途分为工业用熔断器、保护半导体器件熔断器及自恢复式熔断器等。

2. 熔断器的主要技术参数

熔断器的主要技术参数包括额定电压、熔体额定电流、熔断器额定电流、极限分断能力等。

（1）额定电压。指保证熔断器能长期正常工作的电压。

（2）熔体额定电流。指熔体长期通过而不会熔断的电流。

（3）熔断器额定电流。指保证熔断器能长期正常工作的电流。

（4）极限分断能力。指熔断器在额定电压下所能开断的最大短路电流。在电路中出现的最大电流一般是指短路电流值，所以，极限分断能力也反映了熔断器分断短路电流的能力。

3. 常用的熔断器

熔断器主要用于变压器的过载和短路保护；配电线路的局部短路保护；与低压断路器串接，辅助断流容量不足的低压断路器切断短路电流；用于电动机的短路保护；用于照明系统、家用电器的过流保护；临时敷设线路的过流保护。熔断器类型及图形符号如图 7-11 所示。

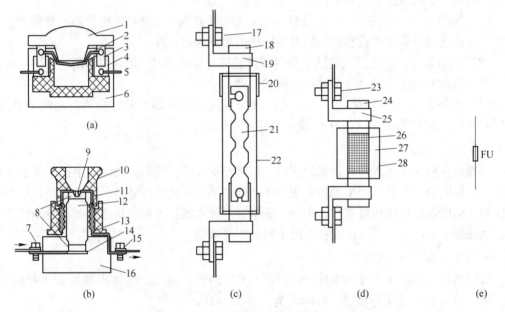

图 7-11　熔断器类型及图形符号

（a）RC1 型瓷插式熔断器；（b）RL6 型螺旋式熔断器；（c）RM10 型密封管式熔断器；

（d）RT0 型有填料式熔断器；（e）熔断器图形符号

1—瓷盖；2—熔丝；3—插头；4，19，25—插座；5—导线；6，16—底座；7，15，17，23—接线端；

8—熔芯导电帽；9—熔断指示器；10—瓷帽；11—上螺旋导体；12—熔芯；13—下螺旋导体；

14—导电底座；18，24—插刀；20—铜帽；21—熔体；22—绝缘筒；

26—网状熔体；27—石英砂填料；28—瓷套管

插入式熔断器如图 7-11（a）所示。常用的产品有 RC1A 系列，主要用于低压分支电路的短路保护，因其分断能力较小，多用于照明电路和小型动力电路中。

螺旋式熔断器如图 7-11（b）所示。熔芯内装有熔丝，并填充石英砂，用于熄灭电弧，分断能力强。熔体上的上端盖有一熔断指示器，一旦熔体熔断，指示器马上弹出，可透过瓷帽上的玻璃孔观察到。常用产品有 RL6、RL7 和 RLS2 等系列，其中 RL6 和 RL7 多用于机床配电电路中；RLS2 为快速熔断器，主要用于保护半导体元件。

RM10 型密封管式熔断器为无填料管式熔断器，如图 7-11（c）所示。主要用于供配电系统作为线路的短路保护及过载保护，它采用变截面片状熔体和密封纤维管。由于熔体较窄处的电阻小，在短路电流通过时产生的热量最大，先熔断，因而可产生多个熔断点使电弧分散，以利于灭弧。短路时其电弧燃烧密封纤维管产生高压气体，以便将电弧迅速熄灭。

RT 型有填料密封管式熔断器如图 7-11（d）所示。熔断器中装有石英砂，用来冷却和熄灭电弧，熔体为网状，短路时可使电弧分散，由石英砂将电弧冷却熄灭，可将电弧在短路电流达到最大值之前迅速熄灭，以限制短路电流。此为限流式熔断器，常用于大容量电力网或配电设备中。

4. 熔断器的选用原则

熔断器的选用原则如下：

（1）熔断器的保护特性必须与被保护对象的过载特性配合良好。

（2）熔断器的额定分断能力应大于被保护电路可能出现的短路冲击电流的有效值。

（3）在分级保护中，一般要求前一级熔体比后一级熔体的额定电流大 2 至 3 倍。

（4）在易发生故障的场所，应考虑选用可拆除式熔断器。

（5）在易燃易爆场所，应选用封闭式熔断器。

5. 熔体更换的安全要求

熔体熔断后，应及时更换，以保证负载正常运行，更换时应注意：

（1）更换熔体时应断电，不许带电工作，以防发生触电事故。

（2）更换熔体必须弄清熔体熔断原因，并排除故障。

（3）更换熔体前应清除熔器壳体和触点之间的碳化导电薄层。

（4）更换熔体时，不应随意改变熔体的额定电流，更不允许用金属导线代替熔体使用。

（5）安装时，既要保证压紧接牢，又要避免压拉过紧而使熔断电流值改变，导致发生误熔断故障。

（6）熔丝不得两股或多股绞合使用。

第六节　变配电站及设备

一、变配电站安全

变配电站是企业的动力枢纽。变配电站装有变压器、互感器、避雷器、电力电容器、高低压开关、高低压母线、电缆等多种高压设备和低压设备。变配电站发生事故不仅使整个生产活动不能正常进行，还可能导致火灾和人身伤亡事故。

（一）变配电站位置

变配电站位置应符合供电、建筑、安全的基本原则。从安全角度考虑，变配电站应避开易燃易爆环境；变配电站宜设在企业的上风侧，并不得设在容易沉积粉尘和纤维的环境；变配电站不应设在人员密集的场所。变配电站的选址和建筑应考虑灭火、防蚀、防污、防水，防雨、防雪、防振的要求。地势低洼处不宜建变配电站。

（二）建筑结构

高压配电室、低压配电室、油浸电力变压器室、电力电容器室、蓄电池室应为耐火建筑。蓄电池室应隔离。

变配电站各间隔的门应向外开启；门的两面都有配电装置时，应两边开启。门应为非燃烧体或难燃烧体材料制作的实体门。长度超过 7m 的高压配电室和长度超过 10m 的低压配电室应至少有两个门。

室内油量 600kg 以上的充油设备必须有事故蓄油设施，且应能容纳 100%的油。

（三）间距、屏护和隔离

变配电站各室间距和屏护应符合专业标准的要求。室外变、配电装置与建筑物应保持规定的防火间距。室内充油设备油量 60kg 以下者允许安装在两侧有隔板的间隔内；油量 60~600kg 者须装在有防爆隔墙的间隔内；600kg 以上者应安装在单独的间隔内。

（四）通道

变配电站应有足够的消防通道并保持畅通。高压配电装置长度大于 6m 时，通道应设两个出口；低压配电装置两个出口间的距离超过 15m 时，应增加出口。

（五）通风

蓄电池室、变压器室、电力电容器室应有良好的通风。

（六）封堵

门窗及孔洞应设置网孔小于 10mm×10mm 的金属网，防止小动物钻入。通向站外的孔洞、沟道应予封堵。

（七）标志

变配电站的重要部位应设有"止步，高压危险！"标志。

（八）联锁装置

断路器与隔离开关操动机构之间、电力电容器的开关与其放电负荷之间应装有可靠的联锁装置。

（九）电气设备正常运行

电流、电压、功率因数、油量、油色、温度指示应正常；连接点应无松动、过热迹象；门窗、围栏等辅助设施应完好；声音应正常，应无异常气味；瓷绝缘不得掉瓷、不得有裂纹和放电痕迹并保持清洁；充油设备不得漏油、渗油。

（十）安全用具和灭火器材

变配电站应备有绝缘杆、绝缘夹钳、绝缘靴、绝缘手套、绝缘垫、绝缘站台、各种标示牌、临时接地线、验电器、脚扣、安全带、梯子等各种安全用具。变配电站应配备可用于带电灭火的灭火器材。

（十一）技术资料

变配电站应备有高压系统图、低压系统图、电缆布线图、二次回路接线图、设备使用说明书、试验记录、测量记录、检修记录、运行记录等技术资料。

（十二）管理制度

变配电站应建立并执行各项行之有效的规章制度，如工作票制度、操作票制度、工作许可制度、工作监护制度、值班制度、巡视制度、检查制度、检修制度及防火责任制、岗位责任制等规章制度。

二、电力变压器

电力变压器是一种静止的电气设备，是用来将某一数值的交流电压（电流）变成频率相同的另一种或几种数值不同的电压（电流）的设备。当一次绕组通以交流电时，就产生交变的磁通，交变的磁通通过铁芯导磁作用，就在二次绕组中感应出交流电动势。二次感应电动势的高低与一二次绕组匝数的多少有关，即电压大小与匝数成正比。工业企业用的变压器均起降低电压的作用，通常是把 $6\sim10kV$ 的高压电降低为 $0.4kV$ 的低压电，供给电气设备使用。变压器是变配电站的核心设备。

按照冷却方式，电力变压器可分为油浸自冷式变压器、风冷式变压器、水冷式变压器和干式变压器；按照调压方式，变压器分为无载调压变压器和有载调压变压器；按照绕组数量，变压器分为单绕组变压器、双绕组变压器和三绕组变压器；按照相数，变压器分为单相变压器和三相变压器。

（一）变压器的技术参数

变压器的技术参数指额定容量、额定电压、阻抗电压等参数。铭牌中应标有变压器的型号、额定技术参数及其他提供给用户的必备资料。

（1）变压器的额定容量 S_N。它是变压器在正常工作条件下能发挥出来的最大容量，指视在功率，单位为 kVA。

（2）变压器的额定电压。它包括一次额定电压 U_{1N} 和二次额定电压 U_{2N}，均指线电压。由于允许高压电源电压在 $\pm5\%$ 的范围内浮动，一次额定电压往往只表示电压等级，二次额定电压指空载电压。

（3）阻抗电压。把变压器的二次绕组短路，在一次绕组缓慢升高电压，当二次绕组的短路电流等于额定值时，此时一次侧所施加的电压，一般以额定电压的百分数表示。

（4）额定电流。变压器在额定容量下，允许长期通过的电流。

（5）空载损耗。当以额定频率的额定电压施加在一个绕组的端子上，其余绕组开路时所吸取的有功功率。与铁心硅钢片性能、制造工艺、施加的电压有关。

（6）空载电流。当变压器在额定电压下二次侧空载时，一次绕组中通过的电流。一般以额定电流的百分数表示。

（7）相数和频率。三相开头以 S 表示，单相开头以 D 表示。中国国家标准频率 f 为 50Hz。国外一些国家的标准频率 f 为 60Hz（如美国）。

（8）温升与冷却。变压器绕组或上层油温与变压器周围环境的温度之差，称为绕组或上层油面的温升。油浸式变压器绕组温升限值为 65K、油面温升为 55K。冷却方式也有多种：油浸自冷，强迫风冷，水冷，管式，片式等。

（9）绝缘等级及绝缘水平。变压器的绝缘等级，并不是绝缘强度的概念，而是允许的温升的标准，即绝缘等级是指其所用绝缘材料的耐热等级，分 A、E、B、F、H 级。绝缘水平的表示方法举例如下：高压额定电压为 35kV 级，低压额定电压为 10kV 级的变压器绝缘水平表示为 LI200AC85/LI75AC35，其中 LI200 表示该变压器高压雷电冲击耐受电压为 200kV，AC85 表示工频耐受电压为 85kV，LI75 表示低压雷电冲击耐受电压为 75kV，AC35

表示工频耐受电压为 35kV。

（10）联结组标号。根据变压器一、二次绕组的相位关系，把变压器绕组连接成各种不同的组合，称为绕组的联结组。为了区别不同的联结组，常采用时钟表示法，即把高压侧线电压的相量作为时钟的长针，固定在 12 上，低压侧线电压的相量作为时钟的短针，看短针指在哪一个数字上，就作为该联结组的标号。如 Dyn11 表示一次绕组是（三角形）联结，二次绕组是带有中心点的（星形）联结，组号为 11 点。

（二）电力变压器的安全要求

电力变压器是变配电站的核心设备，油浸式变压器所用油的闪点在 135～160℃ 之间，属于可燃液体。变压器内的固体绝缘衬垫、纸板、棉纱、布、木材等都属于可燃物质，其火灾危险性较大，而且有爆炸的危险。

（1）变压器各部件及本体的固定必须牢固。电气连接必须良好；铝导体与变压器的连接应采用铜铝过渡接头。

（2）变压器的接地一般是其低压绕组中性点、外壳及其阀型避雷器三者共用的地。接地必须良好，接地线上应有可断开的连接点。

（3）变压器防爆管喷口前方不得有可燃物体。

（4）位于地下的变压器室的门、变压器室通向配电室的门、变压器室之间的门均应为防火门。

（5）居住建筑物内安装的油浸式变压器，单台容量不得超过 400kVA。

（6）10kV 变压器壳体距门不应小于 1m，距墙不应小于 0.8m（装有操作开关时不应小于 1.2m）。

（7）采用自然通风时，变压器室地面应高出室外地面 1.1m。

（8）室外变压器容量不超过 315kVA 者可柱上安装，315kVA 以上者应在台上安装；一次引线和二次引线均应采用绝缘导线；柱上变压器底部距地面高度不应小于 2.5m、裸导体距地面高度不应小于 3.5m；变压器台高度一般不应低于 0.5m、其围栏高度不应低于 1.7m、变压器壳体距围栏不应小于 1m、变压器操作面距围栏不应小于 2m。

（9）变压器室的门和围栏上应有"止步，高压危险！"的明显标志。

（10）运行中变压器高压侧电压偏差不得超过额定值的 ±5%、低压最大不平衡电流不得超过额定电流的 25%。上层油温一般不应超过 85℃；冷却装置应保持正常，呼吸器内吸潮剂的颜色应为淡蓝色；通向气体继电器的阀门和散热器的阀门应在打开状态，防爆管的膜片应完整，变压器室的门窗、通风孔、百叶窗、防护网、照明灯应完好；室外变压器基础不得下沉，电杆应牢固、不得倾斜；干式变压器的安装场所应有良好的通风，且空气相对湿度不得超过 70%。

三、电力电容器

电力电容器是充油设备，安装、运行或操作不当即可能着火甚至发生爆炸，电容器的残留电荷还可能对人身安全构成直接威胁。

电容器所在环境温度一般不应超过 40℃，周围空气相对湿度不应大于 80%，海拔高度不应超过 1000m。总油量 300kg 以上的高压电容器应安装在单独的防爆室内，总油量 300kg 以下的高压电容器和低压电容器应视其油量的多少安装在有防爆墙的间隔内或有隔板的间隔内。电容器应避免阳光直射，受阳光直射的窗玻璃应涂以白色，电容器室应有良好的通风。电容器分层安装时应保证必要的通风条件；电容器外壳和钢架均应采取接地（或接零）措施；电容器应有合格的放电装置；高压电容器组总容量不超过 100kvar 时，可用跌开式熔断器保护和控制；总容量 100~300kvar 时，应采用负荷开关保护和控制；总容量 300kvar 以上时，应采用真空断路器或其他断路器保护和控制。低压电容器组总容量不超过 100kvar 时，可用交流接触器、刀开关、熔断器或刀熔开关保护和控制；总容量 100kvar 以上时，应采用低压断路器保护和控制。

电容器运行中电流不应长时间超过电容器额定电流的 1.3 倍；电压不应长时间超过电容器额定电压的 1.1 倍；电容器外壳温度不得超过生产厂家的规定值（一般为 60℃ 或 65℃）。

四、高压开关

高压开关主要包括高压断路器、高压负荷开关和高压隔离开关。

高压断路器是高压开关设备中最重要、最复杂的开关设备。高压断路器有强有力的灭弧装置，既能在正常情况下接通和分断负荷电流，又能借助继电保护装置在故障情况下切断过载电流和短路电流。按照灭弧介质和灭弧方式，断路器可分为少油断路器、多油断路器、真空断路器、六氟化硫断路器、压缩空气断路器、固体产气断路器和磁吹断路器。高压断路器必须与高压隔离开关串联使用，由断路器接通和分断电流，由隔离开关隔断电源。

高压隔离开关简称刀闸。隔离开关没有专门的灭弧装置，不能用来接通和分断负荷电流，更不能用来切断短路电流。隔离开关主要用来隔断电源，以保证检修和倒闸操作的安全。运行中的高压隔离开关连接部位温度不得超过 75℃。机构应保持灵活。

高压负荷开关有比较简单的灭弧装置，用来接通和断开负荷电流。负荷开关必须与有高分断能力的高压熔断器配合使用，由熔断器切断短路电流。高压负荷开关分断负荷电流时有强电弧产生。因此，其前方不得有可燃物。

五、互感器

电力系统用互感器是将电网高电压、大电流的信息传递到低电压、小电流二次侧的计量、测量仪表及继电保护、自动装置的一种特殊变压器，是一次系统和二次系统的联络元件，其一次绕组接入电网，二次绕组分别与测量仪表、保护装置等互相连接。互感器与测量仪表和计量装置配合，可以测量一次系统的电压、电流和电能；与继电保护和自动装置配合，可以构成对电网各种故障的电气保护和自动控制。互感器性能的好坏，直接影响到电力系统测量、计量的准确性和继电器保护装置动作的可靠性。

互感器分为电压互感器和电流互感器两大类，其主要作用有：将一次系统的电压、电流信息准确地传递到二次侧相关设备；将一次系统的高电压、大电流变换为二次侧的低电压（标准值）、小电流（标准值），使测量、计量仪表和继电器等装置标准化、小型化，并降低了对二次设备的绝缘要求；将二次侧设备以及二次系统与一次系统高压设备在电气方面很好地隔离，从而保证了二次设备和人身的安全。

使用互感器时应注意以下问题：

（1）电压互感器的二次侧在工作时不能短路。在正常工作时，其二次侧的电流很小，近于开路状态；当二次侧短路时，其电流很大（二次侧阻抗很小），将烧毁设备。

（2）电压互感器的二次侧必须有一端接地，防止一、二次侧击穿时，高压窜入二次侧，危及人身和设备安全。

（3）电压互感器接线时，一次侧并接在线路中。

（4）应注意一、二次侧接线端子的极性，以保证测量的准确性。

（5）电压互感器的一、二次侧通常都应装设熔丝作为短路保护，同时一次侧应装设隔离开关作为安全检修用。

（6）电流互感器在使用中，一次侧串接在线路中，连接时要注意其端子的极性；二次侧不能开路，以防感应出的高电势损坏本身与危及人身安全；二次侧一定要接地，以防绝缘损坏与保护人身安全。

（7）电流互感器除了要根据被测电流的大小选择恰当的变比，以保证应有的精度等常规的一些使用要求之外，还应根据现场情况，做好二次侧负荷阻抗过大的处理、一次侧接线的特殊处理以及互感器变比的校核与测定等方面的工作，以保证电流的检测精度与继电器的可靠动作。

本章小结

本章主要介绍了电气线路和电气设备的安全要求。针对架空线路、电缆线路、室内配电线路的特点，分析了电气线路常见故障，提出了相应的预防措施和安全运行条件。检查和巡视是电气线路满足供电可靠性的重要保证，是电力系统安全运行的重要组成部分。在概述用电设备的环境条件及外壳防护等级的基础上，重点讨论了电动机、单相电气设备的安全运行条件。对低压控制电器和低压保护电器、变配电设备、高压电器的结构特点和运行中的安全技术进行了介绍。

自我小结

自测题 1

一、是非判断题（每题 1 分共 10 分）

1. 电缆线路可传输和分配电能。 （　　）

2. 架空电气线路严禁跨越爆炸火灾危险场所。 （　　）

3. 导线的接头是电气线路的薄弱环节，接头接触不良或松脱会增大接触电阻，使接头过热而烧毁
　 绝缘。 （　　）

4. 电杆档距过大，线间距过小或布线过松，在大风和外力作用下，容易碰在一起造成短路。因此
　 布线时尽最大可能把导线拉紧。 （　　）

5. 电动机的金属外壳必须可靠地接零（或接地）。 （　　）

6. 携带式Ⅰ类工具在防止触电保护方面仅仅靠基本绝缘。 （　　）

7. 照明器具的单极开关必须装在零线上。 （　　）

8. 刀开关没有或只有极为简单的灭弧装置，不能切断短路电流。 （　　）

9. 低压断路器（空气开关）能在电路过载、短路及失压时自动分断电路。 （　　）

10. 刀开关广泛用于低压配电装置中，作频繁地接通和分断电路用。 （　　）

二、单项选择题（每题 1 分，共 10 分）

1. 以下叙述架空线路的敷设要求中不正确的是（　　）。
　 A. 穿过通航河流、公路时，应加装警示牌　　　　B. 减少与其他设施的交叉
　 C. 跨越燃烧材料作屋顶的建筑物　　　　　　　　D. 沿道路平行架设

2. 位于线路直线段上，作支持导线、绝缘子和金具用，承受线路侧面的风力的电杆是（　　）。
　 A. 耐张杆　　　　　　B. 直线杆　　　　　　C. 分支杆　　　　　　D. 终端杆

3. （　　）位于线路直线段上的几个直线杆之间，在断线事故或架线时紧线的情况下，能承受一侧导线
　 的拉力。
　 A. 耐张杆　　　　　　B. 分支杆　　　　　　C. 转角杆　　　　　　D. 终端杆

4. 在转角杆和终端杆上常使用（　　）。
　 A. 长脚绝缘子　　　　B. 蝴蝶式绝缘子　　　C. 短脚绝缘子　　　　D. 拉线绝缘子

5. 电气线路_____应满足防电击、防火、耐腐蚀、耐机械损伤等要求；电气线路（　　）应满足防碰
　 撞、防短路、便于操作等要求。
　 A. 屏护，间距　　　　B. 绝缘，间距　　　　C. 间距，绝缘　　　　D. 绝缘，屏护

6. 为防止线路过热，保证线路正常工作，导线运行最高温度不得超过（　　）。
　 A. 40℃　　　　　　　B. 80℃　　　　　　　C. 100℃　　　　　　D. 160℃

7. 移动式设备的电源线和吊灯引线必须使用（　　）。
　 A. 铜线　　　　　　　B. 铝线　　　　　　　C. 钢绞线　　　　　　D. 铜芯软线

8. 架空线路的（　　）是运行条件突然变化后的巡视，如雷雨、大雪、重雾天气后的巡视、地震后的巡
　 视等。
　 A. 定期巡视　　　　　B. 特殊巡视　　　　　C. 故障巡视　　　　　D. 日常巡视

9. 导线连接必须紧密，原则上导线连接处的（　　）不得低于原导线的 80%；接头部位电阻不得大于原
　 导线的 1.2 倍。
　 A. 机械强度　　　　　B. 绝缘强度　　　　　C. 导电能力　　　　　D. 电流强度

10. 由于（　　）的事故占电缆事故的 50%。为了防止这类事故，应加强对电缆线路的巡视和检查。
　 A. 化学腐蚀　　　　　B. 外力破坏　　　　　C. 雷击　　　　　　　D. 虫害

三、多项选择题（每题 2 分，共 10 分。5 个备选项：A、B、C、D、E。至少 2 个正确，至少 1 个错误项。错选不得分；少选，每选对 1 项得 0.5 分）

1. 10kV 及以下架空线路严禁跨越（　　）。
   A. 燃烧材料作屋顶的建筑物　　　　　B. 道路
   C. 通航河流　　　　D. 索道　　　　　E. 爆炸性气体环境

2. 下列选项符合施工现场架空线路安全要求的是（　　）。
   A. 架空线必须采用绝缘导线
   B. 架空线的档距不得大于 35m，线间距不得小于 30mm
   C. 架空线的最大弧垂处与地面的最小垂直距离，施工现场一般场所 4m
   D. 各种电源导线严禁直接绑扎在金属架上
   E. 架空线需悬挂醒目的警示牌

3. 下列选项符合手持电动工具安全要求的是（　　）。
   A. 采用安全特低电压，通过限制电压抑制通过人体的电流，保证触电时处于安全状态
   B. 手持电动工具应采用双重绝缘或加强绝缘结构的电动机和导线
   C. 电钻和电锤为 60% 断续工作制，不得长时间连续使用
   D. 电缆软线及插头等完好无损，开关动作正常，保护接零连接正确牢固可靠
   E. 在潮湿地区或在金属构架、压力容器、管道等导电良好的场所作业时，必须使用双重绝缘或加强绝缘的电动工具

4. 异步电动机着火的原因包括（　　）。
   A. 电源电压波动、频率过低　　　　　B. 电机绝缘破坏，发生相间、匝间短路
   C. 电缆接头存在隐患　　　　　　　　D. 绕组断线或接触不良
   E. 选型和启动方式不当

5. 导线接头接触不良或松脱会增大接触电阻，致使接头过热从而烧毁绝缘，还可能产生火花，甚至酿成火灾和触电事故。因此要求接头务必牢靠、紧密，以下措施中正确的是（　　）。
   A. 通常情况下尽可能减少导线的接头，接头过多的导线不宜使用
   B. 接头的机械强度不应低于导线机械强度的 80%
   C. 接头的绝缘强度不应低于导线的绝缘强度
   D. 接头部位的电阻不得小于原导线段电阻
   E. 铜、铝导体连接采用铜铝过渡接头。

四、填空题（每空 1 分，共 10 分）

1. 电气线路往往由于_____、_____、_____等原因，产生电火花、电弧或引起电线、电缆过热，造成触电、火灾、停电事故。
2. 导线的导电能力包含_____、_____和_____三方面的要求。
3. 运行中的导线将受到自重、风力、热应力、电磁力和覆冰重力的作用。因此，必须保证足够的_____。
4. 正常情况下有绝缘地板、没有接地导体或接地导体很少的干燥、无尘环境，属于_____的环境。
5. 架空线路电杆埋设深度不宜小于_____ m，并不宜小于杆高的_____。

五、名词解释（每题 5 分，共 20 分）

1. 安全载流量
2. 污闪事故
3. 控制电器
4. 保护电器

六、问答题（每题10分，共40分）

1. 电气线路故障的主要原因有哪些？
2. 架空线路故障的防护措施有哪些？
3. 电动机的安全运行条件。
4. 安装低压接户线应当注意哪些间距要求？

扫描封面二维码可获取自测题1参考答案

自测题 2

一、是非判断题（每题1分，共10分）

1. 熔断器熔丝额定电流不得大于熔断器的额定电流。   （   ）
2. 热继电器和热脱扣器是利用电流的热效应制成的，用于过载保护和短路保护。   （   ）
3. 电磁式继电器是利用电磁力作用原理工作的保护电器，用于短路、过载、失压保护。   （   ）
4. 变配电站应配备可用于带电灭火的灭火器材。   （   ）
5. 变压器接地是低压绕组中性点、外壳及其阀型避雷器三者共用的地。   （   ）
6. 电流互感器的二次侧要保持开路，以防感应出的高电势损坏本身与危及人身安全。   （   ）
7. 运行中的电压互感器二次侧严禁短路。   （   ）
8. 高压负荷开关与高压熔断器串联配合，能通断负荷电流、过载电流及短路电流。   （   ）
9. 高压断路器能通断正常的负荷电流和过负荷电流，并能通断一定的短路电流。   （   ）
10. 高压隔离开关是用来隔离高压电源，以保证对其他电器设备及线路的安全检修。   （   ）

二、单项选择题（每题1分，共20分）

1. 根据变压器的变流原理将一次电流转变为二次电流，作为二次回路中测量仪表、保护继电器等设备的电源或信号源的电器设备是（   ）。
   A. 电力变压器　　　B. 电流互感器　　　C. 电压互感器　　　D. 电力电容器
2. 发电厂的所有车间属于（   ）。
   A. 无较大危险环境　B. 有较大危险环境　C. 特别危险环境　　D. 无危险环境
3. （   ）广泛用于各种机床、泵、风机等多种机械的电力拖动，是应用最多的电动机。
   A. 直流电动机　　　　　　　　　　　　B. 同步电动机
   C. 绕线式异步电动机　　　　　　　　　D. 笼型异步电动机
4. 具有双重绝缘或加强绝缘安全防护措施的单相电气设备属于（   ）。
   A. 0级　　　　　　　B. 0Ⅰ级　　　　　C. Ⅰ级　　　　　　D. Ⅱ级
5. 低压保护电器主要用来获取、转换和传递信号，并通过其他电器对电路实现控制。下列电器中属于低压保护电器的是（   ）。
   A. 低压断路器　　　B. 减压启动器　　　C. 电磁启动器　　　D. 熔断器
6. 接触器是电磁启动器的核心元件，接触器的额定电压和电流应（   ）负载回路的额定电压和电流。
   A. 大于或等于　　　B. 小于　　　　　　C. 小于或等于　　　D. 等于
7. 在使用中，熔断器同它保护的电路（   ）。
   A. 串联　　　　　　B. 并联　　　　　　C. 任意　　　　　　D. 根据电路性质进行选择
8. 一般情况下，变配电所（站）各间隔的门应（   ）开启。
   A. 向外　　　　　　B. 向内　　　　　　C. 两边　　　　　　D. 任意
9. 变压器在正常工作条件下能发挥出来的最大容量，称为（   ）。
   A. 额定电压　　　　B. 额定电流　　　　C. 负载损耗　　　　D. 视在功率

10. 下列高压电器中属于高压保护电器的是（ ）。
    A. 高压负荷开关　　　B. 高压断路器　　　C. 高压熔断器　　　D. 高压隔离开关

11. 高压开关种类很多，其中既能在正常情况下接通和分断负荷电流，又能借助继电保护装置在故障情况下切断短路电流的高压开关是（ ）。
    A. 高压隔离开关　　　B. 高压联锁装置　　　C. 高压断路器　　　D. 高压负荷开关

12. 低压断路器的热脱扣器的作用是（ ）。
    A. 短路保护　　　B. 过载保护　　　C. 漏电保护　　　D. 缺相保护

13. 电力线路发生短路故障时，导线中有故障电流通过，这时导线温度将（ ）。
    A. 升高　　　B. 下降　　　C. 不变　　　D. 无法确定

14. 必须跨房的低压架空裸导线与房顶的垂直距离应保持在（ ）m 以上。
    A. 1　　　B. 2　　　C. 2.5　　　D. 3

15. 低压电气设备的绝缘老化主要是（ ）。
    A. 热老化　　　B. 电老化　　　C. 电化学老化　　　D. 环境老化

16. 油浸纸绝缘电缆火灾危险性比较大。电缆起火的原因有外部原因和内部原因。下列电缆线路起火的原因中，属于外部原因的是（ ）。
    A. 电缆终端头密封不良，受潮后发生击穿短路
    B. 电缆终端头端子连接松动，打火放电
    C. 破土动工时破坏电缆并使其短路
    D. 电缆严重过载，发热量剧增，引燃表面积尘

17. 当电气设备的绝缘老化变质后，即可能引起（ ）。
    A. 开路　　　B. 短路　　　C. 过载　　　D. 过压

18. 常见低压电器分为控制电器和保护电器。其中，有的低压电器用来隔离电源，有的用来正常接通和分断电路，有的用来切断短路电流。下述低压电器中，具有切断短路电流能力的是（ ）。
    A. 接触器　　　B. 断路器　　　C. 热继电器　　　D. 时间继电器

19. 低压电气设备保护接地的接地电阻一般不得超过（ ）。
    A. 4Ω　　　B. 10Ω　　　C. 0.5MΩ　　　D. 0.5Ω

20. 具有安全电压的电气设备是（ ）类设备。
    A. Ⅲ　　　B. Ⅱ　　　C. Ⅰ　　　D. 0 Ⅰ

三、多项选择题（每题 2 分，共 10 分。5 个备选项：A、B、C、D、E。至少 2 个正确，至少 1 个错误项。错选不得分；少选，每选对 1 项得 0.5 分）

1. 电力变压器是变配电站的核心设备，按照绝缘结构和冷却方式的不同分为（ ）。
   A. 油浸式变压器　　　B. 自耦变压器　　　C. 干式变压器
   D. 隔离变压器　　　E. 输出变压器

2. 高压断路器有强有力的灭弧装置，既能在正常情况下接通和分断负荷电流，又能借助继电保护装置在故障情况下切断（ ）。
   A. 空载电流　　　B. 额定电流　　　C. 欠载电流
   D. 过载电流　　　E. 短路电流

3. 10kV 及以下变电所的位置，不宜设在多尘或有腐蚀性气体的场所；不宜设在有火灾危险环境的正上方或正下方；不应设在下列（ ）场所。
   A. 有剧烈振动或高温的场所
   B. 厕所的正上方或正下方
   C. 浴室的正上方或正下方或其他经常积水场所的正上方或正下方

D. 地势低洼和可能积水的场所

E. 有爆炸危险环境的正上方或正下方

4. 最常见的低压保护电器包括（   ）。

A. 熔断器　　　　　　B. 熔解器　　　　　　C. 弧焊机

D. 电焊器　　　　　　E. 热继电器

5. 低压控制电器主要用来接通和断开线路，以及用来控制用电设备。下列选项中属于低压控制电器的是

（   ）。

A. 电磁启动器　　　　B. 熔断器　　　　　　C. 低压断路器

D. 减压启动器　　　　E. 热继电器

四、填空题（每空 1 分，共 10 分）

1. 高压隔离开关的主要用途是_____，以保证对其他电器设备及线路的安全检修。

2. 用电设备外壳防护等级中，第一种防护是对_____异物进入内部的防护以及对人体触及内部带电部分或运动部分的防护，第二种防护是对_____进入内部的防护。

3. Ⅰ类手持电动工具应配绝缘用具，根据用电特征安装_____或采取电气隔离措施。

4. 熔断器_____于被保护电路中，用作_____。在照明电路及其他没有冲击载荷的线路中，熔断器也可用作_____元件。

5. 电流互感器使用时一次绕组与被测电路_____，电压互感器一次绕组与被测电路_____。

6. 从安全角度考虑，变配电站应避开_____场所。

五、问答题（每题 10 分，共 50 分）

1. 单相电气设备防触电和防火措施。

2. 低压控制电器通用安全要求。

3. 低压电器常用保护方式。

4. 试简述变配电站位置设置的安全要求。

5. 试比较高压隔离开关、高压负荷开关、高压断路器的特点和功能。

扫描封面二维码可获取自测题 2 参考答案

第八章　电气防火防爆

--·--+--·--

本章内容提要

1. 知识框架结构图

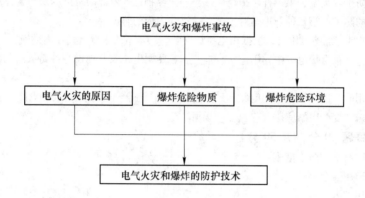

2. 知识导引

　　火灾和爆炸事故往往会造成重大的人身伤亡和设备损坏。电气火灾和爆炸事故在火灾和爆炸事故中占有很大的比例。仅就电气火灾而言，不论是发生频率还是所造成的经济损失，在火灾中所占的比例都有上升的趋势。配电线路、高低压开关电器、熔断器、插座、照明器具、电动机、电热器具等电气设备均可能引起火灾。电力电容器、电力变压器、电力电缆、多油断路器等电气装置除可能引起火灾外，本身还可能发生爆炸。电气火灾火势凶猛，如不及时扑灭，势必迅速蔓延。电气火灾和爆炸事故除可能造成人身伤亡和设备损坏外，还可能造成大规模或长时间停电，给国家财产造成重大损失。因此，有必要研究和掌握电气防火防爆的安全措施，防止电气火灾和爆炸事故的发生，保护财产和人身的安全。

3. 重点及难点

　　本章重点是危险物质和危险环境、防爆电气设备分类和标志、电气火灾和爆炸的防护技术。难点是如何合理选择防爆电气设备。

4. 学习目标

　　通过本章的学习，应达到以下目标：

　　（1）熟悉电气火灾事故发生的原因；

　　（2）了解危险物质分类及其相关性能状况；

　　（3）了解危险环境的区域划分与识别；

（4）掌握电气设备防爆的类型及标志；

（5）熟悉电气火灾和爆炸的防护技术。

5. 教学活动建议

搜集电气火灾和爆炸事故的历史事件，课间播放相关视频，以提高读者学习兴趣。

第一节　电气火灾的原因

电气火灾发生的原因是多种多样的，例如过载、短路、接触不良、电弧或电火花、漏电、雷电、静电等。有的火灾是人为的，比如思想麻痹、疏忽大意、不遵守有关防火法规、违反操作规程等。从电气防火角度分析，电气设备安装使用不当、雷击和静电是造成电气火灾的重要原因。

一、电气设备安装使用不当

（一）过载

所谓过载，是指电气设备或导线的功率和电流超过了其额定值。过载后电流增加，时间一长，就会引起电气设备过热。造成过载的原因有以下几个方面：

（1）设计、安装时选型不正确，使电气设备的额定容量小于实际负载容量。

（2）设备或导线随意装接，增加负荷，造成超载运行。

（3）检修、维护不及时，使设备或导线长期处于带病运行状态。

电气设备或导线的绝缘材料，大都是有机绝缘材料，属于可燃材料，例如油、纸、麻、丝和棉的纺织品、树脂、沥青、漆、塑料、橡胶等。只有少数属于无机材料，例如陶瓷、石棉和云母等是不易燃材料。过载使导体中的电能转变成热能，当导体和绝缘物局部过热，达到一定温度时，就会引起火灾。

（二）短路

短路是电气设备最严重的一种故障状态，电力网中的火灾大都是由短路所引起的。短路后，线路中的电流增大为正常时的数倍乃至数十倍，使温度急剧上升，如果达到周围可燃物的引燃温度，即可引发火灾。产生短路的主要原因有：

（1）电气设备的选用和安装与使用环境不符，致使其绝缘体在高温、潮湿、酸碱环境条件下受到破坏。

（2）电气设备使用时间过长，超过使用寿命，绝缘老化发脆。

（3）使用维护不当，长期带病运行，扩大了故障范围。

（4）过电压使绝缘击穿。

（5）错误操作或把电源接向故障线路。

短路时，在短路点或导线连接松弛的电气接头处，会产生电弧或电火花。电弧温度很高，可达6000℃以上，不但可引燃它本身的绝缘材料，还可将它附近的可燃材料、蒸气和粉尘引燃。此外电弧还可能是由于接地装置不良或电气设备与接地装置间距过小，过电压时使空气击穿引起。切断或接通大电流电路时，或大截面熔断器爆断时，也能产生电弧。

（三）接触不良

接触不良主要发生在导线连接处，例如固定接头连接不牢、焊接不良或接头表面污损都会增加绝缘电阻而导致接头过热。可拆卸的电气接头因振动或由于热的作用，使连接处发生松动，也会导致接头过热。产生接触不良的原因有：

（1）电气接头表面污损，接触电阻增加。

（2）电气接头长期运行，产生导电不良的氧化膜，未及时清除。

（3）电气接头因振动或由于热的作用，使连接处发生松动。

（4）铜铝连接处，因有约 1.69V 电位差的存在，潮湿时会发生电解作用，使铝腐蚀，造成接触不良。接触不良，导致局部过热，形成潜在引燃源。

（四）烘烤

电热器具（如电炉、电熨斗等）及照明灯泡，在正常通电的状态下，就相当于一个火源或高温热源。当其安装不当或长期通电无人监护管理时，就可能使附近的可燃物受高温而起火。

（五）摩擦

发电机和电动机等旋转型电气设备，轴承出现润滑不良、干枯产生干摩发热会引起火灾。

二、雷电

雷电是在大气中产生的，雷云是大气电荷的载体，当雷云与地面建筑物或构筑物接近到一定距离时，雷云高电位就会把空气击穿放电，产生闪电、雷鸣现象。雷云电位可达 10000~100000kV，雷电流可达 50kA，若以 0.00001s 的时间放电，其放电能量约为 $1×10^7$J（$1×10^7$W·s），这个能量约为使人致死或易燃易爆物质点火能量的 100 万倍，足可使人死亡或引起火灾。

雷电危害的特点是放电时伴随机械力、高温和强烈火花的产生。使建筑物破坏、输电线或电气设备损坏、油罐爆炸、堆场着火。

三、静电

静电是物体中正负电荷处于静止状态下的电。随着静电电荷不断积聚而形成很高的电位，在一定条件下，对金属物或地放电，产生足够能量的强烈火花，使飞花麻絮、粉尘、可燃蒸气及易燃液体燃烧起火，甚至引起爆炸。

近 20 多年来，随着石油化工、塑料、橡胶、化纤、造纸、印刷、金属磨粉等工业的发展，静电火灾愈来愈受到人们的高度重视。

第二节　爆炸危险物质和危险环境

在大气条件下，气体、蒸气、薄雾、粉尘或纤维状的易燃物质与空气混合，点燃后燃烧能在整个范围内传播的混合物称为爆炸性混合物。能形成爆炸性混合物的物质称为爆炸危险物质。凡有爆炸性混合物出现或可能有爆炸性混合物出现，且出现的量足以要求对电气设备和电气线路的结构、安装、运行采取防爆措施的环境称为爆炸危险环境。

一、爆炸危险物质

(一) 爆炸危险物质的类别、级别和组别

爆炸危险物质分为三个类别，Ⅰ类为矿井甲烷；Ⅱ类为爆炸性气体、蒸气、薄雾；Ⅲ类为爆炸性粉尘、纤维。

爆炸危险物质的级别和组别是根据其性能参数来划分的。这些性能参数包括：危险物质的闪点、燃点、引燃温度、爆炸极限、最小点燃电流比、最小引燃能量、最大试验安全间隙等。

1. 闪点

闪点是在规定的试验条件下，易燃液体能释放出足够的蒸气并在液面上方与空气形成爆炸性混合物，点火时能发生闪燃（一闪即灭）的最低温度。易燃液体的闪点见表8-1。

表 8-1 爆炸性气体、蒸气的性能参数

物质名称	引燃温度组别	引燃温度/℃	闪点/℃	容积爆炸极限		蒸气密度（空气为1）
				下限/%	上限/%	
Ⅰ类						
甲烷	T1	537	气体	5.0	15.0	0.55
Ⅱ类 A 级						
硝基甲烷	T2	415	36	7.1	63	2.11
氯甲烷（甲基氯）	T1	625	气体	7.1	18.5	1.78
乙烷	T1	515	气体	3.0	15.5	1.04
溴乙烷	T1	511	<-20	6.7	11.3	3.76
1,4-二氧杂环乙烷	T4	180	12.2	2.0	22.0	3.03
1,2-二氯乙烷	T2	412	13.3	6.2	16.0	3.40
丙烷	T1	466	气体	2.1	9.5	1.56
3-氯-1,2-环氧丙烷	T2	385	28	2.3	34.4	3.28
丁烷	T2	365	气体	1.5	8.5	2.05
氯丁烷	T3	245	-12	1.8	10.1	3.20
戊烷	T3	285	<-40	1.4	7.8	2.49
己烷	T3	233	-21.7	1.2	7.5	2.79
庚烷	T3	215	-4	1.1	6.7	3.46
辛烷	T3	210	12	1.0	6.5	3.94
壬烷	T3	205	31	0.7	5.6	4.43
Ⅱ类 B 级						
环丙烷	T1	465	气体	2.4	10.4	1.45
环氧乙烷	T2	425	气体	3.0	100.0	1.52
乙烯	T2	425	气体	2.7	34.0	0.97

物质名称	引燃温度组别	引燃温度/℃	闪点/℃	容积爆炸极限		蒸气密度（空气为1）
				下限/%	上限/%	
Ⅱ类 B 级						
1,3-丁二烯	T2	415	气体	1.1	12.5	1.87
乙醚	T4	170	−45	1.7	48.0	2.55
乙基甲基醚	T4	190	气体	2.0	10.1	2.07
丙烯醛	T3		<−20	2.8	31.0	1.94
城市煤气	T1		气体	5.3	32.0	
Ⅱ类 C 级						
乙炔	T2	305	气体	1.5	82.0	0.90
氢	T1	560	气体	4.0	75.0	0.07
二硫化碳	T5	102	−30	1.0	60.0	2.64
水煤气	T1		气体	7.0	72.0	

2. 燃点

燃点是物质在空气中点火时发生燃烧，移去火源仍能继续燃烧的最低温度。对于闪点不超过45℃的易燃液体，燃点仅比闪点高1~5℃，一般只考虑闪点，不考虑燃点。对于闪点比较高的可燃液体和可燃固体，闪点与燃点相差较大，应用时有必要加以考虑。

3. 引燃温度

引燃温度又称自燃点或自燃温度，是指在规定试验条件下，可燃物质不需要外来火源即发生燃烧的最低温度。一些气体、蒸气的引燃温度见表8-1；一些粉尘、纤维的引燃温度见表8-2；一些固体的引燃温度见表8-3。

表 8-2　易燃易爆粉尘、纤维的性能参数

粉尘种类	物质名称	引燃温度组别	高温表面沉积 5mm 粉尘的引燃温度/℃	云状粉尘的引燃温度/℃	爆炸极限/g·m⁻³	粉尘平均粒径/μm	危险性种类
火药	一号硝化棉	T13	154			100目	爆
	黑火药	T12	230			100目	爆
炸药	梯恩梯	T12	220				爆
	奥克托金	T12	220				爆
	黑索金	T13	159				爆
	特屈儿	T13	168				爆
	泰安	T13	157				爆
矿物	铝（表面处理）	T11	320	590	37~50	10~15	爆
	铝（含油）	T12	230	400	37~50	10~20	爆
	铁粉	T12	242	430	153~240	100~150	易导
	镁	T11	340	470	44~59	5~10	爆
	红磷	T11	305	360	48~64	30~50	易燃

粉尘种类	物质名称	引燃温度组别	高温表面沉积 5mm 粉尘的引燃温度/℃	云状粉尘的引燃温度/℃	爆炸极限 /g·m⁻³	粉尘平均粒径/μm	危险性种类
矿物	炭黑	T12	535	>690	36~45	10~20	易导
	锌	T11	430	530	212~284	10~15	易导
	电石	T11	325	555		<200	易燃
	锆石	T11	305	360	92~123	5~10	易导
化学药品	蒽	T11	熔融升华	505	29~39	40~50	易燃
	苯二（甲）酸	T11	熔融	650	60~83	80~100	易燃
	硫黄	T11	熔融	235		30~50	易燃
	结晶紫	T11	熔融	475	46~70	15~30	易燃
	阿司匹林	T11	熔融	405	31~41	60	易燃
合成树脂	聚乙烯	T11	熔融	410	26~35	30~50	易燃
	聚苯乙烯	T11	熔融	475	27~37	40~60	易燃
	聚乙烯醇	T11	熔融	450	42~55	5~10	易燃
	聚丙烯酯	T11	熔融炭化	505	35~55	5~7	易燃
	聚氨酯（类）	T11	熔融	425	46~63	50~100	易燃
	聚乙烯四钛	T11	熔融	480	52~71	<200	易燃
	聚氯乙烯	T11	熔融炭化	595	63~86	4~5	易燃
	酚醛树脂	T11	熔融炭化	520	36~49	10~20	易燃
橡胶天然树脂	聚丙烯腈	T11	炭化	505		5~7	
	有机玻璃粉	T11	熔融炭化	435			易燃
	骨胶（虫胶）	T11	沸腾	475		20~50	易燃
	硬质橡胶	T11	沸腾	360	36~40	20~30	易燃
	天然树脂	T11	熔融	370	38~52	20~30	易燃
	松香	T11	熔融	325		50~80	易燃
沥青蜡	硬蜡	T11	熔融	400	26~36	30~50	易燃
	硬沥青	T11	熔融	620		50~150	易燃
	软沥青	T11	熔融	620		50~80	易燃
农产品	小麦谷物粉	T11	290	420		15~30	易燃
	筛米粉	T11	270	410		50~100	易燃
	马铃薯淀粉	T11	炭化	430		20~30	易燃
	黑麦谷粉	T11	305	430		50~100	易燃
	砂糖粉	T11	熔融	360	77~99	20~40	易燃
纤维粉	啤酒麦芽粉	T11	285	405		100~150	易燃
	亚麻籽粉	T11	285	470			易燃
	菜种渣粉	T11	炭化	465		400~600	易燃
	烟草纤维	T11	290	485		50~100	易燃
	软木粉	T11	325	460	44~59	30~40	易燃

续表 8-2

粉尘种类	物质名称	引燃温度组别	高温表面沉积5mm粉尘的引燃温度/℃	云状粉尘的引燃温度/℃	爆炸极限/g·m⁻³	粉尘平均粒径/μm	危险性种类
燃料粉	有烟煤粉	T11	235	595	41~57	5~10	导
	贫煤粉	T11	285	680	34~45	5~7	导
	无烟煤粉	T11	>430	>600		100~150	导
	木炭粉（硬质）	T11	340	595	39~52	1~2	易导
	泥煤焦炭粉	T11	360	615	40~54	1~2	易导
	石墨	T11	不着火	>750		15~25	导
	炭黑	T11	535	>690		10~20	导

表 8-3　固体的引燃温度

物质名称	引燃温度/℃	物质名称	引燃温度/℃
黄（白）磷	60	硫	260
纸张	130	木炭	350
棉花	150	萘	515
布匹	200	蒽	470
焦炭	700	赤磷	200
煤	400	三硫化四磷	100
赛璐珞	140	松香	240
木材	250	沥青	280

爆炸性气体、蒸气、薄雾按引燃温度分为 6 组，其相应的引燃温度范围见表 8-4。爆炸性粉尘、纤维按引燃温度分为 3 组。其相应的引燃温度范围见表 8-5。

表 8-4　爆炸性气体的分类、分级和分组

类和级	最大试验安全间隙/mm	最小点燃电流比	引燃温度（℃）及组别					
			T1	T2	T3	T4	T5	T6
			$T>450$	$300<T\leqslant450$	$200<T\leqslant300$	$135<T\leqslant200$	$100<T\leqslant135$	$85<T\leqslant100$
I	1.14	1.0	甲烷					
ⅡA	0.9~1.14	0.8~1.0	乙烷、丙烷、丙酮、氯苯、苯乙烯、氯乙烯、甲苯、苯胺、甲醇、一氧化碳、乙酸乙酯、乙酸、丙烯腈	丁烷、乙醇、丙烯、丁醇、乙酸丁酯、乙酸戊酯、乙酸酐	戊烷、己烷、庚烷、癸烷、辛烷、环己烷、硫化氢、汽油	乙醚、乙醛		亚硝酸乙酯

续表8-4

类和级	最大试验安全间隙/mm	最小点燃电流比	引燃温度（℃）及组别					
			T1	T2	T3	T4	T5	T6
			T>450	300<T≤450	200<T≤300	135<T≤200	100<T≤135	85<T≤100
ⅡB	0.5~0.9	0.45~0.8	二甲醚、民用煤气、环丙烷	环氧乙烷、环氧丙烷、丁二烯、乙烯	异戊二烯			
ⅡC	≤0.5	≤0.45	水煤气、氢、焦炉煤气	乙炔			二硫化碳	硝酸乙酯

表8-5　爆炸性粉尘的分级、分组

级别和种类		引燃温度（℃）及组别		
		T11	T12	T13
		T>270	200<T≤270	140<T≤200
ⅢA	非导电性可燃纤维	木棉纤维、烟草纤维、纸纤维、亚硫酸盐纤维、人造毛短纤维、亚麻	木质纤维	
	非导电性爆炸性粉尘	小麦、玉米、砂糖、橡胶、染料、苯酚树脂、聚乙烯	可可、米糠	
ⅢB	导电性爆炸性粉尘	镁、铝、铝青铜、锌、钛、焦炭、炭黑	铝（含油）、铁、煤	
	火炸药粉尘		黑火药、TNT	硝化棉、吸收药、黑索金、特屈儿、泰安

4. 爆炸极限

爆炸极限主要指爆炸浓度极限，是指在一定的温度和压力下，气体、蒸气、薄雾或粉尘、纤维与空气形成的能够被引燃并传播火焰的浓度范围。该范围的最低浓度称为爆炸下限，最高浓度称为爆炸上限。气体、蒸气、粉尘、纤维的爆炸极限见表8-1和表8-2。

环境温度越高，燃烧越快，爆炸极限范围越大。例如，乙醇0℃时的爆炸极限是2.55%~11.8%，50℃时是2.5%~12.5%，而100℃时是2.25%~12.53%。

随着压力升高，绝大多数气体混合物的爆炸下限略有下降，爆炸上限明显上升。例如，甲烷与空气的混合物，当压力分别为0.098MPa、0.98MPa、4.9MPa和12.25MPa时，爆炸极限分别为5.6%~14.3%、5.9%~17.2%、5.4%~29.4%和5.1%~45.7%。当压力减小至一定程度时，爆炸极限范围缩小至某一点，也有极少数相反的情况。例如，干燥的一氧化碳与空气混合物的爆炸极限随着压力的升高反而缩小。

氧含量升高，爆炸下限变化不大，爆炸上限明显升高，使得爆炸极限范围扩大。例如，乙烯在空气中的爆炸极限是3.1%~32%，在纯氧中的爆炸极限则是3.0%~80%。丙烷在空气中的爆炸极限是2.2%~9.5%，在纯氧中的爆炸极限则是2.3%~55%。

混合气体中惰性气体含量增加，爆炸极限范围缩小。例如，汽油蒸气与空气的混合气体的爆炸极限为 1.4%~7.6%。当含有 10% 的二氧化碳时，爆炸极限范围缩小为 1.4%~5.6%；当含有 20% 的二氧化碳时，爆炸极限范围缩小为 1.8%~2.4%；当含有 28% 以上的二氧化碳时，该混合气体不再发生爆炸。

当容器细窄时，由于容器壁的冷却作用，爆炸极限范围变小。当容器直径减小至一定程度时，火焰不能蔓延，可消除爆炸危险，这个直径称作临界直径。如甲烷的临界直径为 0.4~0.5mm，氢和乙炔的临界直径为 0.1~0.2mm。

引燃源温度越高，加热面积越大或作用时间越长，都使得爆炸极限范围越大。例如，对于甲烷，100V、1A 的电火花不会引起爆炸；2A 的电火花可引起爆炸，爆炸极限为 5.9%~13.6%；3A 电火花的爆炸极限扩大为 5.85%~14.8%。

5. 最小点燃电流比

最小点燃电流比（MICR）是指在规定试验条件下，气体、蒸气、薄雾等爆炸性混合物的最小点燃电流与甲烷爆炸性混合物的最小点燃电流之比。爆炸性气体、蒸气、薄雾按最小点燃电流比分为 A、B、C 三级，见表 8-4。

6. 最小引燃能量

最小引燃能量是指在规定的试验条件下，能使爆炸性混合物燃爆所需最小电火花的能量。如果引燃源的能量低于这个临界值，一般不会着火。一些可燃气体、蒸气与空气的爆炸性混合物的最小引燃能量见表 8-6。一些粉尘与空气的爆炸性混合物的最小引燃能量见表 8-7。

表 8-6 可燃气体、蒸气与空气的爆炸性混合物的最小引燃能量

名称	体积分数/%	最小引燃能量/mJ	名称	体积分数/%	最小引燃能量/mJ
乙炔	7.73	0.02	丙烯醛	5.64	0.13
乙烯	6.52	0.096	甲醇	12.24	0.215
丙烯	4.44	0.282	丙酮	4.97	1.15
二异丁烯	1.71	0.96	乙酸乙酯	4.02	1.42
甲烷	9.50	0.33	乙烯基醋酸	4.44	0.70
丙烷	4.02	0.31	苯	2.71	0.55
戊烷	2.55	0.49	甲苯	2.27	2.50
乙腈	7.02	6.00	二硫化碳	6.52	0.015
乙胺	5.28	2.40	氨	21.8	680
乙醚	3.37	0.49	氢	29.6	0.02
乙醛	7.72	0.376	硫化氢	12.2	0.077

表 8-7 粉尘与空气爆炸性混合物的最小引燃能量

名称	层积状	悬浮状	名称	层积状	悬浮状
铝	1.6	10	聚乙烯	—	30
铁	7	20	聚苯乙烯		15
镁	0.24	20	酚醛树脂	40	10

名称	层积状	悬浮状	名称	层积状	悬浮状
钛	0.008	10	醋酸纤维		11
锆	0.0004	5	沥青	4~6	20~25
锰铁合金	8	80	大米		40
硅	2.4	80	小麦	—	50
硫	1.6	15	大豆	40	50
硬脂酸铝	40	10	砂糖		30
阿司匹林	160	25	硬木		20

最小引燃能量受混合物性质、引燃源特征、压力、浓度、温度等因素的影响。纯氧中的最小引燃能量小于空气中的引燃能量。压力减小最小引燃能量明显增大。在某一浓度下，最小引燃能量取得最小值；离开这一浓度，最小引燃能量都将变大。

7. 最大试验安全间隙

最大试验安全间隙（MESG）是衡量爆炸性物品传爆能力的性能参数，是指在规定试验条件下，两个经间隙长为 25mm 连通的容器，一个容器内燃爆时不致引起另一个容器内燃爆的最大连通间隙。爆炸性气体、蒸气、薄雾按最大试验安全间隙分为 A、B、C 三级，见表 8-4。

（二）危险物质分组和分级举例

气体、蒸气危险物质分组、分级见表 8-4。表中最大试验安全间隙与最小点燃电流比在分级上的关系只是近似相等。

粉尘、纤维按其导电性和爆炸性分为ⅢA级和ⅢB级。其分组、分级见表 8-5。在确定粉尘、纤维的引燃温度时，应在悬浮状态和沉积状态的引燃温度中选用较低的数值。

二、危险环境

为了正确选用电气设备、电气线路和各种防爆设施，必须正确划分所在环境危险区域的大小和级别。

（一）爆炸和火灾危险区域类别及等级

爆炸和火灾危险区域类别及其分区方法，是我国借鉴国际电工委员会（IEC）的标准，结合我国的实际情况划分的。根据爆炸性环境易燃易爆物质在生产、储存、输送和使用过程中出现的物理和化学现象的不同，分为爆炸性气体环境危险区域和爆炸性粉尘环境危险区域两类。按爆炸性混合物出现的频繁程度和持续时间的不同，又将爆炸危险区域分成五个不同危险程度的区，见表 8-8。由于火灾危险区域内火灾危险物质的危险程度和物质状态不同，按火灾事故发生的可能性和后果、危险程度及物质状态划分成三个不同危险程度的区，见表 8-9。

表8-8 爆炸性危险区域

爆炸性气体环境危险区域	0 区	连续出现或长期出现爆炸性气体混合物的环境
	1 区	在正常运行时，可能出现爆炸性气体温合物的环境
	2 区	在正常运行时，不可能出现爆炸性气体混合物的环境，即使出现也仅是短时存在的爆炸性气体混合物的环境
爆炸性粉尘环境危险区域	10 区	连续出现或长期出现爆炸性粉尘的环境
	11 区	有时会将积留下的粉尘扬起而偶然出现爆炸性粉尘混合物的环境

表8-9 火灾危险区域

火灾危险区域	21 区	具有闪点高于环境温度的可燃液体，在数量和配置上能引起火灾危险的环境
	22 区	具有悬浮状、堆积状爆炸性或可燃性粉尘，虽不可能形成爆炸性混合物，但在数量和配置上能引起火灾危险的环境
	23 区	具有固体状可燃物质，在数量和配置上能引起火灾危险的环境

区可以是爆炸危险场所的全部，也可是其一部分。在这个区域内，如果爆炸性混合物的出现或预期可能出现的数量达到足以要求对电气设备的结构、安装和使用采取预防措施的程度，这样的区必须以爆炸性危险区域对待，进行防火防爆设计。

在区域划分中提到的"正常运行"是指正常起动、运转、操作和停止的一种工作状态或过程，当然也应该包括产品从设备中取出和对设备开闭盖子、投料、除杂质以及安全阀、排污阀等的正常操作。不正常情况是指因容器、管路装置的破损故障和错误操作等，引起爆炸性混合物的泄漏和积聚，以致有产生爆炸危险的可能性。

对一个爆炸危险区域，判断其有无爆炸性混合物产生，应根据区域空间的大小、物料的品种与数量、设备情况（如运行情况、操作方法、通风、容器破损和误操作的可能性）、气体浓度测量的准确性以及物理性质和运行经验等条件予以综合分析确定。如氨气爆炸浓度范围为15.5%～27%，但具有强烈刺激气味，易被值班人员发现，可划为较低级别。对容易积聚比重大的气体或蒸气的通风不良的死角或地坑等低洼处，就应视为高级别区。

对火灾危险区域，首先应看其可燃物的数量和配置情况，然后才能确定是否有引起火灾的可能，切忌只要有可燃物质就划为火灾危险区域的错误做法，这样既不经济也不安全。

（二）爆炸危险区域范围的确定

爆炸危险区域范围，是指在正常情况下爆炸危险浓度有可能形成的区域范围，而不是指事故波及的范围。在这个区域范围内，应安装相应的防爆电气设备；爆炸危险区域范围外，可以安装非防爆型的电气设备。但是不能以这个范围作为能不能使用明火或其他火源的依据，因为电气设备与其他着火源还是有区别的，如果在爆炸危险区域范围内及附近动用明火，显然是不安全的，所以，在爆炸危险区域及其附近动用明火及其他火源，必须按动火制度执行。

1. 爆炸性气体环境危险区域范围

爆炸性气体环境危险区域范围，应根据释放源的级别和位置、易燃易爆物质的性质、通风条件、障碍物及生产条件、运行经验等综合确定。

（1）非开敞建筑物。

在建筑物内部，一般以室为单位，但当室内空间很大时，可以根据通风情况，释放源的位置，爆炸性气体释放量的大小和扩散范围酌情将室内空间划分为若干个区域并确定其级别。如在厂房门、窗外规定空间范围内，由于通风良好，则可划低一级，如图 8-1 所示，图中尺寸单位为 m。图中室内若为 1 区，则虚线所示范围可划为 2 区。有斜线的两个数字，分子为通风良好值，分母为通风不良值。括号内数字是厂房内为 2 区时，厂房外 2 区的范围。

此外，当室内具有比空气重的气体或蒸气，或者有比空气轻的气体或蒸气时，也可以不按室为单位划分。因为比空气重时，在低于释放源的地方，可能造成爆炸性气体或蒸气积聚的凹坑或死角；比空气轻时，也可能在高于释放源的地方及顶部，形成死角。

（2）开敞或局部开敞建筑物。

对易燃液体、闪点低于或等于场所环境温度的可燃液体注送站，其开敞面外缘向外水平延伸 15m 以内、向上垂直延伸 3m 以内的空间应划为 1 区，1 区向外水平延伸 7.5m 以内、向上垂直延伸 3m 以内的空间应划为 2 区，如图 8-2 所示。图中尺寸单位为 m，R 为划定区域范围半径。

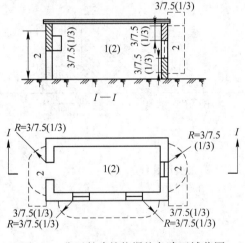

图 8-1　非开敞建筑物爆炸危险区域范围

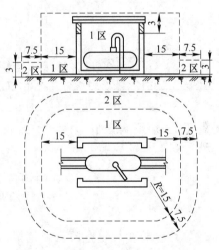

图 8-2　开敞的注送站爆炸危险区域

（3）露天装置。对装有可燃气体、易燃液体和闪点低于或等于场所环境温度的可燃液体的封闭工艺装置，一般在离设备外壳 3m（垂直和水平）以内的空间应划为危险区域。当设置安全阀、呼吸阀、放空阀时，一般是以阀口以外 3m（垂直和水平）以内的空间作为危险区域，如图 8-3 所示，r 为注送口的半径。

（4）使用明火设备的附近区域。在使用明火设备的一些危险区域，例如燃油、燃气锅炉房的燃烧室附近或表面温度已超过该区域爆炸性混合物的自燃温度的炽热部件（如高压蒸气管道等）附近，可采用非防爆型电气设备。在这种情况下防火防爆主要采取密闭、防渗漏等措施来解决，因为在这些区域内已有明火或超过爆炸性混合物自燃温度的高温物体，电气设备防爆已起不到它应有的作用。

（5）与爆炸危险区域相邻的区域。关于与爆炸危险区域相邻的区域等级的划分，应根据它们之间的相对间隔、门窗开设方向和位置、通风状况、实体墙的燃烧性能等因素确定。具体实施时，必须作好调查研究。

（6）以释放源划分。释放源指的是在爆炸危险区域内，可能释放出形成爆炸性混合物的物质所在的位置和处所。当释放源确定后，爆炸危险区域范围就是以释放源为中心划定的一个规定空间区域。图 8-4 就是一个以释放源为中心划分爆炸危险区域范围的实例。在爆炸危险下的坑、沟划为 1 区；以释放源为中心，半径为 15m，地坪上的高度为 7.5m 及半径为 7.5m，顶部与释放源的距离为 7.5m 的范围内划为 2 区；以释放源为中心，总半径为 30m，地坪上的高度为 0.6m，且在 2 区以外的范围内划为附加 2 区。

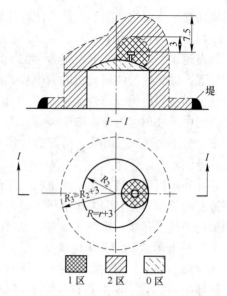

图 8-3　有呼吸阀的露天油罐爆炸危险区域

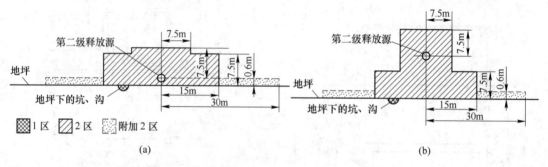

图 8-4　易燃物质重于空气、通风良好的生产装置区

（a）释放源接近地坪；（b）释放源在地坪以上

2. 爆炸性粉尘环境危险区域范围

爆炸性粉尘环境危险区域范围，应根据粉尘量、释放率、浓度和物理特性，以及同类企业相似厂房的运行经验确定。爆炸性粉尘在建筑物内部，宜以厂房为单位确定范围。

第三节　电气火灾和爆炸的防护技术

电气火灾和爆炸的防护包括合理选用和正确安装电气设备及电气线路，保持电气设备和线路的正常运行，保证必要的防火间距，保持良好的通风，装设良好的保护装置等技术措施。

一、防爆电气设备

火灾和爆炸危险环境使用的电气设备，结构上应能防止由于在使用中产生火花、电弧或危险温度而成为安装地点爆炸性混合物的引燃源。因此，火灾和爆炸危险环境使用的电气设备是否合理，直接关系到工矿企业的生产安全。

（一）防爆电气设备的一般安全要求

防爆电气设备的一般安全要求如下：

（1）在进行爆炸性环境的电力设计时，应尽量把电气设备，特别是正常运行时发生火花的设备，布置在危险性较小或非爆炸性环境中。火灾危险环境中表面温度较高的设备，应远离可燃物。

（2）在满足工艺生产及安全的前提下，应尽量减少防爆电气设备使用量。火灾危险环境下不宜使用电热器具，非用不可时应用非燃烧材料进行隔离。

（3）防爆电气设备应有防爆合格证。

（4）少用携带式和移动式电气设备。

（5）可在建筑上采取措施，把爆炸性环境限制在一定范围内，如采用隔墙法等。

（二）电气设备防爆的类型及标志

防爆电气设备的类型很多，性能各异。按使用环境的不同，防爆电气设备分为两类、三级：

（1）Ⅰ类。煤矿井下用电气设备，只以甲烷为防爆对象，不再分级；

（2）Ⅱ类。工厂用电气设备。爆炸性气体混合物有 150 多种，种类繁多，产品制造时，按 MESG 或 MIC 分为 A、B、C 三级。

根据电气设备产生火花、电弧和危险温度的特点，为防止其点燃爆炸性混合物而采取的措施不同，防爆电气设备分为下列九种型式：

（1）隔爆型（标志 d）。它是一种具有隔爆外壳的电气设备，其外壳能承受内部爆炸性气体混合物的爆炸压力并阻止内部的爆炸向外壳周围爆炸性混合物传播。适用于爆炸危险场所的任何地点，多用于电机、变压器、开关等。

（2）增安型（标志 e）。在正常运行条件下不会产生电弧、电火花，也不会产生足以点燃爆炸性混合物的高温。在结构上采取种种措施来提高安全程度，以避免在正常和认可的过载条件下产生电弧、电火花和高温。它没有隔爆外壳，多用于笼型电动机等。

（3）本质安全型（标志 ia、ib）。在正常工作或规定的故障状态下产生的电火花和热效应均不能点燃规定的爆炸性混合物。这种电气设备按使用场所和安全程度分为 ia 和 ib 两个等级。

1）ia 等级设备在正常工作、发生一个故障和两个故障时均不能点燃爆炸性气体混合物。主要用于 0 区。

2）ib 等级设备在正常工作和发生一个故障时不能点燃爆炸性气体混合物。主要用于 1 区。

正常工作和故障状态是用安全系数来衡量的。安全系数是电路最小引爆电流（或电压）与其电路的电流（或电压）的比值，用 K 表示。正常工作时 $K=2.0$，一个故障时 $K=1.5$，两个故障时 $K=1.0$。

（4）正压型（标志 p）。它具有正压外壳，可以保持内部保护气体即新鲜空气或惰性气体的压力高于周围爆炸性环境的压力，阻止外部混合物进入外壳。

（5）充油型（标志 o）。它是将电气设备全部或部分部件浸在绝缘油内，使设备不能点燃油面以上的或外壳外的爆炸性混合物。如高压油开关。

（6）充砂型（标志 q）。在外壳内充填砂粒材料，使其在一定使用条件下壳内产生的电弧、传播的火焰、外壳壁或砂粒材料表面的过热均不能点燃周围爆炸性混合物。

（7）浇封型（标志 m）。将电气设备或其部件浇封在浇封剂（环氧树脂）中，使它在正常运行和认可的过载或认可的故障下不能点燃周围的爆炸性混合物的防爆电气设备。

（8）无火花型（标志 n）。正常运行条件下，不会点燃周围爆炸性混合物，且一般不会发生有点燃作用的故障。这类设备的正常运行即是指不应产生电弧或火花（包括滑动触头）。电气设备的热表面或灼热点也不应超过相应温度组别的最高温度。

（9）特殊型（标志 s）。指结构上不属于上述任何一类，而采取其他特殊防爆措施的电气设备。

电气设备的防爆标志是在铭牌右上方设置清晰的永久性凸纹标志"Ex"；小型电气设备及仪器、仪表可采用标志牌铆或焊在外壳上，也可采用凹纹标志。在铭牌上按顺序标明防爆型式、类别、级别、温度组别等，这就构成了性能标志。防爆电气设备标志的表示方法如图 8-5 所示。

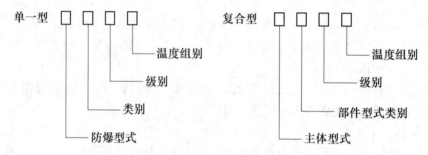

图 8-5　防爆性能标志示意图

各种标志的防爆性能举例如下：

（1）Ⅰ类隔爆型：dⅠ。适用于煤矿井下。

（2）Ⅱ类隔爆型 B 级 T3 组：dⅡBT3。适用于工厂有ⅡA、ⅡB 级，T1、T2、T3 组爆炸性混合物的环境。Ⅱ类本质安全型 ia 等级 A 级 T5 组：iaⅡAT5。适用于工厂安全程度为 ia 的有ⅡA 级、T1~T5 组爆炸性混合物的环境。

（3）采用一种以上的复合型式时，应先标出主体防爆型式，后标出其他防爆型式。如Ⅱ类主体增安型并具有正压部件 T4 组：epⅡT4。

（4）对只允许在一种爆炸性气体或蒸气环境中使用的电气设备，其标志可用该气体或蒸气的化学分子式或名称表示，此时可不必注明级别与温度组别。如Ⅱ类用于氨气环境的隔爆型：dⅡ（NH$_3$）或 dⅡ氨。

（5）对于Ⅱ类电气设备的标志，可标温度组别，也可标最高表面温度，或二者都标出。如，最高表面温度为 125℃的工厂用增安型：eⅡT4；eⅡ（125℃）或 eⅡ（125℃）T4。

（三）爆炸性环境电气设备选择

爆炸危险区域类别及危险区域等级和爆炸危险区域内爆炸性混合物的级别、温度组别以及危险物质的其他性质（引燃点、爆炸极限、闪点等）是选择防爆电气设备的基本依据。

1. 爆炸性气体环境电气设备

（1）选用原则。爆炸性气体环境电气设备的选择原则如下：

1）在有气体或蒸气爆炸性混合物区域内，防爆电气设备的级别和温度组别，必须与爆炸性混合物的级别、组别相对应。当区域内存在两种或两种以上不同级别、组别的爆炸性混合物时，应按危险程度较高的级别和组别选用相适应的防爆类型。

2）根据爆炸性气体环境危险区域的等级，选择相应的电气设备。

3）根据环境条件选择相应的电气设备。环境的温度、湿度、海拔高度、光照度、风沙、水质、散落物、腐蚀物、污染物等客观因素对电气设备的选择都提出了具体的要求，所选择的电气设备在上述特定条件下运行不能降低其防爆性能。比如，防爆电气设备有"户内""户外"之分，户内设备就不能用于户外。户外设备应能防日晒、雨淋和风沙。

4）便于维修和管理。选用的设备应具有以下优点：结构简单，管理方便，便于维修，备件易存。

5）注重效益。在考虑价格的同时，对电气设备的可靠性、寿命、运行费用、耗能、维修周期等必须全面的考虑，选择最合适最经济的防爆电气设备。

（2）防爆电气设备的选型。安全可靠、使用方便、经济合理是选型的基本前提。但要正确选型还必须正确理解和识别防爆性能标志的含义。防爆电气设备外壳上的防爆性能标志，标明了不同类型的级别和温度组别，代表了它的使用范围。如 dⅡAT2，适用于有丁烷、丙烯、乙醇等危险物质存在的场所。edⅡCT6 是一种复合型防爆标志，适用于有硝酸乙酯物质存在的场所。

爆炸性气体环境防爆电气设备选型见表 8-10。

表 8-10　爆炸性气体环境防爆电气设备选型

爆炸危险区域	适用的防护型式	
	电气设备类型	符号
0 区	本质安全型（ia 级）	ia
	其他特别为 0 区设计的电气设备（特殊型）	s
1 区	适用于 0 区的防护类型	
	隔爆型	d
	增安型	e
	本质安全型（ib 级）	ib
	充油型	o
	正压型	p
	充砂型	q
	浇封型	m
	其他特别为 1 区设计的电气设备（特殊型）	s
2 区	适用于 0 区或 1 区的防护类型	
	无火花型	n

2. 爆炸性粉尘环境电气设备

（1）选用原则。爆炸性粉尘环境电气设备选用原则如下：

1）参考爆炸性气体环境的选用原则。

2）粉尘环境危险区域应少装插座和局部照明灯具。如必须采用时，插座宜布置在粉尘不易积聚的地点。局部照明灯具宜布置在一旦发生事故时气流不易冲击的位置。

3）电气设备的最高允许表面温度见表8-11，选用电气设备应符合表8-11的规定。

表 8-11　电气设备最高允许表面温度

引燃温度组别	无过负荷的设备/℃	有过负荷的设备/℃
T11	215	195
T12	160	145
T13	120	110

（2）选型。除可燃性非导电粉尘和可燃纤维的11区环境采用防尘结构（标志为DP）的粉尘防爆电气设备外，爆炸性粉尘环境10区及其他爆炸性粉尘环境11区均采用尘密结构（标志为DT）的粉尘防爆电气设备，并按照粉尘的不同引燃温度选择不同引燃温度组别的电气设备。

（四）火灾危险区域电气设备选择

1. 选用原则

火灾危险区域电气设备选用原则如下：

（1）电气设备应符合环境条件（化学、机械、热、霉菌和风沙）的要求。

（2）正常运行时有火花和外壳表面温度较高的电气设备，应远离可燃物质。

（3）不宜使用电热器具，必须使用时，应将其安装在非燃材料底板上。

2. 选型

电气设备防护结构选型见表8-12，火灾危险区域应根据区域等级和使用条件按表8-12选择相应类型的电气设备。在火灾危险环境21区内固定安装的正常运行时有滑环等火花部件的电机，不宜采用IP44结构。在火灾危险环境23区内固定安装的正常运行有滑环等火花部件的电机，不应采用IP21型结构，而应采用IP44型。在火灾危险环境21区内固定安装的正常运行时有火花部件的电器和仪表，不宜采用IP44型。移动式和携带式照明灯具的玻璃罩，应有金属网保护。表中防护等级的标志应符合现行国家标准《外壳防护等级的分类》（GB/T 4208—2017）规定。

表 8-12　电气设备防护结构选型

电气设备	防护结构 火灾危险区域	21 区	22 区	23 区
电机	固定安装	IP44	IP54	IP21
	移动式、携带式	IP54		IP54
电器和仪表	固定安装	充油型、IP54、IP44	IP54	IP44
	移动式、携带式	IP54		

防护结构 电气设备		火灾危险区域 21 区	22 区	23 区
照明灯具	固定安装	IP2X		
	移动式、携带式		IP5X	IP2X
配电装置		IP5X		
接线盒				

表 8-12 中外壳防护等级（IP 代码）是将产品依其防尘、防止外物侵入、防水、防湿气之特性加以分级。这里所指的外物包含工具、人的手指等均不可接触到电气设备内之带电部分，以免触电。它一般是由两个数字所组成，第一个数字表示产品防尘、防止外物侵入的等级；第二个数字表示产品防湿气、防水侵入的密闭程度。数字越大，表示其防护等级越高。

二、电气线路防火防爆

电气线路故障，可以引起火灾和爆炸事故。确保电气线路的设计和施工质量，是抑制火源产生、防止爆炸和火灾事故的重要措施。电气线路防爆应从导线材质、线路敷设、线路连接和导线允许载流量几方面考虑。

（一）导线材质

对于爆炸危险环境的配线工程，应采用铜芯绝缘导线或电缆，而不用铝质的。因为铝线机械强度差，容易折断，需要进行过渡连接而加大接线盒，同时在连接技术上也难于控制，不能保证连接质量。况且铝线在被 90A 以上的电弧烧熔传爆时，其传爆间隙已接近规定的允许安全间隙，电流再大时就很不安全，铝比铜危险是显而易见的。

铜芯导线或电缆截面在 1 区为 2.5mm² 以上，2 区为 1.5mm² 以上。在 2 区电力线路也可选用 4mm² 及以上的多股铝芯导线及 2.5mm² 以上的单股铝芯导线用于照明线路。

（二）线路敷设

电气线路一般应敷设在危险性较小的环境或远离存在易燃、易爆物释放源的地方，或沿建、构筑物的墙外敷设。

在爆炸危险环境中，当气体、蒸气比空气重时，电气线路应在高处敷设或埋入地下。架空敷设时宜用电缆桥架；电缆沟敷设时沟内应充砂，并宜设置有效的排水措施。当气体、蒸气比空气轻时，电气线路宜在较低处敷设或用电缆沟敷设。敷设电气线路的沟道、钢管或电缆，在穿过不同区域之间墙或楼板处的孔洞时，应用非燃性材料严密堵塞，以防爆炸性混合物沿沟道、电缆管道流动。电缆沟通路可填砂切断。另外，为将爆炸性混合物或火焰切断，防止传播到管子的其他部分，引向电气设备接线端子的导线，其穿线钢管宜与接线箱保持 45cm。

（三）线路连接

电气线路之间原则上不能直接连接。必须实行连接或封端时，应采用压接、熔焊或钎焊，确保接触良好，防止局部过热。线路与电气设备的连接，应采用适当的过渡接头，特别是铜铝相接时更应如此。

（四）导线允许载流量

绝缘电线和电缆的允许载流量不应小于熔断器熔体额定电流的 1.25 倍和自动开关长延时过流脱扣器整定电流的 1.25 倍。引向电压为 1000V 以下笼型感应电动机支线的长期允许载流量，不应小于电动机额定电流的 1.25 倍。只有满足这种配合关系，才能避免过载，防止短路时把电线烧坏或过热时形成火源。

火灾危险环境电气线路的设计和安装应符合下列要求：

（1）在火灾危险环境内，可采用非铠装电缆或钢管配线敷设。在火灾危险环境 21 区或 23 区内，可采用硬塑料管配线。在火灾危险环境 23 区内，当远离可燃物质时，可采用绝缘导线在针式或鼓形绝缘子上敷设。沿未抹灰的木质吊顶和木质墙壁敷设的电气线路以及木质屋顶内的电气线路应穿钢管明设。

（2）在火灾危险环境内，电力、照明线路的绝缘导线和电缆的额定电压，不应低于线路的额定电压，且不低于 500V。

（3）在火灾危险环境内，当采用铝芯绝缘导线和电缆时，应有可靠的连接和封端。

（4）在火灾危险环境 21 区或 22 区内，电动起重机不应采用滑触线供电；在火灾危险环境 23 区内，电动起重机可采用滑触线供电，但在滑触线下方不应堆置可燃物质。

（5）移动式和携带式电气设备的线路，应采用移动电缆或橡胶软线。

（6）在火灾危险环境内，当需采用裸铝、裸铜母线时，不需拆卸检修的母线连接处，应采用熔焊或钎焊；母线与电气设备的螺栓连接应可靠，并应防止自动松脱；在火灾危险 21 区和 23 区内，母线宜装设保护罩，当采用金属网保护罩时，应采用 IP2X 结构；在火灾危险环境 22 区内母线应有 IP5X 结构的外罩；当露天安装时，应有防雨、雪措施。

（7）10kV 及以下架空线路严禁跨越火灾危险区域。

三、隔离和间距

隔离是将电气设备分室安装，并在隔墙上采取封堵措施，以防止爆炸性混合物进入的措施。电动机隔墙传动时，应在轴与轴孔之间采取适当的密封措施，将工作时产生火花的开关设备装于危险环境范围以外（如墙外），采用室外灯具通过玻璃窗给室内照明等都属于隔离措施。将普通拉线开关浸泡在绝缘油内运行，并使油面有一定高度，保持油的清洁；将普通日光灯装入高强度玻璃管内，并用橡皮塞严密堵塞两端等都属于简单的隔离措施。后者只用作临时性或爆炸危险性不大的环境的安全措施。

户内电压为 10kV 以上、总油量为 60kg 以下的充油设备，可安装在两侧有隔板的间隔内；总油量为 60~600kg 者，应安装在有防爆隔墙的间隔内；总油量为 600kg 以上者，应安装在单独的防爆间隔内。

10kV 及其以下的变、配电室不得设在爆炸危险环境的正上方或正下方，变电室与各级爆炸危险环境毗连，以及配电室与 1 区或 10 区爆炸危险环境毗连时，最多只能有两面相连的墙与危险环境共用。配电室与 2 区或 11 区爆炸危险环境毗连时，最多只能有三面相连的墙与危险环境共用。10kV 及其以下的变、配电室也不宜设在火灾危险环境的正上方或正下方，也可以与火灾危险环境隔墙毗连。配电室允许通过走廊或套间与火灾危险环境相通，但走廊或套间应由非燃性材料制成。除 23 区火灾危险环境外，门应有自动关闭装置。1000V 以下的配电室可以通过难燃材料制成的门与 2 区爆炸危险环境和火灾危险环境相通。

变、配电室与爆炸危险环境或火灾危险环境毗连时，隔墙应用非燃性材料制成。与 1 区和 10 区环境共用的隔墙上，不应有任何管子、沟道穿过；与 2 区或 11 区环境共用的隔墙上，只允许穿过与变、配电室有关的管子和沟道，孔洞、沟道应用非燃性材料严密堵塞。毗连变、配电室的门及窗应向外开，并通向无爆炸或火灾危险的环境。

变、配电站是工业企业的动力枢纽，电气设备较多，而且有些设备工作时产生火花和较高温度，其防火、防爆要求比较严格。室外变、配电站与建筑物、堆场、储罐应保持规定的防火间距，且变压器油量越大，建筑物耐火等级越低及危险物品储量越大者，所要求的间距也越大，必要时可加防火墙。还应当注意，露天变、配电装置不应设置在易于沉积可燃粉尘或可燃纤维的地方。

为了防止电火花或危险温度引起火灾，开关、插销、熔断器、电热器具、照明器具、电焊设备和电动机等均应根据需要，适当避开易燃物或易燃建筑构件。

10kV 及其以下架空线路，严禁跨越火灾和爆炸危险环境。当线路与火灾和爆炸危险环境接近时，其间水平距离一般不应小于杆柱高度的 1.5 倍。

四、接地

为了防止电气设备带电部件发生接地产生电火花或危险温度而形成引爆源，对《电力设备接地设计技术规程》中规定在一般情况下可以不接地的部分，在爆炸危险区域内仍应接地。具体要求如下：

（1）在导电不良的地面处，交流额定电压为 380V 以下和直流额定电压为 440V 以下的电气设备正常时不带电的金属外壳。

（2）在干燥环境，交流额定电压为 127V 以下，直流电压为 110V 以下的电气设备正常时不带电的金属外壳。

（3）安装在已接地的金属结构上的电气设备。

（4）敷设铠装电缆的金属构架。

爆炸危险环境内，1 区、10 区内以及 2 区内除照明灯具以外的所有电气设备，应采用专门接地线，该接地线若与相线敷设在同一保护管内时，应具有与相线相等的绝缘。在这种情况下，爆炸危险环境的金属管线、电缆的金属包皮等，只能作为辅助接地线。

2 区、11 区内的照明灯具，可利用有可靠连接的金属管线作为接地线，但不得利用输送爆炸危险物质的管道。

为了提高接地的可靠性，接地干线在爆炸危险区域不同方向至少有两处与接地体相连。

为了保证自动切断故障线段，在 1 区、2 区和 10 区内，具有中性点直接接地的电压为 1000V 以下的线路上，接地线的截面应使单相接地的最小短路电流不小于该段线路的熔断器熔体额定电流的 5 倍，或自动开关瞬时或短时过电流脱扣器整定电流的 1.5 倍。当有困难时，每回路装设单相接地保护装置。

在火灾危险环境内的电气设备的金属外壳应可靠接地，接地干线应不少于两处与接地体连接。

五、电气火灾的监控

为了有效防护电气火灾，必须对电气火灾发生和蔓延的可能性、火灾的种类、火灾对人身和财产可能造成的危害、电气设备安装场所的特点、人员操作位置等进行正确分析，并根据分析结果确定相应的火灾监测和灭火系统。

（一）火灾监控系统的组成

火灾监控系统是以火灾为监控对象，根据防火要求和特点而设计、构成和工作的，是一种及时发现和通报火情，并采取有效措施控制和扑灭火灾而设置在建筑物中或其他场所的自动消防设施。

火灾监控系统可提高建筑物或其他场所的防灾自救能力，是将火灾消灭在萌发状态，最大限度地减少火灾危害的有力工具。火灾监控系统的结构原理如图8-6所示，它是由火灾监测报警子系统和自动控制灭火子系统有机联系在一起构成的，核心部件是火灾探测和控制器。

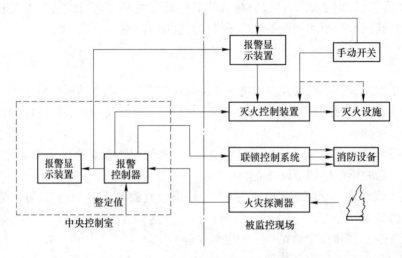

图 8-6　火灾监控系统的结构原理图

火灾监控系统的工作原理是：被监控场所的火灾信息（如烟雾、温度、火焰光、可燃气等）由探测器监测感受并转换成电信号形式送往报警控制器，由控制器判断、处理和运算，确认火灾后，则产生若干输出信号和发出火灾声光警报，一方面使所有消防联锁子系统动作，关闭建筑物空调系统、启动排烟系统、启动消防水加压泵系统、启动疏散指示系统和应急广播系统等，以利于人员疏散和灭火；另一方面使自动消防设备的灭火延时装置动作，经规定的延时后，启动自动灭火系统（如气体灭火系统等）。

（二）火灾探测方法

对火灾的探测，是以物质燃烧过程中产生的各种现象为依据，以实现早期发现火灾为前提。因此，根据物质燃烧过程中发生的能量转换和物质转换所产生的不同火灾现象与特征，产生了不同的火灾探测方法。

1. 空气离化探测法

空气离化探测法是利用放射性同位素释放的 α 射线将空气电离，使电离室内空气具有一定的导电性。当烟雾气溶胶进入电离室内，烟粒子将吸附其中的带电离子，产生离子电流变化。此电流变化与烟浓度有直接的关系，并可用电子探测器加以检测，从而获得与烟浓度有直接关系的电信号，用于确认火灾和报警。

2. 光电感烟探测法

光电感烟探测是根据光散射定律（轻度着色的粒子，当粒径大于光波长时将对照射光产生散射作用）工作的。它是在通气暗箱内用发光元件产生一定波长的探测光，当烟雾气溶胶进入暗箱时，其中粒径大于探测光波长的着色烟粒子将产生散射光，通过置于暗箱内并与发光元件成一定夹角的光电接受元件收到的散射光强度，可以得到与烟浓度成正比的信号电流或电压，用以判断火灾和报警。

3. 热（温度）探测法

热（温度）探测法是根据物质燃烧释放出的热量所引起的环境温度升高或其变化率（升温速率）大小，通过相应的热敏元件（如双金属片、膜盒、热电偶、热电阻等）和相关的电子器件来探测火灾现象。

4. 火焰（光）探测法

火焰（光）探测法是根据物质燃烧所产生的火焰光辐射，其中主要是对红外光辐射或紫外光辐射，通过相应的红外光敏元件或紫外光敏元件和电子系统来探测火灾现象。

5. 可燃气体探测法

可燃气体探测法主要用于对物质燃烧产生的烟气或易燃易爆环境泄漏的易燃气体进行探测。这类探测方法是利用各种气敏器件及其导电机理，或利用电化学元件的特性变化来探测火灾与爆炸危险性，根据使用的气敏器件不同分为热催化型、热导型、气敏型和电化学型等四种。

（1）热催化型是利用可燃气体在有足够氧气和一定高温条件下，发生在铂丝催化元件表面的无焰燃烧，放出热量并引起铂丝元件电阻变化，从而达到探测的目的。

（2）热导型是利用被测可燃气与纯净空气导热性的差异和在金属氧化物表面燃烧的特性，将被测气体浓度转换成相应热丝温度或电阻的变化，达到探测的目的。

（3）气敏型是利用灵敏度较高的气敏半导体元件吸附可燃气体后电阻变化的特性来达到探测目的。

（4）电化学型是利用恒电位电解法，在电解池内设置三个电极并施加一定的极化电压，以透气薄膜将电极和电解液与外部隔开，当被测气体透过薄膜达到工作电极时，发生氧化还原反应，从而产生与气体浓度成比例的输出电流，达到探测目的。

通常，热催化型和热导型不具有气体选择性，常以体积百分比浓度表示气体浓度；而气敏型和电化学型具有气体选择性，并以摩尔浓度表示气体浓度，适于气体成分检测或低浓度测量。

（三）火灾探测器

根据不同的火灾探测方法和各类物质燃烧时的火灾探测要求，可以构成各种形式的火灾探测器，并可按待测的火灾参数分为感烟式、感温式、感光式（或光辐射式）火灾探测器和可燃气体探测器，以及烟温、烟光、烟温光等复合式火灾探测器，如图8-7所示。

（1）感烟式火灾探测器是利用一个小型传感器响应悬浮在其周围附近大气中的燃烧或

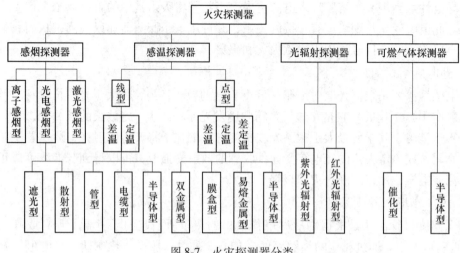

图 8-7　火灾探测器分类

热解产生的烟雾气溶胶（固态或液态微粒）的一种火灾探测器，一般制成点型。

（2）感温式火灾探测器是利用一个点型或线缆式传感器来响应其周围附近气流的异常温度或升温速率的火灾探测器。

（3）光辐射式火灾探测器是根据物质燃烧火焰时火焰的光辐射特征而制成的用于响应火灾时火焰光特性的火灾探测器，通常是制成主动红外对射式线型火灾探测器和被动式紫外或红外火焰探测器。

（4）可燃气体探测器是采用各种气敏器件或传感器来响应火灾初期烟气中某些气体浓度或液化石油气等可燃气体浓度的探测器，通常制造成点型。

（5）两种或两种以上探测方法组合使用的复合式火灾探测器同时具有两个或两个以上火灾参数的探测能力，一般多为点型结构，较多用的是烟温复合式火灾探测器。

（四）火灾监控系统的选择和安装

火灾监控系统的选择和安装应适应于预期的火灾种类、工作条件和区域特点。设备和系统的安装应当由专业人员或在专业人员的指导下进行。

安装完毕的探测、报警、灭火设备及整个系统都要做功能试验以保证正常运行，试验时可不释放灭火剂。对于电监测、电报警和电控设备应提供可靠的电源（如蓄电池供电系统），电气线路应考虑采用防火电线电缆，以保证其在火灾和正常条件下的可靠性。

在确定火灾探测器的布置、类型、灵敏度及数量时，应考虑被保护区域空间的大小及外形轮廓、气流方式、障碍物及其他特征。探测器应能在由于火灾使温度升高、烟、水蒸气、气体和辐射等条件下正常工作。

六、电气灭火

电气火灾发生后，电气设备和电气线路可能是带电的，如不注意，可能引起触电事故。根据现场条件，可以断电的应断电灭火，无法断电的则带电灭火。电力变压器、多油断路器等电气设备充有大量的油，着火后可能发生喷油甚至爆炸事故，造成火焰蔓延，扩大火灾范围，这时应特别注意灭火方法。

（一）触电危险和断电

电气设备或电气线路发生火灾，如果没有及时切断电源，扑救人员身体或所持器械可能接触带电部分而造成触电事故。使用导电的灭火剂，如水枪射出的直流水柱、泡沫灭火器射出的泡沫等射至带电部分，也可能造成触电事故。火灾发生后，电气设备可能因绝缘损坏而碰壳短路；电气线路可能因电线断落而接地短路，使正常时不带电的金属构架、地面等部位带电，也可能导致接触电压或跨步电压触电危险。

因此，发现起火后，首先要设法切断电源。切断电源应注意以下几点：

（1）火灾发生后，由于受潮和烟熏，开关设备绝缘能力降低。因此，拉闸时最好用绝缘工具操作。

（2）高压应先操作断路器而不应该先操作隔离开关切断电源，低压应先操作电磁启动器而不应该先操作刀开关切断电源，以免引起弧光短路。

（3）切断电源的地点要选择适当，防止切断电源后影响灭火工作。

（4）剪断电线时，不同相的电线应在不同的部位剪断，以免造成短路。剪断空中的电线时，剪断位置应选择在电源方向的支持物附近，以防止电线剪后断落下来，造成接地短路和触电事故。

（二）带电灭火安全要求

有时，为了争取灭火时间，防止火灾扩大，来不及断电或因生产等需要不能断电，则需要带电灭火。带电灭火须注意以下几点：

（1）应按现场特点选择适当的灭火器。二氧化碳灭火器、干粉灭火器的灭火剂都是不导电的，可用于带电灭火。泡沫灭火器的灭火剂（水溶液）有一定的导电性，而且对电气设备的绝缘有影响，不宜用于带电灭火。

（2）用水枪灭火时宜采用喷雾水枪，这种水枪流过水柱的泄漏电流小，带电灭火比较安全。用普通直流水枪灭火时，为防止通过水柱的泄漏电流通过人体，可以将水枪喷嘴接地，也可以让灭火人员穿戴绝缘手套、绝缘靴或穿戴均压服操作。

（3）人体与带电体之间保持必要的安全距离。用水灭火时，水枪喷嘴至带电体的距离：电压为 10kV 及其以下者不应小于 3m，电压为 220kV 及其以上者不应小于 5m。用二氧化碳等有不导电灭火剂的灭火器灭火时，机体、喷嘴至带电体的最小距离：电压为 10kV 者不应小于 0.4m，电压为 35kV 者不应小于 0.6m 等。

（4）对架空线路等空中设备进行灭火时，人体位置与带电体之间的仰角不应超过 45°。

（三）充油电气设备的灭火

充油电气设备的油，其闪点多在 130~140℃ 之间，有较大的危险性。如果只在该设备外部起火，可用二氧化碳、干粉灭火器带电灭火。如火势较大，应切断电源，并可用水灭火。如油箱破坏，喷油燃烧，火势很大时，除切断电源外，有事故储油坑的应设法将油放进储油坑，坑内和地面上的油火可用泡沫扑灭。要防止燃烧着的油流入电缆沟而顺沟蔓延，电缆沟内的油火只能用泡沫覆盖扑灭。

（四）旋转电机的灭火

发电机和电动机等旋转电机起火时，为防止轴和轴承变形，可令其慢慢转动，用喷雾水灭火，并使其均匀冷却，也可用二氧化碳或蒸气灭火，但不宜用干粉、砂子或泥土灭火，以免损伤电气设备的绝缘。

本章小结

　　本章主要介绍了电气火灾的原因，阐述了爆炸危险物质的种类和分级分组、爆炸危险环境的分区及其范围确定，针对电气火灾和爆炸事故，提出了电气火灾和爆炸的防护设备、防护方法及技术。学习过程中应重点根据电气火灾和爆炸原因，掌握防爆电气设备的选用、电气灭火和电气火灾与爆炸的防护技术措施。

自我小结

_____

_____

_____

_____

_____

_____

_____

_____

自测题

一、是非判断题（每题 1 分，共 10 分）

1. 爆炸极限范围越宽，下限越低，爆炸危险性也就越小。　　　　　　　　　　（　　）
2. 爆炸危险区域范围是指事故波及的范围。　　　　　　　　　　　　　　　　（　　）
3. 电气设备产生的电弧、电火花是造成电气火灾、爆炸事故的原因之一。　　（　　）
4. 可燃性非导电粉尘和可燃纤维的 11 区环境采用尘密结构的粉尘防爆电气设备。（　　）
5. 在有气体或蒸气爆炸性混合物区域内，当存在两种或两种以上不同级别、组别的爆炸性混合物时，应按危险程度较高的级别和组别选用相适应的防爆电气设备。（　　）
6. 电气线路应敷设在爆炸危险性较小的区域或距离释放源较远的位置。　　（　　）
7. 密封可将产生电弧、电火花的电气设备与易燃易爆物隔离，达到防火防爆的目的。（　　）
8. 架空电气线路严禁跨越爆炸火灾危险场所。　　　　　　　　　　　　　　（　　）
9. 防爆型灯具的灯泡，可用普通白炽灯代替。　　　　　　　　　　　　　　（　　）
10. 在爆炸危险环境，当气体、蒸气比空气重时，电气线路应在低处敷设或埋入地下。（　　）

二、单项选择题（每题 1 分，共 10 分）

1. 隔离是将电气设备分室安装，并在隔墙上采取封堵措施，以防止爆炸性混合物进入。下列不属于隔离措施的是（　　　　）。
　　A. 电动机隔墙传动时在轴与轴孔之间采取密封措施
　　B. 将工作时产生火花的开关设备装于危险环境范围以外
　　C. 采用室外灯具通过玻璃窗给室内照明
　　D. 电气线路与电气设备采用过渡接头连接

2. 1 区是指正常情况下，爆炸性气体混合物（　　）出现的场所。

   A. 连续地　　　　　B. 有可能　　　　　C. 不能　　　　　D. 长时间

3. 标志为 ia Ⅱ AT5 的防爆电气设备其标志代表的意义是（　　）。

   A. Ⅱ类隔爆型等级 A 级 T5 组防爆电气设备

   B. Ⅱ类本质安全型等级 A 级 T5 组防爆电气设备

   C. Ⅱ类隔爆型 A 组等级 T5 组防爆电气设备

   D. Ⅱ类增安型等级 A 级 T5 组防爆电气设备

4. （　　）电气设备是具有能承受内部的爆炸性混合物的爆炸而不致受到损坏，而且通过外壳任何结合面或结构孔洞，不致使内部爆炸引起外部爆炸性混合物爆炸的电气设备。

   A. 增安型　　　　B. 本质安全型　　　　C. 隔爆型　　　　D. 充油型

5. 根据爆炸性气体混合物出现的频繁程度和持续时间，通常将爆炸性气体环境分为（　　）。

   A. 0 区、1 区和 2 区　　　　　　　　　B. 10 区、11 区

   C. 21 区、22 区和 23 区　　　　　　　D. T1～T6 组

6. 对于爆炸危险环境的配线工程，应尽量采用（　　）芯绝缘导线或电缆。

   A. 铝　　　　　　B. 铜　　　　　　C. 铁　　　　　　D. 其他金属

7. （　　）灭火剂不宜用于带电灭火。

   A. 二氧化碳　　　B. 泡沫　　　　　C. 1211　　　　　D. 干粉

8. 电火花和电弧是重要的电气引燃源。电气装置在正常条件下和在故障条件下都可能产生电火花。下列叙述所产生的电火花中，属于正常工作条件下的是（　　）产生的火花。

   A. 切断电感电路时，开关断口处　　　　B. 电气连接点接触不良

   C. 带电导线接地　　　　　　　　　　　D. 架空线路导线偶然碰撞

9. 爆炸危险场所电气设备的类型必须与所在区域的危险等级相适应。因此，必须正确划分区域的危险等级。对于气体、蒸气爆炸危险场所，正常运行时预计周期性出现或偶然出现爆炸性气体、蒸气或薄雾的区域应将其危险等级划分为（　　）区。

   A. 0　　　　　　　B. 1　　　　　　　C. 2　　　　　　　D. 20

10. 电气设备运行时总是要发热的，当电气设备稳定运行时，其最高温度和最高温升都不会超过允许范围；当电气线路由于短路、过载、电压异常变化等原因引起电气设备的正常运行遭到破坏时，发热量增加，温度升高，乃至产生危险温度，构成电气引燃源。下述关于电压变化造成危险温度的说法中，正确的是（　　）。

   A. 电压过高，对于恒定电阻负载，会使电流增大，增加发热可能导致危险温度；电压过低，对于恒定功率负载，会使电流增大，增加发热可能导致危险温度

   B. 电压过高，对于恒定电阻和恒定功率负载，均会使电流增大，增加发热可能导致危险温度

   C. 电压过高，对于恒定功率负载，会使电流增大，增加发热可能导致危险温度；电压过低，对于恒定电阻负载，会使电流增大，增加发热可能导致危险温度

   D. 电压过低，对于恒定电阻和恒定功率负载，均会使电流增大，增加发热可能导致危险温度

三、多项选择题（每题 2 分，共 10 分。5 个备选项：A、B、C、D、E。至少 2 个正确，至少 1 个错误项。错选不得分；少选，每选对 1 项得 0.5 分）

1. 由电气引燃源引起的火灾和爆炸在火灾、爆炸事故中占有很大的比例。电气设备在异常状态产生的危险温度和电弧（包括电火花）都可能引燃成灾甚至直接引起爆炸。下列电气设备的异常状态中，可能产生危险温度的有（　　）。

   A. 线圈发生短路　　　　　　　　　　　B. 集中在某一点发生漏电

   C. 电源电压过低　　　　　　　　　　　D. 在额定状态下长时间运行

   E. 在额定状态下间歇运行

2. 电气火灾爆炸是由电气引燃源引起的火灾和爆炸。电气引燃源中形成危险温度的原因有：短路、过载、漏电、散热不良、机械故障、电压异常、电磁辐射等。下列情形中，属于因过载和机械故障形成危险温度的有（　　　）。

A. 电气设备或线路长期超设计能力超负荷运行

B. 交流异步电动机转子被卡死或者轴承损坏

C. 运行中的电气设备发生绝缘老化和变质

D. 电气线路或设备选型和设计不合理

E. 交流接触器分断时产生电火花

3. 下列关于爆炸性气体环境危险区域划分以及爆炸性气体环境危险区域范围的说法中，正确的是（　　　）。

A. 爆炸性气体危险区域划分为 0 区时，其危险程度低于 1 区

B. 有效通风的可以使高一级的危险环境降为低一级的危险环境

C. 良好的通风标志是混合物中危险物质的浓度被稀释到爆炸下限 30% 以下

D. 利用堤或墙等障碍物，可限制比空气重的爆炸性气体混合物扩散，缩小爆炸危险范围

E. 当厂房内空间大，释放源释放的易燃物质量少时，可按厂房内部分空间划定爆炸危险的区域范围

4. 爆炸危险区域的范围应根据释放源的级别和位置、易燃物质的性质、通风条件、障碍物及生产条件、运行经验综合确定，划分危险区域时应遵循的原则有（　　　）。

A. 存在连续级释放源的区域可划为 0 区，存在第一级释放源的区域可划为 1 区，存在第二级释放的区域可划为 2 区

B. 通风良好应降低爆炸危险区域等级

C. 在障碍物、凹坑和死角处，应局部提高爆炸危险区域等级

D. 采用局部机械通风可缩小爆炸危险区域范围

E. 利用堤或墙限制比空气重的爆炸性气体混合物的扩散可降低爆炸危险区域等级

5. 电气火灾爆炸是由电气引燃源引起的火灾和爆炸，电气装置及电气线路在运行中产生的危险温度是电气火灾爆炸的原因之一。下列情形中可能形成危险温度并造成电气装置及电气线路发生燃爆的是（　　　）。

图A　　　　　图B　　　　　图C　　　　　图D　　　　　图E

A. 图 A 所示电路中，电流不流经用电器，直接连接电源正负两极

B. 图 B 所示为三相变压器不对称运行

C. 图 C 所示为电热油汀取暖器

D. 图 D 所示为电炉子

E. 图 E 所示为 100W 白炽灯泡

四、填空题（每空 2 分，共 20 分）

1. 爆炸性气体混合物按＿＿＿＿＿＿＿的高低，分为 T1～T6 六组。

2. 电气连接点＿＿＿＿＿＿＿时，会产生电火花。

3. 在火灾危险环境内的电气设备的金属外壳应可靠＿＿＿＿＿＿＿，接地干线应不少于＿＿＿＿＿＿＿与接地体连接。

4. 爆炸性粉尘环境 10 区及其他爆炸性粉尘环境 11 区均采用＿＿＿＿＿＿＿的粉尘防爆电气设备，并按照粉尘

的不同引燃温度选择不同引燃温度组别的电气设备。

5. 当电气线路与火灾和爆炸危险环境接近时，其间水平距离不应小于杆柱高度的_____倍。

6. 发现电气线路起火后，首先要设法切断电源。高压应先操作_____而不应先操作隔离开关切断电源，低压应先操作电磁启动器而不应该先操作_____切断电源，以免引起弧光短路。

7. _____、_____灭火器的灭火剂都是不导电的，可用于带电灭火。

五、名词解释（每题 4 分，共 20 分）

1. 爆炸性混合物
2. 爆炸危险环境
3. 引燃温度
4. 最小点燃电流比
5. 爆炸危险区域范围

六、问答题（每题 10 分，共 30 分）

1. 试述造成电气火灾的人为原因和技术原因。
2. 试述电气火灾和爆炸的防护技术。
3. 试述带电灭火的基本要求。

扫描封面二维码可获取自测题参考答案

第九章　雷电和静电安全

本章内容提要

1. 知识框架结构图

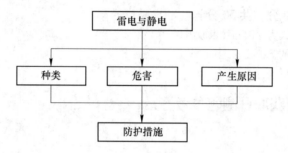

2. 知识导引

雷电和静电有许多相似之处。例如，雷电和静电都是相对于观察者静止的电荷聚积的结果；雷电和静电的主要危害都是引起火灾和爆炸等。但是雷电与静电电荷产生和聚积的方式不同、存在的空间不同、放电能量相差甚远，因此防护措施也有很多不同之处。本章分别介绍雷电和静电的种类、产生原因、危害及安全防护技术。

3. 重点及难点

本章通过对雷电和静电的产生原因概述，重点阐述了雷电和静电危害，提出了相应的安全防护措施。雷电和静电防护技术是本章的难点。

4. 学习目标

通过本章的学习，应达到以下目标：

（1）了解雷电的种类及危害；

（2）了解雷电参数；

（3）了解建筑物防雷分类；

（4）掌握防雷装置的类型、作用；

（5）掌握防雷技术；

（6）了解静电产生方式和消除方式；

（7）了解静电的影响因素和静电的危害；

（8）掌握静电的防护措施。

5. 教学活动建议

搜集雷电和静电伤害事故的历史事件，课间播放相关视频，以提高读者学习兴趣。

第一节　雷电安全技术

雷电是一种自然现象，雷击是一种自然灾害。雷击房屋、电力线路、电力设备等设施时，会产生极高的过电压和极大的过电流，在所波及的范围内，可能造成设施或设备的毁坏，可能造成大规模停电、火灾或爆炸，还可能直接伤及人畜。

一、雷电的种类

带电积云是构成雷电的基本条件。当带不同电荷的积云互相接近到一定程度，或带电积云与大地凸出物接近到一定程度时，发生强烈的放电，发出耀眼的闪光。由于放电时温度高达 20000℃，空气受热急剧膨胀，发出爆炸的轰鸣声。这就是闪电和雷鸣。

（一）直击雷

带电积云与地面目标之间的强烈放电称为直击雷。带电积云接近地面时，在地面凸出物顶部感应出异性电荷，当积云与地面凸出物之间的电场强度达到 $25\sim30kV/cm$ 时，即发生由带电积云向大地发展的跳跃式先导放电，持续时间约 $5\sim10ms$，平均速度为 $100\sim1000km/s$，每次跳跃前进约 50m，并停顿 $30\sim50\mu s$。当先导放电达到地面凸出物时，即发生从地面凸出物向积云发展的极明亮的主放电，其放电时间仅 $50\sim100\mu s$，放电速度约为光速的 $1/5\sim1/3$，约为 $60000\sim100000km/s$。主放电向上发展，至云端即告结束。主放电结束后继续有微弱的余光，持续时间约为 $30\sim150ms$。

大约 50% 的直击雷有重复放电的性质。平均每次雷击有三四个冲击，最多能出现几十个冲击。第一个冲击的先导放电是跳跃式先导放电，第二个及以后的先导放电是箭形先导放电，其放电时间仅为 10ms。一次雷击的全部放电时间一般不超过 500ms。

（二）感应雷

感应雷也称为雷电感应或感应过电压。它分为静电感应雷和电磁感应雷。

（1）静电感应雷是由于带电积云接近地面，在架空线路导线或其他导电凸出物顶部感应出大量电荷引起的。在带电积云与其他客体放电后，架空线路导线或导电凸出物顶部的电荷失去束缚，以大电流、高电压冲击波的形式，沿线路导线或导电凸出物极快地传播。

（2）电磁感应雷是由于雷电放电时，巨大的冲击雷电流在周围空间产生迅速变化的强磁场引起的。这种迅速变化的磁场能在邻近的导体上感应出很高的电动势。如系开口环状导体，开口处可能由此引起火花放电；如系闭合导体环路，环路内将产生很大的冲击电流。

（三）球雷

球雷是雷电放电时形成的发红光、橙光、白光或其他颜色光的火球。球雷出现的概率约为雷电放电次数的 2%，其直径多为 20cm 左右，运动速度约为 2m/s 或更高一些，存在时间为数秒钟到数分钟。球雷是一团处在特殊状态下的带电气体。有人认为，球雷是包有异物的水滴在极高的电场强度作用下形成的。在雷雨季节，球雷可能从门、窗、烟囱等通道侵入室内。

此外，直击雷和感应雷都能在架空线路或空中金属管道上产生沿线路或管道的两个方向迅速传播的雷电侵入波。雷电侵入波的传播速度在架空线路中约为 300m/μs，在电缆中约为 150m/μs。

二、雷电参数

雷电参数是防雷设计的重要依据之一。雷电参数系指雷暴日、雷电流幅值、雷电流陡度、冲击过电压等电气参数。

（一）雷暴日

为了统计雷电活动的频繁程度，经常采用年雷暴日数来衡量。只要一天之内能听到雷声的就算一个雷暴日。通常说的雷暴日都是指一年内的平均雷暴日数，即年平均雷暴日，单位 d/a。雷暴日数愈大，说明雷电活动愈频繁。山地雷电活动较平原频繁，山地雷暴日约为平原的 3 倍。我国广东省的雷州半岛（琼州半岛）和海南岛一带雷暴日在 80d/a 以上，长江流域以南地区雷暴日为 40~80d/a，长江以北大部分地区雷暴日为 20~40d/a，西北地区雷暴日多在 20d/a 以下。西藏地区因印度洋暖流沿雅鲁藏布江上溯，很多地方雷暴日高达 50~80d/a。就几个大城市来说，广州、昆明、南宁约为 70~80d/a，重庆、长沙、贵阳、福州约为 50d/a，北京、上海、武汉、南京、成都、呼和浩特约为 40d/a，天津、郑州、沈阳、太原、济南约为 30d/a 等。

我国把年平均雷暴日不超过 15d/a 的地区划为少雷区，超过 40d/a 划为多雷区。在防雷设计时，应考虑当地雷暴日条件。

我国各地雷雨季节相差也很大，南方一般从二月开始，长江流域一般从三月开始，华北和东北延迟至四月开始，西北延迟至五月开始。防雷准备工作均应在雷雨季节前做好。

（二）雷电流幅值

雷电流幅值是指主放电时冲击电流的最大值。雷电流幅值可达数十至数百千安。根据实测，可绘制如图 9-1 所示的雷电流概率曲线。图中纵坐标 I 为雷电流幅值的大小（kA），横坐标 P 为纵坐标所示幅值的雷电流出现的概率（以百分数表示）。

我国年平均雷暴日为 20d/a 以上地区的雷电流幅值的概率可用式（9-1）表示。

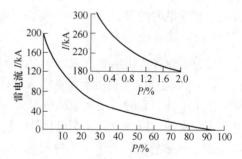

图 9-1   雷电流概率曲线

$$\lg P = - I_{SM}/108 \tag{9-1}$$

式中 P——雷电流幅值的概率，%；

I_{SM}——雷电流幅值，kA。

例如，对于 100kA 的雷电流幅值，按式（9-1）可求得其概率为 11.9%，即每 100 次雷击中，大约有 12 次雷击的雷电流幅值达到 100kA。做防雷设计时，雷电流幅值可按 100kA 考虑。

年平均雷暴日为 20d/a 以下的地区，雷电流幅值的概率可用式（9-2）表示。

$$\lg P = - I_{SM}/54 \tag{9-2}$$

（三）雷电流陡度

雷电流陡度是指雷电流随时间上升的速度。雷电流冲击波波头陡度可达到 50kA/s，平均陡度约为 30kA/s。雷电流陡度与雷电流幅值和雷电流波头时间的长短有关，雷电流波头时间仅数微秒。做防雷设计时，一般取波头形状为斜角波，时间按 2.6s 考虑。雷电流陡度越大，对电气设备造成的危害也越大。因此，在防雷要求较高的场合，波头形状宜取为半余弦波，如图 9-2 所示，可用式（9-3）表示。

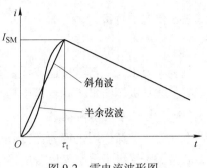

图 9-2　雷电流波形图

$$i = \frac{I_{SM}}{2}(1 - \cos\omega t) = \frac{I_{SM}}{2}\left(1 - \cos\frac{\pi t}{\tau_t}\right) \tag{9-3}$$

式中　τ_t——雷电流波头时间，$\tau_t = \pi/\omega$。

不难证明，半余弦波波头的最大陡度为斜角波陡度的 $\pi/2$ 倍。按余弦波波头考虑的防雷设计显然是偏于安全的。

（四）雷击冲击过电压

当雷电放电时，击中输配电线路、杆塔或其他建筑物。大量雷电流通过被击物体，经被击物体的阻抗接地，在阻抗上产生电压降，使被击点出现很高的电位，被击点对地的电压叫作直击雷冲击过电压。直击雷冲击过电压可用式（9-4）表示。

$$U_D = iR_{IE} + L\frac{\mathrm{d}i}{\mathrm{d}t} \tag{9-4}$$

式中　U_D——直击雷冲击过电压，kV；

　　　i——雷电流，kA；

　　R_{IE}——防雷接地装置的冲击接地电阻，Ω；

　$\mathrm{d}i/\mathrm{d}t$——雷电流陡度，kV/s；

　　　L——雷电流通路的电感，H。如通路长度 l 以 m 为单位，则 $L = 1.3l$。

显然，直击雷冲击过电压由两部分组成，如图 9-3 所示。前一部分决定于雷电流的大小和雷电流通道的电阻，后一部分决定于雷电流通道的电感。直击雷冲击电压可高达数千千伏。

感应雷过电压是雷击在线路附近的物体或大地上，剧烈的电磁场变化对线路产生静电感应和电磁感应而形成的过电压，雷电感应过电压决定于被感应导体的空间位置及其与带电积云之间的几何关系。雷电感应过电压可达数百千伏。

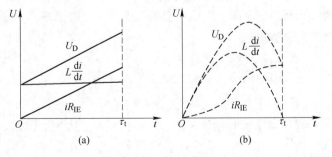

图 9-3　直击雷冲击过电压
（a）斜角波；（b）半余弦波

三、雷电的危害

由于雷电具有电流很大、电压很高、冲击性很强等特点，因此雷电有多方面的破坏作用，且破坏力很大。雷电可造成设备和设施的损坏，大规模停电，甚至造成人员生命财产的损失。就其破坏因素来看，雷电具有电性质、热性质和机械性质三方面的破坏作用。

（一）电性质的破坏作用

电性质的破坏作用表现为数百万伏乃至更高的冲击电压，可能毁坏发电机、电力变压器、断路器、绝缘子等电气设备的绝缘，烧断电线或劈裂电杆，造成大规模停电。绝缘损坏可引起短路，导致火灾或爆炸事故；二次放电的电火花也可能引起火灾或爆炸，二次放电也能造成电击。绝缘损坏后，可能导致高压窜入低压，在大范围内带来触电的危险。数十至百千安的雷电流流入地下，会在雷击点及其连接的金属部分产生极高的对地电压，导致接触电压电击和跨步电压的触电事故。

（二）热性质的破坏作用

热性质的破坏作用表现在直击雷放电的高温电弧能直接引燃邻近的可燃物，从而造成火灾。巨大的雷电流通过导体，在极短的时间内转换出大量的热能，可能烧毁导体，并导致燃品的燃烧和金属熔化、飞溅，从而引起火灾或爆炸。球雷侵入可引起火灾。

（三）机械性质的破坏作用

机械性质的破坏作用表现为被击物遭到破坏，甚至爆裂成碎片。这是由于巨大的雷电通过被击物时，在被击物缝隙中的气体剧烈膨胀，缝隙中的水分也急剧蒸发为大量气体，致使被击物破坏和爆炸。此外，同性电荷之间的静电斥力、同方向电流或电流转弯处的电磁作用力也有很强的破坏力，雷电时的气浪也有一定的破坏作用。

四、建筑物防雷分类

建筑物按其重要性、生产性质、遭受雷击的可能性和后果的严重性分为三类。

（一）第一类防雷建筑物

凡制造、使用或储存炸药、火药、起爆药、火工品等大量危险物质的建筑物，遇电火花会引起爆炸，从而造成巨大破坏或人身伤亡的建筑物，应划为第一类防雷建筑物。例如，火药制造车间、乙炔站、电石库、汽油提炼车间等。0区、10区及某些1区属于第一类防雷建筑物。

（二）第二类防雷建筑物

下列建筑物应划为第二类防雷建筑物：

（1）国家级重点文物保护的建筑物。

（2）国家级的会堂、办公楼、档案馆、大型展览馆、国际机场、大型火车站、国际港口客运站、国宾馆、大型旅游建筑和大型体育场等。

（3）国家级计算中心、通信枢纽，以及对国民经济有重要意义的装有大量电子设备的建筑物。

（4）制造、使用和储存爆炸危险物质，但电火花不易引起爆炸，或不致造成巨大破坏和人身伤亡的建筑物，如油漆制造车间、氧气站、易燃品库等。2区、11区及某些1区属于第二类防雷建筑物。

(5) 有爆炸危险的露天气罐和油罐。

(6) 年预计雷击次数大于 0.06 次的部、省级办公楼及其他重要的或人员密集的公共建筑物。

(7) 年预计雷击次数大于 0.3 次的住宅、办公楼等一般性民用建筑物。

(三) 第三类防雷建筑物

下列建筑物应划为第三类防雷建筑物:

(1) 省级重点文物保护的建筑物和省级档案馆。

(2) 年预计雷击次数等于或大于 0.012 次,小于或等于 0.06 次的部、省级办公楼及其他重要的或人员密集的公共建筑物。

(3) 年预计雷击次数大于或等于 0.06 次,小于或等于 0.3 次的住宅、办公楼等一般性民用建筑物。

(4) 年预计雷击次数大于或等于 0.06 次的一般性工业建筑物。

(5) 考虑到雷击后果和周围条件等因素,确定需要防雷的 21 区、22 区、23 区火灾危险环境的建筑物。

(6) 年平均雷暴日 15d/a 及以上地区,高度为 15m 及其以上的烟囱、水塔等孤立高耸的建筑物。年平均雷暴日 15d/a 及以下地区,高度为 20m 及以上的烟囱、水塔等孤立高耸的建筑物。

五、防雷装置

避雷针、避雷线、避雷网、避雷带、避雷器都是经常采用的防雷装置。一套完整的防雷装置包括接闪器、引下线和接地装置。上述的针、线、网、带都只是接闪器,而避雷器是一种专门的防雷装置。

(一) 接闪器

避雷针、避雷线、避雷网和避雷带都可作为接闪器,建筑物的金属屋面可作为第一类防雷建筑物以外其他各类建筑物的接闪器。这些接闪器都是利用其高出被保护物的突出地位,把雷电引向自身,然后通过引下线和接地装置,把雷电流泄入大地,以此保护被保护物免受雷击。

1. 接闪器保护范围

接闪器的保护范围可根据模拟实验及运行经验确定。由于雷电放电途径受很多因素的影响,要想保证被保护物绝对不遭受雷击是很困难的,一般只要求保护范围内被击中的概率在 0.1% 以下即可。接闪器的保护范围现有两种计算方法:对于建筑物,接闪器的保护范围按滚球法计算;对于电力装置,接闪器的保护范围按折线法计算。

滚球法是设想一定直径的球体沿地面(或与大地接触且能承受雷击的导体)由远及近向被保护设施滚动,如该球体触及接闪器(避雷针等)或其引下线之后才能触及被保护设施,则该设施在接闪器保护范围之内。球面线即保护范围的轮廓线。滚球的半径按防雷级别确定,各级别的滚球半径见表 9-1。除滚球半径外,表 9-1 中还给出了避雷网网格的要求。

表 9-1　滚球半径和避雷网网格

建筑物防雷类别	滚球半径/m	避雷网网格/m×m
第一类防雷建筑物	30	5×5 或 6×4
第二类防雷建筑物	45	10×10 或 12×8
第三类防雷建筑物	60	20×20 或 24×16

单支避雷针的保护范围按图 9-4 确定。图中，h 为避雷针高度，h_r 为滚球半径。先在距地面高度 h_r 上作一条地面的平行线 AB，再以避雷针针尖（$h \leq h_r$）或避雷针正下方 h_r 高度点（$h > h_r$）为圆心、以 h_r 为半径作弧线与该水平线相交 A、B，然后以该交点为圆心、以 h_r 为半径作圆弧与避雷针和地面相接。弧线以下即单支避雷针的保护范围。该保护范围是一个圆锥体。

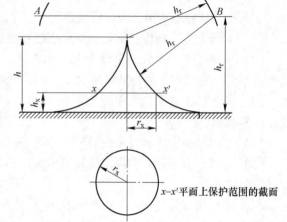

在 h_x 高度上和地面上的保护半径分别为：

图 9-4　单支避雷针的保护范围

$$r_x = \sqrt{h(2h_r - h)} - \sqrt{h_x(2h_r - h_x)} \tag{9-5}$$

$$r_0 = \sqrt{h(2h_r - h)} \tag{9-6}$$

双支等高避雷针的保护范围如图 9-5 所示。图中 D 为两避雷针之间的水平距离。当 $D > \sqrt{h(2h_r - h)}$ 时，分别按两支单针计算其保护范围。当 $D < \sqrt{h(2h_r - h)}$ 时，按以下方法计算其保护范围：

（1）$ACBE$ 外侧保护范围按单支避雷针计算。

（2）A、B 连线垂直面上的保护高度线为圆心（O'），高度为 h_r、半径为 $\sqrt{(h_r - h)^2 + \left(\dfrac{D}{2}\right)^2}$ 的居中圆弧，弧线高度为：

$$h_x = h_r - \sqrt{(h_r - h)^2 + \left(\frac{D}{2}\right)^2 - x^2} \tag{9-7}$$

式中，x 为距两针中心点的水平距离。

地面上每侧最小保护宽度为：

$$b_c = CO = EO = \sqrt{h(2h_r - h)^2 - \left(\frac{D}{2}\right)^2} \tag{9-8}$$

（3）$ACBE$ 范围内，圆弧两侧的保护范围将弧线顶点作为假想单支避雷针针尖，按滚球法确定（见图 9-5 中的 1-1 剖面）。

（4）h_x 高度与地面平行平面上保护范围的确定：以 A、B 为圆心，r_x 为半径作弧线与四边形 $ACBE$ 相交，再以 C、E 为圆心、$(r_0 - r_x)$ 为半径作弧线与上一弧线相交。四条弧线限定的范围即为平面上的保护范围。

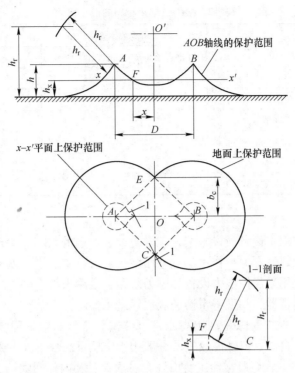

图 9-5　双支等高避雷针的保护范围

2. 接闪器材料

接闪器所用材料应能满足机械强度和耐腐蚀的要求，还应有足够的热稳定性，以能承受雷电流的热破坏作用。

避雷针一般用直径为 20mm 左右的镀锌圆钢或钢管制成，长 2500mm 左右，端部呈尖状，也可分叉设置，经引下线与接地装置连接。避雷针主要用于保护高耸孤立的建筑物或构筑物及其周围的设施，也常用来保护室外的变配电装置。

避雷线一般采用截面积不小于 35mm² 的镀锌钢绞线与架空线路同杆同塔架设，架设方法与垂度要求与架空线路相同，并且在首尾及中间各部位与接地装置相连。避雷线主要用于保护与其同杆架设的架空线路及其周围的设施。

避雷网用镀锌圆钢或扁钢沿屋顶边檐设置避雷线，再用同样材料制成 6m×6m 或 6m×10m 或 10m×10m 的方格。避雷网主要用于平顶或斜顶屋面且屋顶面积较大的建筑物。

避雷带用镀锌圆钢或扁钢沿建筑物的四周设置。避雷带主要用于保护高层建筑的立侧面免遭雷击，它和屋顶的避雷针或避雷网一起组成完整的避雷系统。

接闪器最小尺寸见表 9-2。接闪器装设在烟囱上方时，由于烟气有腐蚀作用，应适当加大尺寸。

用金属屋面作接闪器时，金属板之间的搭接长度不得小于 100mm。金属板下方无易燃物品时，其厚度不应小于 0.5mm；金属板下方有易燃物品时，为了防止雷击穿孔，所用铁板、铜板、铝板厚度分别不得小于 4mm、5mm 和 7mm。所有金属板不得有绝缘层。接闪器焊接处应涂防腐漆，其截面锈蚀 30% 以上时应予更换。

表 9-2　接闪器常用材料的最小尺寸

类　别	规　格	圆钢或钢管		扁　钢	
		圆钢直径/mm	钢管直径/mm	截面/mm²	厚度/mm
避雷针	针长 1m 以下	12	20	—	—
	针长 1~2m	16	25	—	—
	针在烟囱上方	20	—	—	—
避雷网和避雷带	网格 6m×6m ~ 10m×10m	8	—	48	4
	网格在烟囱上方	12	—	100	4

（二）避雷器

避雷器并联在被保护设备或设施上，正常时处在不通的状态。出现雷击过电压时，击穿放电，切断过电压，发挥保护作用。过电压终止后，避雷器迅速恢复不通状态，恢复正常工作。避雷器主要用来保护电力设备和电力线路，也用来防止高电压侵入室内。避雷器有保护间隙、管型避雷器、阀型避雷器和氧化锌避雷器。

（1）保护间隙。保护间隙是利用高压带电体击穿空气间隙的原理制成的，它结构简单，价格低廉，便于自制，但性能较差，一般用于电压不高且不太重要的线路上。

（2）管型避雷器。管型避雷器主要由瓷套、灭弧管和内外间隙组成，结构较复杂，常用于 10kV 配电线路，作为变压器、开关、电容器、电缆头等电气设备的防雷保护。

（3）阀型避雷器。阀型避雷器是工业中应用最多的避雷器。阀型避雷器主要由瓷套、火花间隙和非线性电阻组成。瓷套是绝缘的，起支撑和密封作用。火花间隙是由多个间隙串联而成的，每个火花间隙由两个黄铜电极和一个云母垫圈组成，云母垫圈的厚度为 0.5~1mm。由于电极间距离很小，其间电场比较均匀，间隙伏-秒特性较平，保护性能较好。非线性电阻又称电阻阀片。电阻阀片是直径为 55~100mm 的饼形元件，由金刚砂（SiC）颗粒烧结而成。非线性电阻的电阻值不是一个常数，而是随电流的变化而变化的：电流大时阻值很小，电流小时阻值很大。非线性电阻和间隙的作用类似一个阀门的作用：对于雷电流，阀门打开，使泄入地下；对于工频电流，阀门关闭，迅速切断之。其"阀型"之名就是由此而来的。常用于 3~550kV 电气线路、变配电设备、电动机、开关等的防雷保护，适用于交直流电网，不受容量、线路长短、短路电流等的限制。

（4）氧化锌避雷器。氧化锌避雷器是一种新型避雷器，它采用了非线性优质的氧化锌、氧化铋金属氧化物烧结而成的多晶半导体陶瓷电阻片，取消了火花间隙，提高了保护的可靠性。其特点是无放电延时，大气过电压作用后无工频电流，可经受多种雷击，残压低，通流容量大，使用寿命长，常用于 0.25~550kV 电气系统及电气设备的防雷及过电压保护，也适用于低压侧的过电压保护。

（三）引下线

防雷装置的引下线应满足机械强度、耐腐蚀和热稳定的要求。引下线一般采用圆钢或扁钢，其尺寸和防腐蚀要求与避雷网、避雷带相同。用钢绞线作引下线，其截面积不得小于 25mm²。用有色金属导线做引下线时，应采用截面积不小于 16mm² 的铜导线。

引下线应沿建筑物外墙敷设，并应避免弯曲，经最短途径接地。暗敷设时截面积应加大一级。建筑物的金属构件可用作引下线，但所有金属构件之间均应可靠连成电气通路。

第一类和第二类防雷建筑物至少应有两条引下线，其间距分别不得大于 12m 和 18m；第三类防雷建筑物周长超过 25m 或高度超过 40m 时，也应有两条引下线，其间距不得大于 25m。采用多条引下线时，为了便于接地电阻和检查引下线、接地线的连接情况，宜在各引下线距地面高约 1.8m 处设断接卡。

在易受机械损伤的地方，地面以下 0.3m 至地面以上 1.7m 的一段引下线应加竹管、角钢或钢管保护。采用角钢或钢管保护时，应与引下线连接起来，以减小通过雷电流时的电抗。引下线截面锈蚀 30% 以上者应予以更换。

（四）防雷接地装置

接地装置是防雷装置的重要组成部分。接地装置向大地泄放雷电流，使防雷装置对地电压不致过高。

除独立避雷针外，在接地电阻满足要求的前提下，防雷接地装置可以和其他接地装置共用。

防雷接地装置所用材料应优于一般接地装置的材料。防雷接地装置接地电阻值是重要参数。防雷接地电阻一般指冲击接地电阻，接地电阻值视防雷种类和建筑物类别而定。独立避雷针的冲击接地电阻一般不应大于 10Ω；附设接闪器每一引下线的冲击接地电阻一般也不应大于 10Ω；但对于不太重要的第三类建筑物可放宽至 30Ω。防感应雷装置的工频接地电阻不应大于 10Ω。防雷电侵入波的接地电阻，根据其类别和防雷级别，冲击接地电阻不应大于 $5\sim30\Omega$，其中，阀型避雷器的接地电阻不应大于 $5\sim10\Omega$。

冲击接地电阻一般不等于工频接地电阻。这是因为极大的雷电流自接地体流入土壤时，接地体附近形成很强的电场，击穿土壤并产生火花，相当于增大了接地体的泄放电流面积，减小了接地电阻。同时，在强电场的作用下，土壤电阻率有所降低，也使接地电阻有减小的趋势。另一方面，由于雷电流陡度很大，有高频特征，使引下线和接地体本身的电抗增大。如接地体较长，其后部泄放电流还将受到影响，使接地电阻有增大的趋势。一般情况下，前一方面影响较大，后一方面影响较小，即冲击接地电阻一般都小于工频接地电阻。土壤电阻率越高，雷电流越大；接地体和接地线越短，则冲击接地电阻减小越多。

为了防止跨步电压伤人，防直击雷接地装置距建筑物和构筑物出入口和人行横道的距离不应小于 3m。当小于 3m 时，应采取下列措施之一：

（1）水平接地体局部深埋 1m 以上。

（2）水平接地体局部包以绝缘物（例如，包以厚 50~80cm 的沥青层）。

（3）铺设宽度超出接地体 2m、厚 50~80cm 的沥青路面。

（4）埋设帽檐式或其他型式的均压条。

（五）消雷装置

消雷装置由顶部的电离装置、地下的电荷收集装置和中间的连接线组成。

消雷装置与传统避雷针的防雷原理完全不同。后者是利用其突出的位置，把雷电吸向自身，将雷电流泄入大地，以保护其保护范围内的设施免遭雷击。而消雷装置是设法在高空产生大量的正离子和负离子，与带电积云之间形成离子流，缓慢地中和积云电荷，并使带电积云受到屏蔽，消除落雷条件。常见的消雷装置有感应式消雷装置和利用半导体材料或放射性元素制成的消雷装置。

六、防雷技术

应当根据建筑物和构筑物、电力设备以及其他保护对象的类别和特征，分别对直击雷、雷电感应、雷电侵入波等采取适当的防雷措施。

（一）直击雷防护

1. 应用范围和基本措施

第一类防雷建筑物、第二类防雷建筑物和第三类防雷建筑物的易受雷击部位应采取防直击雷的防护措施；遭受雷击后果比较严重的设施或堆料（如装卸油台、露天油罐、露天储气罐等）、高压架空电力线路、发电厂和变电站等也应采取防直击雷的措施。装设避雷针、避雷线、避雷网、避雷带是直击雷防护的主要措施。

避雷针分独立避雷针和附设避雷针。独立避雷针是离开建筑物单独装设的。一般情况下，其接地装置应当单设，接地电阻一般不应超过 10Ω，严禁在装有避雷针的构筑物上架设通信线、广播线或低压线。利用照明灯塔作独立避雷针支柱时，为了防止将雷电冲击电压引进室内，照明电源线必须采用铅皮电缆或穿入铁管，并将铅皮电缆或铁管埋入地下（埋深 $0.5\sim0.8m$），经 $10m$ 以上（水平距离）才能引进室内。独立避雷针不应设在人经常通行的地方。

附设避雷针是装设在建筑物或构筑物屋面上的避雷针。如系多支附设避雷针，相互之间应连接起来，有其他接闪器者（包括屋面钢筋和金属屋面）也应相互连接起来，并与建筑物或构筑物的金属结构连接起来。其接地装置可以与其他接地装置共用，宜沿建筑物或构筑物四周敷设，其接地电阻不宜超过 $1\sim2\Omega$。如利用自然接地体，为了可靠起见，还应装设人工接地体。人工接地体的接地电阻不宜超过 5Ω。建筑物混凝土内用于连接的单一钢筋的直径不得小于 $10mm$。

露天装设的有爆炸危险的金属储罐和工艺装置，当其壁厚不小于 $4mm$ 时，一般不再装设接闪器，但必须接地。接地点不应少于两处，其间距离不应大于 $30m$，冲击接地电阻不应大于 30Ω。如金属储罐和工艺装置击穿后不对周围环境构成危险，则允许其壁厚降低为 $2.5mm$。

$35kV$ 以下的线路，一般不沿全线架设避雷线；$35kV$ 以上的线路，一般沿全线架设避雷线。在多雷地区，$110kV$ 以上的线路，宜架设双避雷线；$220kV$ 以上的线路，应架设双避雷线。

$35kV$ 及以下的高压变配电装置宜采用独立避雷针或避雷线。变压器的门形构架上不得装设避雷针或避雷线。如变配电装置设在钢结构或钢筋混凝土结构的建筑物内，可在屋顶上装设附设避雷针。

利用山势装设的远离被保护物的避雷针或避雷线，不得作为被保护物的主要直击雷防护措施。

2. 二次放电防护

防雷装置承受雷击时，其接闪器、引下线和接地装置呈现很高的冲击电压，可能击穿与邻近的导体之间的绝缘，造成二次放电。二次放电可能引起爆炸和火灾，也可能造成电击。为了防止二次放电，不论是空气中或地下，都必须保证接闪器、引下线、接地装置与邻近导体之间有足够的安全距离。冲击接地电阻越大，被保护点越高，避雷线支柱越高及避雷线挡距越大，则要求防止二次放电的间距越大。在任何情况下，第一类防雷建筑物防止二次放电的最小间距不得小于 3m，第二类防雷建筑物防止二次放电的最小间距不得小于 2m。不能满足间距要求时，应予跨接。

为了防止防雷装置对带电体的反击，故在可能发生反击的地方应加装避雷器或保护间隙，以限制带电体上可能产生的冲击电压。降低防雷装置的接地电阻，也有利于防止二次放电事故。

（二）感应雷防护

雷电感应也能产生很高的冲击电压，在电力系统中应与其他过电压同样考虑；在建筑物和构筑物中，应主要考虑由二次放电引起爆炸和火灾的危险。无火灾和爆炸危险的建筑物及构筑物一般不考虑雷电感应的防护。

1. 静电感应防护

为了防止静电感应产生的高电压，应将建筑物内的金属设备、金属管道、金属构架、钢屋架、钢窗、电缆金属外皮以及突出层面的金属物件与防雷电感应的接地装置相连。屋面结构钢筋宜绑扎或焊接成闭合回路。

根据建筑物的不同屋顶，应采取相应的防止静电感应的措施。对于金属屋顶，应将屋顶妥善接地；对于钢筋混凝土屋顶，应将屋面钢筋焊成边长 5~12m 的网格，连成通路并予以接地；对于非金属屋顶，宜在屋顶上加装边长 5~12m 的金属网格，并予以接地。

屋顶或其上金属网格的接地可以与其他接地装置共用。防雷电感应接地干线与接地装置的连接不得少于 2 处，其间距不得超过 16~24m。

2. 电磁感应防护

为了防止电磁感应，平行敷设的管道、构架、电缆相距不到 100mm 时，须用金属线跨接，跨接点之间的距离不应超过 30m；交叉相距不到 100mm 时，交叉处也应用金属线跨接。

此外，管道接头、弯头、阀门等连接处的过渡电阻大于 0.03Ω 时，连接处也应用金属线跨接。在非腐蚀环境，对于 5 根及 5 根以上螺栓连接的法兰盘，以及对于第二类防雷建筑物可不跨接。

防电磁感应的接地装置也可与其他接地装置共用。

（三）雷电侵入波防护

在低压系统，属于雷电冲击波造成的雷害事故占总雷害事故的 70% 以上。

1. 变配电装置的防护

10kV 变配电站防雷保护接线如图 9-6 所示。图中，FS、FZ 为阀型避雷器，L 为电抗器。对于 3~10kV 配电所（无变压器），可仅在进线上装设阀型避雷器或管型避雷器。

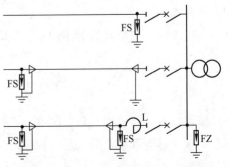

图 9-6 10kV 变配电站防雷保护接线

2. 建筑物的防护

雷击低压线路时，雷电侵入波将沿低压线传入用户，进入户内。特别是采用木杆或木横担的低压线路，对地冲击绝缘水平很高，会使很高的电压进入户内，酿成大面积雷害事故。除电气线路外，架空金属管道也有引入雷电侵入波的危险。

对于建筑物，雷电侵入波可能引起火灾或爆炸，也可能伤及人身。因此，必须采取防护措施。条件许可时，第一类防雷建筑物全长宜采用直接埋地电缆供电；爆炸危险较大或年平均雷暴日 30d/a 以上的地区，第二类防雷建筑物应采用长度不小于 50m 的金属铠装直接埋地电缆供电。

除年平均雷暴日不超过 30d/a、低压线不高于周围建筑物、线路接地点距入户处不超过 50m、土壤电阻率低于 200Ω·m 且采用钢筋混凝土杆及铁横担几种情况外，0.23/0.4kV 低压架空线路接户线的绝缘子铁脚均应接地，冲击接地电阻不宜超过 30Ω。

户外天线的馈线临近避雷针或避雷针引下线时，馈线应穿金属管或采用屏蔽线，并将金属管或屏蔽线接地。如果馈线未穿金属管，又不是屏蔽线，则应在馈线上装设避雷器或放电间隙。

（四）人身防雷

雷暴时，由于带电积云直接对人体放电，雷电流入地下产生对地电压，以及二次放电等都可能对人造成致命的电击。因此，应注意必要的人身防雷安全要求。

雷暴时，非工作必须，应尽量减少在户外或野外逗留；在户外或野外最好穿塑料等不浸水的雨衣。如有条件，可进入有宽大金属构架或有防雷设施的建筑物；如依靠建筑屏蔽的街道或高大树木屏蔽的街道躲避，要注意离开墙壁或树干 8m 以外。

雷暴时，应尽量离开小山、小丘、隆起的小道，离开海滨、湖滨、河边、池塘旁，不得停留在铁丝网、金属晒衣绳以及旗杆、烟囱、宝塔、孤独的树木附近，还应尽量离开没有防雷保护的小建筑物或其他设施。

雷暴时，在户内应注意防止雷电侵入波的危险，应离开照明线、动力线、电话线、广播线、电视机电源线、天线以及与其相连的各种金属设备，以防止这些线路或设备对人体二次放电。调查资料表明，户内 70% 以上对人体的二次放电事故发生在与线路或设备相距 1m 以内的场合，相距 1.5m 以上者尚未发生死亡事故。由此可见，雷暴时人体最好距可能传来雷电侵入波的线路和设备 1.5m 以上。应当注意，仅仅拉开开关对于防止雷击是起不了多大作用的。

雷雨天气，还应注意关闭门窗，以防止球雷进入户内造成危害。

第二节　静电安全技术

所谓静电，并非绝对静止的电，而是在宏观范围内暂时失去平衡的相对静止的正电荷和负电荷。静电现象十分普遍，特别是生产工艺过程中产生的静电可能引起爆炸及其他危险和危害。

一、静电的产生

摩擦能够产生静电是人们早就知道的，但为什么摩擦能够产生静电呢？实验证明，不仅仅是摩擦时，而是只要两种物质紧密接触而后再分离时，就可能产生静电。静电的产生是同接触电位差和接触面上的双电层直接相关的。

（一）静电的起电方式

1. 接触-分离起电

两种物体接触，其间距小于 $25×10^{-8}$ cm 时，由于不同原子得失电子的能力不同，不同原子（包括原子团和分子）外层电子的能级不同，其间即发生电子的转移。因此，两种物质紧密接触，界面两侧会出现大小相等、极性相反的两层电荷。这两层电荷称为双电层，其间的电位差称为接触电位差。接触电位差与物质性质及其表面状况有很大的关系。固体物质的接触电位差只有千分之几至十分之几伏，最大 1V 左右。

根据双电层和接触电位差的理论，可以推知两种物质紧密接触再分离时，即可产生静电。两种物质互相摩擦后之所以能产生静电，是因为通过摩擦实现较大面积的紧密接触，在接触面上产生了双电层。导体与导体之间虽然也能产生双电层，但由于分离时所有互相接触的各点不可能同时分离，接触面两边的正、负电荷将通过尚未脱离开的那些点迅速中和，致使两导体都不带电。

按照两种物质间双电层的极性，把相互接触时带正电的排在前面，带负电的排在后面，依次排列下去，可以排成一个长长的序列，这样的序列叫作静电序列或静电起电序列。静电序列是实验结果，由于实验条件不同，结果不完全一致。下面是一个典型的静电序列：（正极）空气→人手→石棉→兔毛→玻璃→云母→人发→尼龙→羊毛→铅→丝绸→铝→纸→棉花→钢铁→木→琥珀→蜡→硬橡胶→镍、铜→黄铜、银→金、铂→硫黄→人造丝→聚酯→涤纶→聚氨酯→聚乙烯→聚丙烯→聚氯乙烯（PVC）→二氧化硅→聚四氟乙烯（负极）。

同一静电序列中，前后两种物质紧密接触时，前者失去电子带正电，后者得到电子带负电。从上面列出的静电序列可以知道，玻璃与丝绸紧密接触或摩擦时，玻璃带正电，丝绸带负电。应当指出，物质呈现的电性在很大程度上还受到物质所含杂质成分、表面氧化和吸附情况、温度、湿度、压力、外界电场等因素的影响，有可能出现与序列指示的不相符合的现象。

2. 破断起电

不论材料破断前其内电荷分布是否均匀，破断后均可能在宏观范围内导致正、负电荷的分离，即产生静电，这种起电称为破断起电。固体粉碎、液体分离过程的起电属于破断起电。

3. 感应起电

典型的感应起电过程如图 9-7 所示。当 B 导体与接地体 C 相连时，在带电体 A 的感应下，端部出现正电荷，但 B 导体对地电位仍然为零；当 B 导体离开接地体 C 时，虽然中间不放电，但 B 导体成为带电体。

4. 电荷迁移

当一个带电体与一个非带电体接触时，电荷将重新分配，即发生电荷迁移而使非带电体带电。当带电雾滴或粉尘撞击在导体上时，会产生电荷迁移；当气体离子流射在不带电的物体上时，也会产生电荷迁移。

除上述几种主要的起电方式外，电解、压电、热电等效应也能产生双电层或起电。

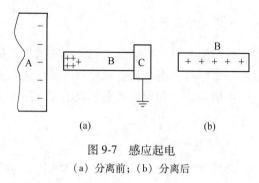

图 9-7　感应起电
（a）分离前；（b）分离后

（二）固体静电

固体静电可直接用双电层和接触电位差的理论来解释。双电层上的接触电位差是极为有限的，而固体静电电位高达数万伏以上，其原因不在于静电电量大（工艺过程中局部范围内的静电电量一般只是微库级的），而在于电容的变化。电容器上的电压 U、电量 Q、电容 C 三者之间保持 $U = Q/C$ 的关系。对于平板电容器，其电容为：

$$C = \frac{\varepsilon S}{d} \tag{9-9}$$

式中，ε 为极间电介质的介电常数；S 为极板面积；d 为极间距离。由上述关系可以导出：

$$U = \frac{Qd}{\varepsilon S} \tag{9-10}$$

这就是说，当 Q、ε、S 不变时，U 与 d 成正比。将两种相接近的两个带电面看成是电容器的极板。紧密接触时，其间距只有 25×10^{-8} cm。若二者分开为 1cm，距离即增大为 400 万倍。因此，如接触电位差仅为 0.01V，则在不考虑分开时电荷逆流的情况下，二者之间的电压高达 40000V。应当指出，不仅平面接触产生的静电有这种情况，而且由其他方式产生的静电也有类似的情况。由此不难理解静电电压高的道理。

固体物质大面积的接触-分离或大面积的摩擦，以及固体物质的粉碎等过程中，都可能产生强烈的静电。橡胶、塑料、纤维等行业工艺过程中的静电高达数万伏，甚至数十万伏，如不采取有效措施，很容易引起火灾。

（三）人体静电

在从毛衣外面脱下合成纤维衣料的衣服时，或经头部脱下毛衣时，在衣服之间或衣服与人体之间，均可能发生放电。这说明人体及衣服在一定条件下是会产生静电的。人在活动过程中，人的衣服、鞋以及所携带的用具与其他材料摩擦或接触-分离时，均可能产生静电。例如，人穿混纺衣料的衣服坐在人造革面的椅子上，如人和椅子的对地绝缘都很高，则当人起立时，由于衣服与椅面之间的摩擦和接触-分离，人体静电高达 10000V 以上。

液体或粉体从人拿着的容器中倒出或流出时，带走一种极性的电荷，而人体上将留下另一种极性的电荷。

人体是导体，在静电场中可能感应起电而成为带电体，也可能引起感应放电。如果空间存在带电尘埃、带电水沫或其他带电粒子，并为人体所吸附，人体也能带电。人体静电与衣服料质、操作速度、地面和鞋底电阻、相对湿度、人体对地电容等因素有关。

因为人体活动范围较大，而人体静电又容易被人们忽视，所以，由人体静电引起的放电往往是酿成静电灾害的重要原因之一。

（四）粉体静电

粉体只不过是处在特殊状态下的固体，其静电的产生也符合双电层的基本原理。粉体物料研磨、搅拌、筛分或高速运动时，由于粉体颗粒与颗粒之间及粉体颗粒与管道壁、容器壁或其他器具之间的碰撞、摩擦，以及由于破断都会产生有害的静电。塑料粉、药粉、面粉、麻粉、煤粉和金属粉等各种粉体都可能产生静电。粉体静电电压可高达数万伏。

与整块固体相比，粉体具有分散性和悬浮状态的特点。由于分散性，使得粉体表面积比同样材料、同样质量的整块固体的表面积要大很多倍。例如，把直径 100mm 的球状材料分散成等效直径为 0.1mm 的粉体时，表面积增加 1000 倍以上。由于表面积的增加，使得静电更容易产生。表面积增加亦即材料与空气的接触面积增加，使得材料的稳定度降低。因此，虽然整块的聚乙烯是很稳定的，而粉体聚乙烯却可能发生强烈的爆炸。由于粉体处于悬浮状态，颗粒与大地之间总是通过空气绝缘的，而与组成粉体的材料是否是绝缘材料无关。因此，铝粉、镁粉等金属粉体也能产生和积累静电。

（五）液体静电

液体在流动、过滤、搅拌、喷雾、喷射、飞溅、冲刷、灌注和剧烈晃动等过程中，可能产生十分危险的静电。由于电渗透、电解、电泳等物理过程，液体与固体的接触面上也会出现双电层。液体双电层如图 9-8 所示，紧贴分界面的电荷层只有一

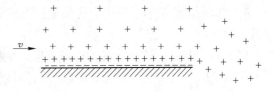

图 9-8　液体双电层

个分子直径的厚度，是不随液体流动的固定电荷层；与其相邻的异性电荷层为数十至数百倍分子直径的随液体流动的滑移电荷层。如果液体在管道内呈紊流状态，则滑移的电荷被搅动，不局限在某一范围，而近似地沿管道断面均匀分布。显然，液体流动时，一种极性的电荷随液体流动，形成所谓流动电流。由于流动电流的出现，管道的终端容器里将积累静电电荷。

（六）蒸气和气体静电

蒸气或气体在管道内高速流动或由阀门、缝隙高速喷出时也会产生危险的静电。蒸气产生静电类似液体产生静电，即其静电也是由于接触、分离和分裂等原因产生的。完全纯净的气体是不会产生静电的，但由于气体内往往含有灰尘、铁末、干冰、液滴、蒸气等固体颗粒或液体颗粒，通过这些颗粒的碰撞、摩擦、分裂等过程可产生静电。喷漆是含有大量杂质的气体高速喷出，会产生比较强的静电。蒸气和气体静电比固体和液体的静电要弱一些，但也能高达万伏以上。

二、静电的消失

静电的消失有两种主要方式，即中和与泄漏。前者主要是通过空气发生的，后者主要是通过带电体本身及其相连接的其他物体发生的。

（一）静电中和

由于宇宙射线、紫外线和地球上放射性元素的作用，每立方厘米空气中每秒钟约有 10 个分子发生电离，而且在常温下每立方厘米空气中约有 100~1000 个带电粒子（电子和离

子）。由于这些带电粒子的存在，带电体在同空气的接触中，其所带电荷逐渐得到中和。但是，空气中的自然存在的带电粒子极为有限，以致这些中和是极为缓慢的，一般不会被觉察到。带电体上的静电通过空气迅速地中和发生放电有如图 9-9 所示的 4 种形式。

（1）电晕放电。它是发生在带电体尖端附近或其他曲率半径很小处附近的局部区域内。在这些很小的区域内，电场强度很高，其分子发生电离，产生薄薄的电晕层，形成电晕放电。有时，电晕放电伴有嘶嘶声和淡蓝色光。

电晕放电时，间隙内气体电离不完全，电流很小。电晕放电的能量密度不高，如不发展则没有危险。

（2）刷形放电和传播型刷形放电。刷形放电是火花放电的一种，其放电通道有很多分支，而不集中在一点，放电时伴有声光。绝缘体束缚电荷的能力很强，其表面容易出现刷形放电。同一带电体与其他物体之间，可能发生多次刷形放电。刷形放电释放的能量不超过 4mJ，其局部能量密度具有引燃一些爆炸性混合物的能力。

高电阻率薄膜背面贴有金属导体时，薄膜两面带有异性电荷。如有导体接近薄膜表面，则发生放电，非导体表面上大面积的电荷经过邻近电离子的气体迅速流向初始放电点，构成所谓传播型刷形放电。传播型刷形放电形成密集的火花，火花能量较大，引燃危险性也大。

（3）火花放电。这里所说的火花放电，是指放电通道火花集中的放电，即电极上有明显的放电集中点的放电。火花放电时伴有短促的爆裂声和明亮的闪光。在易燃易爆场所，火花放电有很大的危险。

（4）雷型放电。当悬浮在空气中的带电粒子形成大范围、高电荷密度的空间电荷云时，可能发生闪电状的所谓雷型放电。雷型放电能量大，引燃危险大。

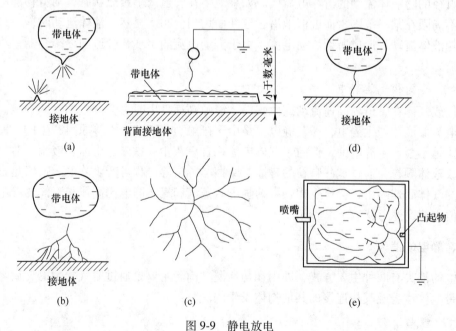

图 9-9　静电放电

（a）电晕放电；（b）刷形放电；（c）传播型刷形放电；（d）火花放电；（e）雷型放电

（二）静电泄漏

绝缘体上较大的泄漏有两条途径：（1）绝缘体表面泄漏；（2）绝缘体内部泄漏。前者遇到的是表面电阻；后者遇到的是体积电阻。

静电通过绝缘体本身的泄漏很像电容器放电，其电量符合以下规律：

$$Q = Q_0 e^{-\frac{t}{\tau}} \tag{9-11}$$

式中　Q_0——泄漏前的电量；

　　　t——泄漏时间；

　　　τ——泄漏时间常数。

对于生产过程中产生的有害静电，放电时间常数越大，静电越不容易泄漏，危险性越大。通常取绝缘体上静电电量泄漏一半，即当 $Q = Q_0/2$ 时所用的时间来衡量静电泄漏的快慢，亦即衡量危险性的大小。这个时间称为半值时间。通过简单运算，可求得半值时间为：

$$t_{1/2} = 0.693RC = 0.693\varepsilon\rho \tag{9-12}$$

很多易起电材料的电阻率都很高，其上静电泄漏很慢。例如，某橡胶的电阻率 $\rho = 1 \times 10^{14}\Omega \cdot m$，介电常数 $\varepsilon = 17 \times 10^{-12}F/m$，则时间常数 $\tau = \varepsilon\rho = 1700s$、半值时间 $t_{1/2} = 1176s$，即半值时间将近 20min。

因为绝缘体静电泄漏很慢，所以，同一绝缘体各部分可能在较长时间内保持不同的电压。或者说，同一绝缘体某些部位的电压可能不高，而另一些部位可能带有危险电压。

湿度对静电泄漏的影响很大。随着湿度增加，绝缘体表面凝成薄薄的水膜，并溶解空气中的二氧化碳气体和绝缘体析出的电解质，使绝缘体表面电阻大为降低，从而加速静电泄漏。空气湿度降低，很多绝缘体表面电阻率升高，静电泄漏变慢，静电的危险性增大。因此，静电事故多发生在干燥的季节。吸湿性越大的绝缘体，其静电受湿度的影响也越大。

三、静电的影响因素

了解和掌握静电产生和积累的诸因素，对于控制静电的危害是十分必要的。静电的产生和积累受材质、工艺设备和参数、环境条件等因素的影响。

（一）材质和杂质的影响

材料的电阻率，包括固体材料的表面电阻率对于静电泄漏有很大影响。对于固体材料，电阻率为 $1 \times 10^7\Omega \cdot m$ 以下者，由于泄漏较强而不容易积累静电；电阻率为 $1 \times 10^9\Omega \cdot m$ 以上者，容易积累静电，造成危害。

对于液体，在一定范围内，静电随着电阻率的增加而增加；超过某一范围以后，随着电阻率的增加，液体静电反而下降。实验证明，电阻率为 $1 \times 10^{10}\Omega \cdot m$ 左右的液体最容易产生静电；电阻率为 $1 \times 10^8\Omega \cdot m$ 以下的液体，由于泄漏较强而不容易积累静电；电阻率为 $1 \times 10^{13}\Omega \cdot m$ 以上的液体，由于其分子极性很弱而不容易产生静电。石油、重油的电阻率为 $1 \times 10^{10}\Omega \cdot m$ 以下，静电危险性较小。石油制品和苯的电阻率多在 $1 \times 10^{10} \sim 1 \times 10^{11}\Omega \cdot m$ 之间，静电危险性较大。

对于粉体，当管道、搅拌器或料槽材料与粉体材料相同时，不容易产生静电，而且粉体带电情况也不规则，有的带正电，有的带负电，也有的不带电，其带正电的颗粒数与带负电的颗粒数大致相等。当管道、搅拌器或料槽用金属材料制成、粉体用绝缘材料制成时，产生静电的多少与管道、搅拌器或料槽种类没有多大关系，而主要决定于粉体的性质。当管道、搅拌器或料槽以及粉体均由绝缘材料制成时，材料性质对静电的影响很大，并可能因材料改变而改变静电的极性。悬浮粉体因处在绝缘状态，受材料的影响不大。

由以上分析可以知道，只有容易得失电子，而且电阻率很高的材料才容易产生和积累静电。生产中常见的乙烯、丙烷、丁烷、原油、汽油、轻油、苯、甲苯、二甲苯、硫酸、橡胶、赛璐珞和塑料等都比较容易产生和积累静电。

杂质对静电有很大的影响，静电的大小在很大程度上取决于所含杂质的成分。一般情况下，杂质有增加静电的趋势，但如杂质能降低原有材料的电阻率，则加入杂质有利于静电的泄漏。

液体内含有高分子材料（如橡胶、沥青）的杂质时，会增加静电的产生。液体内含有水分时，在液体流动、搅拌或喷射过程中会产生附加静电。液体宏观运动停止后，液体内水珠的沉降过程要持续相当长一段时间，沉降过程中也会产生静电。如果油管或油槽底部积水，经搅动后容易引起静电事故。

（二）工艺设备和工艺参数的影响

接触面积越大，双电层正、负电荷越多，产生静电越多。管道内壁越粗糙，接触面积越大，冲击和分离的机会也越多，流动电流就越大。对于粉体，颗粒越小者，一定量粉体的表面积越大，产生静电越多。接触压力越大或摩擦越强烈，会增加电荷的分离，以致产生较多的静电。接触-分离速度越高，产生静电越多。液体流速和管径对液体静电影响很大。

设备的几何形状也对静电有影响。例如，平皮带与皮带轮之间的滑动位移比三角皮带大，产生的静电也比较强烈。过滤器会大大增加接触和分离程度，可能使液体静电电压增加十几倍到 100 倍以上。下列工艺过程比较容易产生和积累静电：

（1）固体物质大面积的摩擦，如纸张与银轴摩擦、橡胶或塑料碾制、传动皮带与皮带轮或辊轴摩擦等；固体物质在压力下接触而后分离，如塑料压制、上光等；固体物质在挤出、过滤时与管道、过滤器等发生摩擦，如塑料的挤出、赛璐珞的过滤等。

（2）固体物质的粉碎、研磨过程，粉体物料的筛分、过滤、输送、干燥过程，悬浮粉尘的高速运动等。

（3）在混合器中搅拌各种高电阻率物质，如纺织品的涂胶过程等。

（4）高电阻率液体在管道中流动且流速超过 1m/s 时，液体喷出管口时，液体注入容器发生冲击、冲刷和飞溅时等。

（5）液化气体、压缩气体或高压蒸气在管道中流动和由管口喷出时，如从气瓶放出压缩气体、喷漆等。

（6）穿化纤布料衣服、穿高绝缘鞋底的人员在操作、行走、起立时等。

（三）环境条件和时间的影响

材料表面电阻率随空气湿度增加而降低，相对湿度越高，材料表面电荷密度越低。但当相对湿度在 40% 以下时，材料表面静电电荷密度几乎不受相对湿度的影响而保持为某一最大值。由于空气湿度受环境温度的影响，以致环境温度的变化可能加剧静电的产生。

导电性地面在很多情况下能加强静电的泄漏，减少静电的积累。周围导体布置对静电电压有很大的影响。由 $Q = CU$ 可知，静电电量 Q 不变时，静电电压 U 与电容 C 成反比。带电体与周围导体的面积、距离、方位都影响其间电容，从而影响其间静电电压。例如，传动皮带刚离开皮带轮时电压并不高，但转到两皮带轮中间位置时，由于距离拉大，电容大大减小，电压则大大升高。又如，油料在管道内流动时电压也不很高，但当注入油罐，特别是注入大容积油罐时，油面中部因电容较小而电压较高。又如，粉体经管道输送时，在管道中间胀大处和出口处，由于电容减小，静电电压升高，容易由电火花引起爆炸事故。

带电历程会改变物体的表面特性，从而改变带电特征。一般情况下，初次或初期带电较强，而重复性或持续性作用带电较弱。

四、静电的危害

工艺过程中产生的静电可能引起爆炸和火灾，也可能给人以电击，还可能妨碍生产。其中，爆炸或火灾是最大的危害和危险。

（一）爆炸和火灾

静电能量虽然不大，但因其电压很高而容易发生放电。如果所在场所有易燃物质，又有由易燃物质形成的爆炸性混合物（包括爆炸性气体和蒸气）以及爆炸性粉尘等，即可能由静电火花引起爆炸或火灾。

一些轻质油料及化学溶剂，如汽油、煤油、酒精、苯等，容易挥发并与空气形成爆炸性混合物。在这些液体的载运、搅拌、过滤、注入、喷出和流出等工艺过程中，容易由静电火花引起爆炸和火灾。与轻质油料相比，重油的危险性较小。

金属粉末、药品粉末、合成树脂和天然树脂粉末、燃料粉末和农作物粉末等都能与空气形成爆炸性混合物。在这些粉末的磨制、干燥、筛分、收集、输送、倒装及其他有摩擦、撞击、喷射、振动的工艺过程中，都比较容易由静电火花引起爆炸和火灾。

塑料、橡胶、造纸等行业经常用到一些化学溶剂，也能形成爆炸性混合物。在其原料搅拌、制品挤压和分离、摩擦等工艺过程中，容易由静电火花引起火灾，甚至引起爆炸。

氢气、乙炔等气体易形成爆炸性混合物。易燃液体的蒸气或气体高速喷射时容易由静电引起爆炸。

应当指出，带静电的人体接近接地导体或其他导体时，以及接地的人体接近带电的物体时，均可能发生火花放电，导致爆炸或火灾。

对于静电引起的爆炸和火灾，就行业性质而言，以炼油、化工、橡胶、造纸、印刷和粉末加工等行业事故最多。就工艺种类而言，以输送、装卸、搅拌、喷射、开卷和卷绕、涂层、研磨等工艺过程事故最多。

导体放电时，其上电荷全部消失，其静电场储存的能量一次集中释放，有较大的危险性。

绝缘体放电时，其上电荷不能一次放电而全部消失，其静电场所储存的能量也不能一次集中释放，危险性较小。但是，当爆炸性混合物的最小引燃能量很小时，绝缘体上的静电放电火花也能引起混合物爆炸。而且，正是由于绝缘体上的电荷不能在一次放电中全部消失，而使得绝缘体具有多次放电的危险性。静电电压为 30kV 的绝缘体在空气中放电时，放电能量可达数百微焦，足以引燃某些爆炸性混合物发生爆炸。一般认为，对于最小引燃能量为数十微焦者，静电电压 1kV 以上、面电荷密度 $1×10^{-7} C/m^2$ 以上是危险的；对于最小引燃能量为数百微焦者，静电电压 5kV 以上、面电荷密度 $1×10^{-6} C/m^2$ 以上是危险的。此外，绝缘体带电足以使接近的工作人员感到电击时，也是危险的。当直径为 3mm 的接地金属球接近带电绝缘体会发生伴有声光的放电时，也是危险的。绝缘体表面电荷密度超过 $1×10^{-4} C/m^2$ 时，会发生放电能量为数百微焦的沿面放电，也是危险的。

（二）静电电击

静电电击不是电流持续通过人体的电击，而是静电放电造成的瞬间冲击性的电击。

对于静电，人体相当于导体，放电时其有关部分的电荷一次性消失，即能量集中释放，危险性较大。但这种危险性主要是就引起爆炸和火灾而言的，对于电击来说，由于生产工艺过程中积累的静电能量总是有限的，一般不能达到使人致命的界限。

生产和工艺过程中产生的静电所引起的电击虽然不致命，但是，不能排除由静电电击导致严重后果的可能性。例如，人体可能因静电电击而坠落或摔倒，造成二次事故。静电电击还可能引起工作人员紧张而妨碍工作等。

（三）妨碍生产

在某些生产过程中，如不消除静电，将会妨碍生产或降低产品质量。

纺织行业及有纤维加工的行业，特别是随着涤纶、维纶、锦纶、腈纶等合成纤维材料的应用，静电问题变得十分突出。例如，在抽丝过程中，会使丝飘动、黏合、纠结等而妨碍工作。在纺纱、织布过程中，由于橡胶辗轴与丝、纱摩擦及其他原因产生静电，可能导致乱纱、挂条、缠花、断头等而妨碍工作。在织、印染过程中，由于静电电场力的作用，可能吸附灰尘等而降低产品质量，甚至影响缠卷，使卷绕不紧。

在粉体加工行业，生产过程中产生的静电除带来火灾和爆炸危险外，还会降低生产效率，影响产品质量。例如，粉体筛分时，由于静电电场力的作用吸附细微的粉末，使筛目变小而降低生产效率；计量时，由于计量器具吸附粉体，还会造成误差；粉体装袋时，由于静电斥力的作用，粉体四散飞扬，既损失粉体，又污染环境等。

在塑料和橡胶行业，由于制品与转轴的摩擦，制品的挤压和拉伸，会产生较多静电。除火灾和爆炸危险外，由于静电不能迅速消散会吸附大量灰尘，清扫灰尘要花费很多时间。在印花或绘画的情况下，静电力使油墨移动，从而大大降低产品质量。塑料薄膜也会因静电而缠卷不紧。

在印刷行业，纸张上的静电可能导致纸张不能分开，粘在传动带上，使套印不准、折收不齐；油墨受力移动会降低印刷质量等问题。

在感光胶片行业，由于胶片与转轴的高速摩擦，胶片静电电压高达数千至数万伏。如在暗室中发生放电，即使是极微弱的放电，胶片将因感光而报废。同时，胶卷基片因静电吸附灰尘或纤维会降低胶片质量，还会造成涂膜不匀等问题。

在电子技术行业，生产过程中产生的静电可能引起计算机、继电器、开关等设备中电子元件误动作，可能对无线电设备、磁带录音机产生干扰，还可能击穿集成电路的绝缘等。

五、静电防护措施

静电最为严重的危险是引起爆炸和火灾。因此，静电安全防护主要是对爆炸和火灾的防护。当然，一些防护措施对于防护静电电击和消除影响生产的危害也是同样有效的。

（一）环境危险程度的控制

静电引起爆炸和火灾的条件之一是有爆炸性混合物存在。为了防止静电的危害，可采取以下措施控制所在环境的爆炸和火灾危险性。

（1）取代易燃介质。在很多可能产生和积累静电的工艺过程中，要用到有机溶剂和易燃液体，并由此带来爆炸和火灾的危险。在不影响工艺过程的正常运转和产品质量且经济上合理的情况下，用不可燃介质代替易燃介质是防止静电引起的爆炸和火灾的重要措施之一。采用这种措施不但对于防止静电引起的爆炸和火灾是有效的，而且对于防止其他原因引起的爆炸和火灾也是有效的。例如，用三氯乙烯、四氯化碳、苛性钠或苛性钾代替汽油、煤油作洗涤剂有良好的防爆效果。

（2）降低爆炸性混合物的浓度。在爆炸和火灾危险环境，采用通风装置或抽气装置及时排出爆炸性混合物，使混合物的浓度不超过爆炸下限，可防止静电引起爆炸的危险。

（3）减少氧化剂含量。这种方法实质上是充填氮、二氧化碳或其他不活泼的气体，当气体、蒸气或粉尘爆炸性混合物中氧的含量不超过 8% 时即不会引起燃烧。但是，对于镁、铝、锆、钛等粉尘爆炸性混合物，充填氮或二氧化碳无效。这时，可充填惰性气体以防止爆炸和火灾。

（二）工艺控制

工艺控制是从工艺上采取适当的措施，限制和避免静电的产生和积累。工艺控制方法很多，应用很广，是消除静电危害的重要方法之一。

（1）材料的选用。在存在摩擦而且容易产生静电的场合，生产设备宜配备与生产物料相同的材料。在某些情况下，还可以考虑采用位于静电序列中段的金属材料制成生产设备，以减轻静电的危害。选用导电性较好的材料可限制静电的产生和积累。例如，为了减少皮带上的静电，除皮带轮采用导电材料制作外，皮带也宜采用导电性较好的材料制作，或者在皮带上涂以导电性涂料。

根据现场条件，为了有利于静电的泄漏，减轻火花放电和感应带电的危险，可采用静电导电性工具。

在有静电危险的场所，工作人员不应穿着丝绸、人造纤维或其他高绝缘衣料制作的衣服，以免产生危险静电。

（2）限制摩擦速度或流速。降低摩擦速度或流速等工艺参数可限制静电的产生。例如，为了限制产生危险的静电，烃类燃油在管道内流动时，流速与管径应满足以下关系：

$$v^2 D \leqslant 0.64 \tag{9-13}$$

式中　v——流速，m/s；

　　　D——管径，m。

允许流速与液体电阻率有着十分密切的关系。当电阻率不超过 $1 \times 10^5 \Omega \cdot m$ 时，允许流速不超过 10m/s；当电阻率在 $1 \times 10^5 \sim 1 \times 10^9 \Omega \cdot m$ 之间时，允许流速不超过 5m/s；当电

阻率超过 $1×10^9 \Omega \cdot m$ 时，允许流速决定于液体性质、管道直径、管道内壁光滑程度等条件，不可一概而论，但 1.2m/s 的流速一般总是允许的。

油罐装油时，注油管出口应尽可能接近油罐底部，最初流速应限制在 1m/s 左右，待注油管出口被浸没以后，流速可增加至 4.5~6m/s。

铁路槽车装油流速应符合下式要求：

$$vD \leqslant 0.8 \tag{9-14}$$

式中，D 为装油管直径，m。当油料体积电阻率大于 $2×10^{11}\Omega \cdot m$ 时，最大流速不得超过 7m/s。

汽车槽车尽量采用底部装油。装油流速应符合下式要求：

$$vD \leqslant 0.5 \tag{9-15}$$

式中，v 为流速，m/s；D 为油管直径，m。当油料体积电阻率大于 $2×10^{11}\Omega \cdot m$ 时，最大流速不得超过 7m/s。

（3）增强静电消散过程。在产生静电的工艺过程中，总是包含着静电产生和静电消散两个区域。两个区域中电荷交换的规律是不一样的。在静电产生的区域主要是分离成电量相等而极性相反的电荷，即产生静电；在静电消散的区域，带静电物体上的电荷经泄漏或松弛而消散。基于这一规律，设法增强静电的消散过程，可消除静电的危害。

随着流速的降低，静电消散过程变得比较突出，在输送工艺过程中，在管道的末端加装一个直径较大的松弛容器，可大大降低液体在管道内流动时积累的静电。

为了防止静电放电，在液体灌装、循环或搅拌过程中不得进行取样、检测或测温操作。进行上述操作前，应使液体静置一定的时间，使静电得到足够的消散或松弛。可燃液体静置时间见表 9-3。如可燃液体中含有游离水等杂质，静置时间应延长为表 9-3 中所列数值的 3 倍。当容器材料的电阻率高于液体的电阻率时，静置时间也应延长为表 9-3 中所列数值的 3 倍。此外，为了消除感应静电的危险，料斗或其他容器内不得有不接地的孤立导体。

表 9-3　液体静置时间　　　　　　　　　　　　　　　　　　　　　　（min）

液体电导率/S·m⁻¹	容器容积/m³			
	<10	10~50	50~5000	>5000
$>1×10^{-8}$	1	1	1	2
$1×10^{-8} \sim 1×10^{-12}$	2	3	20	30
$1×10^{-12} \sim 1×10^{-14}$	4	5	60	120
$<1×10^{-14}$	10	15	120	240

（4）消除附加静电。在工艺过程中，产生静电的区域（如输送管道）总是不可缺少的，要想做到不产生静电是很困难的，甚至是不可能的。但是，对于工艺过程中产生的附加静电，往往是可以设法防止的。在储存容器内，注入液流的喷射，液体或粉体的混合和搅动，气泡通过液体，以及粉体飞扬等均可能产生附加静电。

为了避免液体在容器内喷射或溅射，应将注油管延伸至容器底部，而且，其方向应有利于减轻容器底部积水或沉淀物搅动。图 9-10 所示为三种比较合理的注油方式。为了减轻从油罐顶部注油时的冲击，减少注油时产生的静电，改变注油管头的形状能收到一定的效果。图 9-11 是几种注油管头的示意图。经验表明，T 形注油管头、锥形注油管头、45°斜口形注油管头和人字形注油管头都能降低油罐内油面的最高电位。

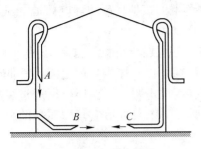

图 9-10　注油示意图

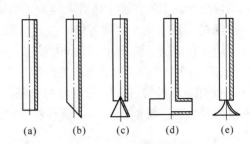

图 9-11　注油管头示意图

(a) 圆筒形；(b) 斜口形；(c) 锥形；(d) T 形；(e) 人字形

为了防止搅动罐底积水或污物产生附加静电，装油前应将罐底的积水和污物清除掉。石油制品含有水分等杂质时，会产生较多静电；溶解在溶液里的空气或其他气体形成气泡时，也会增加静电的危险。因此，净化石油制品对于防止静电的危害是有好处的。为了降低罐内油面电位，过滤器不应离注油管口太近。

为减少粉体的附加静电，首先应避免粉体飞扬，并使料斗有斜面，以减少冲击；其次应清除不同密度和不同粒径的粉体，避免粉体内部出现速度差。

（三）接地和屏蔽

（1）导体接地。接地是消除静电危害最常见的方法，它主要是消除导体上的静电。金属导体应直接接地。

为了防止火花放电，应将可能发生火花放电的间隙跨接连通起来，并予以接地，使其各部位与大地等电位。不仅产生静电的金属部分应当接地，而且为了防止感应静电的危险，其他不相连接但邻近的金属部分也应接地。在生产过程中，以下工艺设备应采取接地措施：

1）凡用来加工、储存、运输各种易燃液体、易燃气体和粉体的设备都必须接地。如果袋形过滤器由纺织品或类似物品制成，建议用金属丝穿缝并予以接地，如果管道由不导电材料制成，应在管外或管内绕以金属丝，并将金属丝接地。

2）工厂或车间的氧气、乙炔等管道必须连成一个整体，并予以接地。可能产生静电的管道两端和每隔 200～300m 处均应接地。平行管道相距 10cm 以内时，每隔 20m 应用连接线互相连接起来。管道与管道或管道与其他金属物件交叉或接近，其间距小于 10cm 时，也应互相连接起来。

3）注油漏斗、浮动罐顶、工作站台、磅秤和金属检尺等辅助设备均应接地。油壶或油桶装油时，应与注油设备跨接起来，并予以接地。

4）油槽汽车行驶时，由于汽车轮胎与路面有摩擦，汽车地盘上可能产生危险的静电。为了带走静电电荷，油槽车应带有导电橡胶条或金属链条（在碰撞火花可能导致危险的场合，不得使用金属链条），其一端与油槽车底盘相连，另一端与大地接触。汽车槽车、铁路槽车在装油之前，应与储油设备跨接并接地；装、卸完毕先拆除油管，后拆除跨接线和接地线。

5）可能产生和积累静电的固体和粉体作业中，压延机、上光机及各种辊轴、磨、筛、混合器等工艺设备均应接地。

因为静电泄漏电流很小，所有单纯为了消除导体上静电的接地，其防静电接地电阻原则上不得超过 1MΩ。对于金属导体，接地电阻不超过 10~100Ω。

为了防止人体静电的危害，工作人员应穿导电性鞋。导电性鞋鞋底（包括袜子）的电阻不应超过 $1×10^7Ω$。为了防止电击的危险，导电性鞋鞋底（包括袜子）的电阻不宜低于 $1×10^4Ω$。穿用导电性鞋时，所处地面的电阻不应大于鞋底的电阻。人体还可以通过金属腕带和挠性金属连接线予以接地。在有静电危险的场所，工作人员不应佩戴孤立的金属物件。

应当指出，导体因感应而放电时，接地只能消除部分危险。如图 9-12 所示，导体 B 端不接地时，A、B 两端都有静电危险；B 端接地以后，B 端没有放电危险了，但 A 端仍有放电危险。

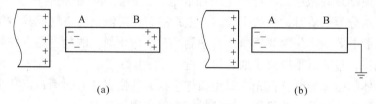

图 9-12 导体感应带电及其接地
（a）未接地；（b）接地

（2）导电性地面。采用导电性地面，实质上也是一种接地措施。采用导电性地面不但能泄漏设备上的静电，而且有利于泄漏聚集在人体上的静电。导电性地面是用电阻率为$1×10^8Ω·m$ 以下的材料制成的地面，如混凝土、导电橡胶、导电合成树脂、导电木板、导电水磨石和导电瓷砖等地面。在绝缘板上喷刷导电性涂料，也能起到与导电性地面同样的作用。采用导电性地面或导电性涂料喷刷地面时，地面与大地之间的电阻不应超过 1MΩ，地面与接地导体的接触面积不宜小于 $10cm^2$。

（3）绝缘体接地。对于产生和积累静电的高绝缘材料，即对于电阻率为 $1×10^9Ω·m$ 以上的固体材料和电阻率为 $1×10^{10}Ω·m$ 以上的液体材料，即使与接地导体接触，其上静电变化也不大。这说明一般接地对于消除高绝缘体上的静电效果是不大的。而且，对于产生和积累静电的高绝缘材料，如经导体直接接地，则相当于把大地电位引向带电的绝缘体，有可能反而增加火花放电的危险性。电阻率为 $1×10^7Ω·m$ 以下的固体材料和电阻率为 $1×10^8Ω·m$ 以下的液体材料不容易积累静电。因此，为了使绝缘体上的静电较快地泄漏，绝缘体宜通过电阻率为 $1×10^6Ω·m$ 或稍大一些的电阻接地。

（4）屏蔽。它是用接地导体（即屏蔽导体）靠近带静电体放置，以增大带静电体对地电容，降低带电体静电电位，从而减轻静电放电的危险。此外，屏蔽还能减小可能的放电面积，限制放电能量，防止静电感应。应当注意到，屏蔽不能消除静电电荷。

（四）增湿

随着湿度的增加，绝缘体表面上形成薄薄的水膜。该水膜的厚度只有 $1×10^{-5}cm$，其中含有杂质和溶解物质，有较好的导电性，因此，它能使绝缘体的表面电阻大大降低，能加速静电的泄漏。

应当指出，增湿主要是增强静电沿绝缘体表面的泄漏，而不是增加通过空气的泄漏。因此，对于表面容易形成水膜，即对于表面容易被水润湿的绝缘体，如醋酸纤维、硝酸纤维素、纸张、橡胶等，增湿对消除静电是有效的；而对于表面不能形成水膜，即表面不能被水润湿的绝缘体，如纯涤纶、聚四氟乙烯，增湿对消除静电是无效的。对于表面水分蒸发极快的绝缘体，增湿也是无效的。对于孤立的带静电绝缘体，空气增湿以后，虽然其表面能形成水膜，但没有泄漏的途径，对消除静电也是无效的。而且在这种情况下，一旦发生放电，由于能量的释放比较集中，火花还比较强烈。

允许增湿与否以及允许增加湿度的范围，需根据生产要求确定。从消除静电危害的角度考虑，保持相对湿度在70%以上较为适宜。当相对湿度低于30%时，产生的静电是比较强烈的。

为防止大量带电，相对湿度应在50%以上；为了提高降低静电的效果，相对湿度应提高到60%~70%；对于吸湿性很强的聚合材料，为了保证降低静电的效果，相对湿度应提高到80%~90%。

应当注意，空气的相对湿度在很大程度上受温度的影响。增湿的方法不宜用于消除高温环境里的绝缘体上的静电。

（五）抗静电添加剂

抗静电添加剂是化学药剂，具有良好的导电性或较强的吸湿性。因此，在容易产生静电的高绝缘材料中，加入抗静电添加剂之后，能降低材料的体积电阻率或表面电阻率，加速静电的泄漏，消除静电的危险。对于固体，若能将其体积电阻率降低至 $1 \times 10^7 \Omega \cdot m$ 以下，即可消除静电的危险。对于液体，若能将其体积电阻率降低至 $1 \times 10^8 \Omega \cdot m$ 以下，即可消除静电的危险。

使用抗静电添加剂是从根本上消除静电危险的办法，但应注意防止某些抗静电添加剂的毒性和腐蚀性造成的危害。所以应从工艺状况、生产成本和产品使用条件等方面考虑使用抗静电添加剂的合理性。

在橡胶行业，为了提高橡胶制品的抗静电性能，可采用炭黑、金属粉等添加剂。

在石油行业，可采用油酸盐、环烷酸盐、铬盐、合成脂肪酸盐等作为抗静电添加剂，以提高石油制品的导电性，消除静电危险。例如，某种汽油加入少量以油酸和油酸盐为主的抗静电添加剂以后，即可大大降低石油制品的电阻率，消除静电的危险。这种微量的抗静电添加剂并不影响石油制品的理化性能。

在有粉体作业的行业，也可以采用不同类型的抗静电添加剂。例如，某生产过程中，火药药粉的静电电压高达24000V，加入0.3%的石墨以后，静电电压降低为5400V，而加入0.8%的石墨以后，静电电压降低为500V。又如，水泥磨粉过程中，加入2,3-乙二醇胺，可避免由静电引起的抱球现象的发生，以提高生产效率。

应当指出，对于悬浮粉体和蒸气静电，因其每一微小的颗粒或小珠都是互相绝缘的，所以，任何抗静电添加剂都不起作用。

（六）静电中和器

静电中和器又叫静电消除器，静电中和器是能产生电子和离子的装置。由于产生了电子和离子，物料上的静电电荷得到相反极性电荷的中和，从而消除静电的危险。静电中和器主要用来中和非导体上的静电。尽管不一定能把带电体上的静电完全中和掉，但可中和至安全范围以内。与抗静电添加剂相比，静电中和器具有不影响产品质量、使用方便等优点。静电中和器应用很广，种类很多。按照工作原理和结构的不同，大体上可以分为感应式中和器、高压式中和器、放射线式中和器和组合式中和器。

（1）感应式中和器。它的工作原理如图 9-13 所示，生产物料上的静电在放电针感应出极性相反的电荷，并在针尖附近形成很强的电场。当局部电场强度超过 30kV/cm 时，空气被电离，形成电晕放电，产生正离子和负离子。在电场的作用下，正、负离子分别向生产物料和放电针移动，静电电荷得到中和。

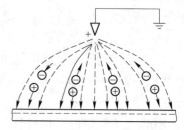

图 9-13　感应式中和器原理

感应式静电中和器的优点是不需要外加电源，结构简单，容易制作，安装和维修也比较方便，引燃危险性很小。缺点是不能消除临界电压（一般在 2.2~5.8kV 之间）以下的静电，即消电不够彻底，而且作用范围小，范围半径一般只有 10~20mm。感应式中和器可用于橡胶、塑料、造纸、纺织、石油化工等行业。感应式静电中和器应装在静电电压较高的位置。

（2）高压式中和器。高压中和器带有高压电源，即主要由高压电源和多支放电针的电晕放电器组成。高压中和器是利用高电压在放电针尖端附近，造成强电场使空气电离来进行工作的，如图 9-14 所示。

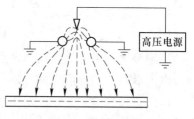

图 9-14　高压式中和器

高压中和器种类很多，按电流种类可分为交流高压中和器和直流高压中和器。交流高压中和器又可分为工频高压中和器和高频高压中和器；交流高压中和器还可分为直接耦合（经电阻耦合或经电容耦合）型静电中和器和间接耦合（经分布电容耦合）型静电中和器。按照有无送风结构，可分为普通型静电中和器和离子风型静电中和器。按防爆性能可分为防爆型和非防爆型静电中和器。

高压中和器可用于化纤、橡胶、塑料、印刷、纺织等行业。直流高压中和器和放电针直接耦合的交流高压中和器，可能产生足以引燃爆炸性混合物爆炸的火花放电，不能用于有爆炸危险的环境。高压中和器的高压电源、高压配线以及电晕发生器应作为整体安装，各部分连接必须良好。为了可靠，一台高压电源不宜同时供给数台电晕放电器使用。高压电源和高压配线不应设在高温（60℃以上）、高湿（相对湿度 80% 以上）或有腐蚀性介质的环境；电源和配线应安装牢固；电源和配线所在位置应当不容易被人触及，不容易被他物损伤，但应当容易检查、观察和维修。为提高可靠性和减少损耗，高压配线应尽量短。为防止连接部位发生电晕放电，所有接头应采用专门连接器。

电晕发生器安装位置的选择与感应式中和器相同。电晕发生器应与带电体垂直安装，其间距在 2~10cm 范围内选择。电晕发生器不应装在有水或水蒸气喷出，或容易受到污染的场所。除高压电极外其他金属部分均应接地。

与感应式中和器相比，高压中和器的结构和维修都比较复杂；除直流高压中和器外，其他高压中和器的作用范围也都很小。但是，由于高压中和器不是靠感应，而是靠外接高压电源来产生电晕的，其消除静电比较彻底。

（3）放射线中和器。它是利用放射线同位素使空气电离，产生正离子和负离子，中和生产物料上的静电。如图9-15所示，放射线中和器由放射源、屏蔽框和保护网组成。放射源采用厚 0.3~0.5mm 的片状元件，用紧固件固定在屏蔽框底部。屏蔽框应有足够的厚度，以防止射线穿泄危害。中和器前面装有保护网，以防止工作人员意外地直接接触到放射源。

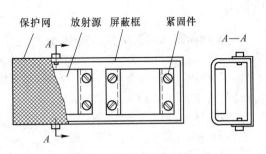

图9-15　放射线中和器

放射线静电中和器离带电体越近，消电效能越好，一般取 10~20mm。根据工艺要求，中和器至带电体之间的距离可以适当增大，为了保证足够的消电效能，采用 α 射线者不宜超过 4~5cm，采用 β 射线者不宜超过 40~60cm。

使用放射线中和器一定要控制放射性对人体的伤害和对产品的污染。在每天 8h 工作的条件下，人的最高容许照射量为 50mR（1R = 2.58×10^{-4}C/kg）。为此，放射线中和器的放射性同位素元件应有铅制屏蔽装置或其他屏蔽装置，且中和器只能在特定方向上使空气电离，发挥中和作用。放射线中和器应有坚固外壳，以防止机械损伤。放射线中和器结构简单，不要求外加电源，而且工作时不产生火花，适用于有火灾和爆炸危险的环境。放射线中和器可用于化工、橡胶、纺织、造纸、印刷等行业。

放射线中和器的离子电流很小。当电场强度为 2kV/cm 时，若中和器长度为 1m，离子电流一般只有 2~12μA，可见其消电效能差。此外，必须注意防止放射线中和器一切可能出现的放射线危害。

在消电要求较高的场所，还可以采用组合式中和器，如兼有感应作用和放射线作用的中和器，以及兼有高压作用和放射线作用的中和器等。

本章小结

本章主要介绍雷电和静电的特点、种类、产生原因、造成的危害和安全防护技术与措施。在学习的过程中，应重点掌握雷电参数、各种防雷装置、防雷的主要技术措施、静电造成的危害和静电的防护措施。

自我小结

自测题

一、是非判断题（每题1分，共10分）

1. 防球雷的办法是打开门窗，形成穿堂风，以免球雷爆炸。 （　　）
2. 避雷装置必须与接地装置可靠连接，才能有防雷作用。 （　　）
3. 避雷器是专门用来保护架空线路的装置。 （　　）
4. 避雷器应与被保护设施串联接线。 （　　）
5. 避雷器在额定工作电压时呈不通状态。 （　　）
6. 防雷接地装置的作用是把雷电流疏散到大地中去。 （　　）
7. 完全纯净的气体会产生静电。 （　　）
8. 粉体的颗粒越小，表面积越大，产生的静电越少。 （　　）
9. 随着湿度的增加，绝缘体的表面电阻大大降低，加速静电的泄漏。 （　　）
10. 静电中和是通过空气发生的，静电泄漏是通过带电体及相连的其他物体发生的。 （　　）

二、单项选择题（每题1分，共18分）

1. 建筑物根据其重要性、使用性质、发生雷电事故的可能性和后果，按防雷要求分为（　　）。
   A. 二类　　　　 B. 三类　　　　 C. 四类　　　　 D. 五类

2. 凡制造、使用或储存炸药、火药、起爆药、火工品等大量危险物质的建筑物，遇电火花会引起爆炸，从而造成巨大破坏或人身伤亡的建筑物，应划为第一类防雷建筑物。下列不属于第一类防雷建筑物的是（　　）。
   A. 天安门　　　 B. 乙炔站　　　 C. 电石库　　　 D. 汽油提炼车间

3. 下列建筑物中最不易遭雷击的是（　　）。
   A. 金属屋顶建筑物　　　　　　　 B. 住宅、办公楼等一般性民用建筑物
   C. 孤立高耸的建筑物　　　　　　 D. 地下有金属管道的建筑物

4. 根据我国现行建筑物防雷设计规范，避雷针的保护范围按（　　）计算。
   A. 滚球法　　　 B. 折线法　　　 C. 模拟法　　　 D. 观测法

5. 为了防止雷电冲击波侵入变配电装置，可在线路引入端安装（　　）。
   A. 避雷针　　　 B. 避雷带　　　 C. 避雷器　　　 D. 避雷线

6. 为了避免液体油料灌装时在容器内喷射和溅射，应将注油管延伸至容器（　　）。
   A. 上部　　　　 B. 中部　　　　 C. 下部　　　　 D. 底部

7. 装设避雷针、避雷线、避雷网、避雷带都是防护（　　）的主要措施。
   A. 雷电侵入波　 B. 直击雷　　　 C. 球雷　　　　 D. 二次放电

8. 雷暴时，人们不应该（　　）。
   A. 尽量减少在户外或野外逗留　　 B. 进入宽大金属构架的建筑物
   C. 尽量站在小山或小丘上　　　　 D. 避开铁丝网、孤独的树木

9. 下列物体中，（　　）可用加湿来加速静电的泄漏。
   A. 孤立的带静电绝缘体　　　　　 B. 表面不能被水润湿的绝缘体
   C. 高温环境里的绝缘体　　　　　 D. 表面容易被水润湿的绝缘体

10. 国家体育场（鸟巢）使用（　　）作为防雷措施，充分利用了建筑结构自身的有利条件。
    A. 避雷针　　　 B. 避雷线　　　 C. 避雷网　　　 D. 避雷带

11. 产生静电的方式有很多，当带电雾滴或粉尘撞击导体时，会产生静电，这种静电产生的方式属于（　　）。
    A. 接触-分离起电 B. 破断起电　　 C. 感应起电　　 D. 电荷迁移

12. 有一种防雷装置，当雷电冲击波到来时，该装置被击穿，将雷电流引入大地，而在雷电冲击波过去

后，该装置自动恢复绝缘状态，这种装置是（　　　）。

  A. 接闪器　　　　B. 接地装置　　　　C. 避雷针　　　　D. 避雷器

13. 电气设备的避雷器是防止（　　　）危险的防雷装置。

  A. 直击雷　　　　B. 静电感应雷　　　　C. 电磁感应雷　　　　D. 雷电波入侵

14. 制造、使用或贮存爆炸危险物质，但电火花不易引起爆炸或不致造成巨大破坏和人身伤亡的建筑物属于第（　　　）类防雷建筑物。

  A. 一　　　　B. 二　　　　C. 三　　　　D. 四

15. 工艺过程中所产生的静电有多种危险，必须采取有效的安全技术措施和安全管理措施进行预防。下列关于预防静电危险的措施中，错误的做法是（　　　）。

  A. 降低工艺速度　　　　　　　　B. 增大相对湿度

  C. 高绝缘体直接接地　　　　　　D. 应用抗静电添加剂

16. 雷击在电性质、热性质、机械性质等方面有破坏作用，并产生严重后果，对人的生命、财产构成很大的威胁。下列各种危险危害中，不属于雷击危险危害的是（　　　）。

  A. 引起变压器严重过负载　　　　B. 烧毁电力线路

  C. 引起火灾和爆炸　　　　　　　D. 使人遭受致使电击

17. 建筑物防雷分类是按照建筑物的重要性、生产性质、遭受雷击的可能性和严重性进行的。在建筑物防雷类别的划分中，电石库应划分为第（　　　）类防雷建筑物。

  A. 一　　　　B. 二　　　　C. 三　　　　D. 四

18. 针对直击雷、电磁感应雷、静电感应雷、雷电行进波（冲击波）所带来不同的危害方式，人们设计了多种防雷装置。下列防雷装置中，用于直击雷防护的是（　　　）。

  A. 阀型避雷器　　　B. 易击穿间隙　　　C. 电涌保护器　　　D. 避雷针（接闪杆）

三、多项选择题（每题 2 分，共 12 分。5 个备选项：A、B、C、D、E。至少 2 个正确项，至少 1 个错误项。错选不得分；少选，每选对 1 项得 0.5 分）

1. 雷电主要有（　　　）等多方面的破坏作用，均可能带来极为严重的后果。

  A. 光化学性质　　B. 电性质　　　C. 热性质　　　D. 机械性质　　　E. 放射性

2. 直击雷的每次放电含有（　　　）三个阶段。

  A. 刷形放电　　　B. 电晕放电　　　C. 先导放电　　　D. 主放电　　　E. 余光放电

3. 雷击的破坏性与其特点有紧密关系。雷击的特点有（　　　）。

  A. 雷电流幅值大　　B. 冲击过电压低　　　　C. 作用时间长

  D. 冲击过电压高　　E. 雷电流陡度大

4. 生产工艺过程中所产生静电的最大危险是引起爆炸。因此，在爆炸危险环境必须采取严密的防静电措施，下列各项措施中，属于防静电措施的有（　　　）。

  A. 安装短路保护和过载保护装置

  B. 将作业现场所有不带电的金属连成整体并接地

  C. 限制流速

  D. 增加作业环境的相对湿度

  E. 安装不同类型的静电消除器

5. 人体静电的危害包括（　　　）方面。

  A. 人体电击及由此引起的二次事故

  B. 引发爆炸和火灾

  C. 对静电敏感的电子产品的工作造成障碍

  D. 引起电气装置能耗增大

  E. 引起机械设备机械故障

6. 人体可以因为（　　）等几种起电方式而呈带静电状态。

    A. 压电　　　　　　B. 感应　　　　　C. 传导　　　　　D. 沉降　　　　　E. 摩擦

四、填空题（每空 1 分，共 10 分）

1. 根据雷电形成及其造成危害的不同，雷电大致可分为＿＿＿＿、＿＿＿＿、球雷和雷电波侵入四种。

2. 雷暴时人体最好离开可能传来雷电侵入波的线路和设备＿＿＿＿ m 以上。

3. 避雷器一般分为保护间隙、管型避雷器、＿＿＿＿和＿＿＿＿四种类型。

4. 增湿是导致静电漏泄的措施，适用于＿＿＿＿上静电的消除。

5. 直接接地主要是用来消除＿＿＿＿上的静电。

6. 静电能量虽然不大，但因其＿＿＿＿很高而容易发生放电。静电电击就是由静电放电造成的＿＿＿＿电击。

7. 在容易产生静电的高绝缘材料中，加入＿＿＿＿之后，能降低材料的体积电阻率或表面电阻率，加速静电的泄漏，消除静电的危险。

五、名词解释（每题 2 分，共 10 分）

1. 雷暴日
2. 雷电流幅值
3. 雷电流陡度
4. 冲击过电压
5. 静电

六、问答题（每题 10 分，共 40 分）

1. 雷电有哪些危害？
2. 直击雷的安全防护措施。
3. 静电有哪些危害？
4. 静电的安全防护措施。

扫描封面二维码可获取自测题参考答案

第十章　电气安全管理

．＋．

本章内容提要

1. 知识框架结构图

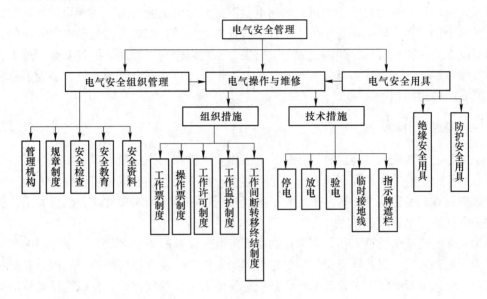

2. 知识导引

电气安全工作是一项综合性工作，有工程技术的一面，也有组织管理的一面。工程技术与组织管理相辅相成，有着十分密切的联系。没有严格的组织措施，技术措施得不到可靠的保证；没有完善的技术措施，组织措施则只是一纸空洞的条文。由此可见，必须重视电气安全综合措施，做好电气安全工作。电气安全管理是以电气安全为目的，对安全生产工作进行有预见性的管辖和控制。本章介绍电气安全的组织管理、电气操作与维修的组织措施和技术措施、常用的电气安全用具。

3. 重点及难点

本章首先介绍电气安全的组织管理，重点阐述电气操作和维修的组织措施和技术措施，同时介绍常用电气安全用具的使用、保养及维护措施。

4. 学习目标

通过本章的学习，应达到以下目标：

（1）了解电气安全组织管理的主要内容；

（2）了解电气操作与维修时的组织措施；

（3）熟悉电气操作与维修时的技术措施；

（4）熟悉常用电气安全用具的使用注意事项。

5. 教学活动建议

搜集由于电气安全管理不当造成伤害事故的历史事件，课间播放相关视频，以提高读者学习兴趣。本章部分内容可通过学生自学、教师总结的方式完成。

第一节 电气安全组织管理

由于电气设备和用电部门的迅速增加，安全用电管理的工作没有跟上，以致各类电气事故也大量增加。我国目前平均每人的用电量不到发达国家的 1/10，而触电死亡事故却是他们的数十倍。各厂矿企业安全生产检查中，查出的问题和隐患大部分是电气方面的，特别是触电事故往往在极短时间内造成严重后果，死亡率较高。因此，电气安全管理工作越来越显得重要，各级领导和有关人员尤其是电工作业人员和安全管理人员，必须了解和掌握电气安全管理的相关知识。

一、管理机构和人员

电工是一个特殊的危险工种。首先，电工作业过程和工作质量不仅关系着电工本身的安全，而且关系着他人和周围设施的安全；其次，电工工作点分散，工作性质不专一，不便于跟班检查和追踪检查。这些都反映了电气安全管理工作的重要性。为确保安全，就必须加强电气的安全管理工作。

为做好电气安全管理工作，应当根据本部门电气设备的构成和状态、本部门电气专业人员的组成和素质，以及本部门的用电特点和操作特点，建立相应的管理机构。安全技术部门应有专人负责电气安全管理工作，并确定管理人员和管理方式。专职管理人员应具备一定的电气知识和电气安全知识。安全管理部门、动力部门必须互相配合，共同做好电气安全管理工作。

二、规章制度

制定必要而合理的规章制度，是保证安全生产的有效措施之一。

（1）应根据不同的电气工种，建立各种安全操作规程。例如，变电室值班安全操作规程、内外线维护检修安全操作规程、电气设备维修安全操作规程、电气试验室安全操作规程、手持电动工具安全操作规程、电焊安全操作规程、电炉安全操作规程等。对于其他非电气工种的安全操作规程也不能忽视电气方面的内容。

（2）应该根据环境的特点，建立相应的电气设备运行管理规程和电气设备安装规程，以保证电气设备始终在良好的、安全的状态下工作。

（3）对于某些电气设备，应建立专人管理的责任制。对于开关设备、临时线路、临时设备等比较容易发生事故的设备，都应有专人管理的责任制。特别是临时线路和临时设备，最好能结合现场情况，明确规定安装要求、长度限制、使用期限等。

做好电气设备的维护检修工作，是保持电气设备正常运行的重要环节，对消除隐患、防止设备和人身事故也是非常重要的。为了保证检修工作的安全，特别是高压检修工作的安全，必须执行必要的安全工作制度，如工作票制度、工作许可制度、工作监护制度、工作间断制度及工作终结和恢复送电制度等。

三、安全检查

安全检查可以及早发现问题并及时加以保护，是预防事故发生的有效措施。

定期的安全检查最好每季度进行一次，特别应该注意雨季前和雨季中的安全检查。

电气安全检查包括检查电气设备的绝缘有无损坏、绝缘电阻是否合格、设备裸露带电部分是否有防护、保护接零或保护接地是否正确与可靠、保护装置是否符合要求、手提灯和局部照明灯电压是否为安全电压或是否采取了其他安全措施、安全用具和电气灭火器材是否齐全、电气设备安装是否合格、安装位置是否合理、电气连接部分是否完好、规章制度是否健全等内容。

对于变压器等重要的电气设备还要坚持巡视，并做必要的记录；对于新安装的设备，特别是自制设备的验收工作要坚持原则，一丝不苟；对于使用中的电气设备和各种接地装置，应定期测定其接地电阻；对于安全用具、避雷器、变压器油及其他一些保护电器，也应定期检查、测定或进行耐压试验等。

四、安全教育

安全教育主要是为了使工作人员充分认识到安全用电的重要性，熟悉有关电的基本知识，掌握安全用电的基本方法，从而保证安全、有效地进行工作和生产。

（1）企业新职工上岗前必须进行厂级、车间级、班组级三级安全教育。对一般职工要求懂得电和安全用电的一般知识。

（2）对使用电气设备的一般生产工人，除要懂得安全用电一般知识外，还应懂得有关的安全规程。

（3）对于独立工作的电气工作人员，更应懂得电气装置在安装、使用、维护、检修过程中的安全要求，应该熟悉电气安全操作规程，学会电气灭火的方法，掌握触电急救的技能，并按国家法律和标准规定参加培训考核，取得特种作业资格证书。

（4）新参加电气工作的人员、实习人员和临时参加劳动的人员（干部、临时工等），必须经过安全知识教育后，方可到现场参加指定的工作，但不得单独工作。

（5）对外单位派来支援的电气工作人员，工作前应向他们介绍现场电气设备的接线情况和有关安全措施。

要做到上述各项要求，需要坚持群众性的、经常的、多样化的安全教育工作。如广播、电视、标语、培训班、现场会等都是可以采用的宣传教育方式；开展交流活动，推广各单位先进的安全组织措施和安全技术措施，是促进电气安全工作向前发展的好办法。

五、安全资料

安全资料是做好安全工作的重要依据。一些技术资料对于安全工作是十分必要的，应注意收集和保存。

为了工作方便和便于检查，应建立高压系统图、低压布线图、架空线路和电缆线路布置图等资料档案。

对重要设备应单独建立资料，每次检修和试验记录应作为资料保存，以便查对。

设备事故和人身事故也应作为资料保存。

第二节　电气安全用具

在电力系统中，根据各专业和工种的不同，要经常从事不同的工作和进行不同的操作，为了保证工作过程中不发生人身和设备事故，必须正确使用各种安全用具，如：电气设备的倒闸操作，在停电或不停电的电气设备上进行工作，线路检修工作等都离不开安全防护用具。正确使用和管理安全用具，是杜绝工作人员触电、高空坠落、电弧灼伤等工伤事故发生的一项重要措施。电力生产过程中常用的安全用具可分为绝缘安全用具和防护安全用具两类。

绝缘安全用具又分为基本安全用具和辅助安全用具，基本安全用具是指绝缘强度大，能长时间承受工作电压的安全用具，它一般用于直接操作带电设备或接触带电体进行某些特定的工作。基本安全用具一般包括绝缘杆、绝缘夹钳、验电器、绝缘隔板等。辅助安全用具是指那些绝缘强度不足以承受电气设备或导体的工作电压，只能用于加强基本安全用具的保安作用。辅助安全用具包括绝缘手套、绝缘靴、绝缘鞋、绝缘垫、绝缘台等。辅助安全用具不能直接接触电气设备的带电部分，一般用来防止设备外壳带电时的接触电压、高压接地时跨步电压等异常情况下对人身产生的伤害。

防护安全用具是指那些本身没有绝缘性能，但可以保护工作人员不发生伤害的用具，如接地线、安全帽、安全带、护目镜、登高用的梯子、脚爬、防毒用具等。

一、绝缘安全用具

（一）绝缘杆

绝缘杆包括绝缘棒、绝缘操作杆、令克棒。绝缘杆主要用于安装和拆除临时接地线以及带电测量和试验等工作。

绝缘棒、操作杆、令克棒由工作部分、绝缘部分和握手部分组成。工作部分一般由金属或具有较大机械强度的绝缘材料制成，一般不宜过长，在满足工作需要的情况下，长度不宜超过 5~8cm，以免操作时发生相间或接地短路。绝缘部分和握手部分一般是由环氧树脂管制成，绝缘杆的杆身要求光洁、无裂纹或硬伤，其长度根据工作需要、电压等级和使用场所而定。为了便于携带和保管，绝缘杆一般分段制作组装，每段端头用螺丝或卡扣等方式连接。

绝缘杆使用和保管应注意以下事项：

（1）使用绝缘杆时，应戴绝缘手套，雷雨天或接地网不合格时还应穿绝缘靴，以加强绝缘杆的保护作用。

（2）下雨、下雪天用绝缘杆在高压回路上工作，应使用带防雨罩的绝缘杆。

（3）使用绝缘杆工作时，操作者应选择好合适的站立位置，保证工作对象在移动过程中与相邻带电体保持足够的安全距离。

（4）使用绝缘杆装拆较重的物体时，应注意绝缘杆受力角度，以免绝缘杆损坏或绝缘杆所挑物件失控落下，造成人员和设备损伤。

（5）使用绝缘杆前，应检查其外表干净、干燥、无明显损伤，不应沾有油物、水泥等杂物。使用后要把绝缘杆清擦干净，存放在干燥的地方，以免受潮。

（6）绝缘杆应保存在干燥的室内，并有固定的位置，不能与其他物品混杂存放。

（7）绝缘杆每三个月检查一次，检查其表面有无裂纹、机械损伤，联结部件使用是否灵活可靠。绝缘杆每年必须试验一次，试验项目及标准按《电力安全工器具预防性试验规程》规定执行，见表10-1。超过试验周期的绝缘杆禁止使用。

表 10-1　绝缘杆的试验项目、周期和要求

项　目	周　期	要　求			
		额定电压/kV	试验长度/m	工频耐压/kV	
				1min	5min
工频耐压试验	1 年	10	0.7	45	—
		35	0.9	95	—
		63	1.0	175	—
		110	1.3	220	—
		220	2.1	440	—
		330	3.2	—	380
		500	4.1	—	580

（二）高压验电器

高压验电器是检验正常情况带高电压的部位是否有电的一种专用安全用具，高压验电器经过多年的发展，已普遍在现场使用回转验电器和具有声光信号的验电器，与过去的验电棒、氖灯验电器相比具有携带方便、灵敏度高、选择性强、信号指示鲜明、操作方便等优点，广泛用于高压交流系统验电。

回转验电器使用方法及注意事项：

（1）使用前，按被测设备的电压等级，选择适合电压等级的验电器。

（2）由于6~10kV设备相间及对地距离较小，为避免验电时发生相间或接地短路，回转验电器不适应于6~10kV电压等级。

（3）观察回转指示器叶片有无脱轴现象（脱轴者不准使用），然后将回转指示器握在手中轻轻摇晃，其叶片应有摆动。

（4）把检验过的回转指示器安装在对应的绝缘杆上，并将回转指示器表面擦拭干净，然后调整验电器头到合适的角度，以便使用观察方便。

（5）将验电器杆身全部拉伸开，操作人手握验电器护环以下的部位，不准超过护环，逐渐靠近被测设备，一旦指示叶片开始均匀转动，即表明该设备有电，否则设备无电。

（6）在已停电设备上验电前，应先在同一电压等级的有电设备上试验，检查验电器指示正常。

（7）当电缆回路或电容器上有剩余电荷时，回转指示器叶轮仅短时缓慢转动几圈后便自行停转。

（8）每次使用完毕，应收缩验电器杆身及时取下回转指示器，并将表面尘埃擦净后放入包装袋，存放在干燥处。

（9）回转指示器应妥善保管，不得强烈震动或冲击，也不准擅自拆装调整。

（10）为保证使用安全，每半年进行一次电气试验，并登记记录。超过试验周期的验电器禁止使用。

（11）操作过程中操作人员应按《电力安全工作规程》要求保持与带电体的安全距离。

声光式验电器由验电接触头、测试电路、电源、报警信号、试验开关等部分组成。验电接触头接触到被试部位后，被测试部分的电信号传送到测试电路，经测试电路判断，被测试部分有电时验电器发出音响和灯光闪烁信号报警，无电时没有任何信号指示。为检查指示器工作是否正常，设有一试验开关，按下后能发出音响和灯光信号，则表示指示器工作正常。

使用声光指示的验电器的方法及注意事项，与使用回转验电器相比，除试验方式外，其他方面基本相同，所不同的是验电前要按下试验按钮观察验电器头的声光指示是否正常。声光试验电器可用于 6~10kV 及以上交流系统验电。

（三）低压验电器

低压验电器又称试电笔或电笔，它的工作范围是在 100~500V 之间，氖管灯泡亮时表明被测电器或线路带电，也可以用来区分火（相）线和地（中性）线，此外还可用它区分交、直流电，当氖管灯泡两极附近都发亮时，被测体带交流电，当氖管灯泡一个电极发亮时，被测体带直流电。

使用方法及注意事项：

（1）使用时，手拿验电笔，用一个手指触及笔杆上的金属部分，金属笔尖顶端接触被检查的测试部位，如果氖管发亮则表明测试部位带电，并且氖管愈亮，说明电压愈高。

（2）低压验电笔在使用前要在确知有电的地方进行试验，以证明验电笔确实工作正常。

（3）阳光照射下或光线强烈时，氖管发光指示不易看清，应注意观察或遮挡光线照射。

（4）验电时人体与大地绝缘良好时，被测体即使有电，氖管也可能有不发光。

（5）低压验电笔只能在 500V 以下使用，禁止在高压回路上使用。

（6）验电时要防止造成相间短路，以防电弧灼伤。

（四）绝缘夹钳

绝缘夹钳是用来安装和拆卸高压熔断器或执行其他类似工作的安全用具，主要用于 35kV 及以下电压等级。绝缘夹钳由工作钳口、绝缘部分和握手部分组成。

使用和保管注意事项：

（1）不允许用绝缘夹钳装地线，以免在操作时，由于接地线在空中摆动造成接地短路和触电事故。

（2）在潮湿天气只能使用专用的防雨绝缘夹钳。

（3）操作人员工作时，应戴护目眼镜、绝缘手套、穿绝缘靴（鞋）或站在绝缘台

（垫）上，手握绝缘夹钳要精力集中并保持身体平衡，同时注意保持人身各部位与带电部位的安全距离。

（4）绝缘夹钳要存放在专用的箱子或柜子里，以防受潮或损坏。

（5）绝缘夹钳应每年试验一次，其耐压标准按《电力安全工作规程》规定执行，并登记记录。

（五）绝缘手套

绝缘手套是在高压电气设备上进行操作时使用的辅助安全用具，如用来操作高压隔离开关，高压跌落开关，装拆接地线，在高压回路上验电等工作。在低压交直流回路上带电工作，绝缘手套也可以作为基本安全用具使用。

绝缘手套用特种橡胶制成，以其试验耐压分为 12kV 和 5kV 两种，12kV 绝缘手套可作为 1kV 以上电压的辅助安全用具及 1kV 以下电压的基本安全用具。5kV 绝缘手套可作为 1kV 以下电压的辅助安全用具，在 250V 以下时作为基本安全用具，禁止用在 1kV 以上电气回路上。

绝缘手套使用及保管注意事项：

（1）每次使用前应进行外部检查，查看表面有无损伤、磨损或破漏、划痕等。如有砂眼漏气情况时，禁止使用。检查方法是，手套内部进入空气后，将手套朝手指方向卷曲，并保持密闭，当卷到一定程度时，内部空气因体积压缩，压力增大，手指膨胀，细心观察有无漏气。

（2）使用绝缘手套，不能抓拿表面尖利，带毛刺的物品，以免损伤绝缘手套。

（3）绝缘手套使用后应将沾在手套表面的脏污擦净、晾干。

（4）绝缘手套应存放在干燥、阴凉通风的地方，并倒置在指形支架或存放在专用的柜内，绝缘手套上不得堆压任何物品。

（5）绝缘手套不准与油脂、溶剂接触，合格与不合格的手套不得混放一处，以免使用时造成混乱。

（6）绝缘手套每半年试验一次，试验标准按《电力安全工作规程》规定执行，并登记记录，超试验周期的手套不准使用。

使用绝缘手套常见的错误有：不做漏气检查，不做外部检查。一只手戴绝缘手套或时戴时不戴。把绝缘手套缠绕在隔离开关操作把手或绝缘杆上，手抓绝缘手套操作。绝缘手套表面严重脏污也不清擦。用后乱放，也不做清擦。试验标签脱落或超过试验周期仍使用。

（六）绝缘靴

绝缘靴是由特种橡胶制成的，用于人体与地面绝缘的靴子。它是高压操作时使用人用来与地保持绝缘的辅助安全用具，可以作为防护跨步电压的基本安全用具。

绝缘靴使用及保管注意事项：

（1）绝缘靴不得当作雨鞋或作其他用，一般胶靴也不能代替绝缘靴使用。

（2）绝缘靴在每次使用前应进行外部检查，表面应无损伤、磨损或破漏、划痕等，有破漏、砂眼的绝缘靴禁止使用。

（3）为方便操作人员使用，现场应配大号、中号绝缘靴各两双。

（4）存放在干燥、阴凉的专用柜内，其上不得放压任何物品。

（5）不得与油脂、溶剂接触，合格与不合格的绝缘靴不准混放，以免使用时拿错。

（6）每半年对绝缘靴试验一次，试验标准按《电力安全工作规程》规定执行，并登记记录，不合格的绝缘靴应及时收回。

（7）超试验期的绝缘靴禁止使用。

二、防护安全用具

为了保证电力工人在生产中的安全与健康，除在作业中使用基本安全用具和辅助安全用具以外，还必须使用必要的防护安全用具，如安全带、安全帽、防毒用具、护目镜等，这些防护用具是防护现场作业人员高空坠落、物体打击、电弧灼伤、人员中毒、有毒气体中毒等伤害事故的有效措施，是其他安全用具所不能取代的。

（一）安全带

安全带是高空作业人员预防高空坠落伤亡事故的防护用具，在高空从事安装、检修、施工等作业时，为预防作业人员从高空坠落，必须使用安全带予以保护。

安全带是由带子、绳子和金属器件组成的，根据现场作业性质的不同，所用的安全带结构形式也有所不同，常用的有围杆作业安全带、悬挂安全带。围杆作业安全带适用于一般电工、通信外线工等杆上作业，悬挂作业安全带适用于安装、建筑等作业。

安全带和所用保护绳是用锦纶、维尼纶等高强度材料制作，电工围杆带可用优质黄牛皮制作，金属配件是用碳素钢或铝合金制作。

安全带的破断强度必须达到国家规定的安全带破断拉力标准。

安全带使用和保管注意事项：

（1）安全带使用前，做一次外观全面检查，如发现破损、伤痕、金属配件变形、裂纹时，不准再次使用，平时每一个月进行一次外观检查。

（2）安全带应高挂低用或水平拴挂。高挂低用就是将安全带的保护绳挂在高处，人在下面工作，水平拴挂就是使用单腰带时，将安全带系在腰部，保护绳挂钩在和带同一水平的位置，人和挂钩保持差不多等于绳长的距离，禁止低挂高用。

（3）安全带上的各种附件不得任意拆除或不用，更换新保护绳时要有加强套，安全带的正常使用期限为3~5年，发现损伤应提前报废换新。

（4）安全带使用和保存时，应避免接触高温、明火和酸等腐蚀性物质，以及有坚硬、锐利的物体。

（5）安全带可以放入温度较低的温水中，用肥皂、洗衣粉水轻轻擦洗，再用清水漂洗干净，然后晾干，不允许浸入高温热水中，以及在阳光下曝晒或用火烤。

（6）使用中安全带试验周期为半年，试验标准按国家有关规定执行。

安全带常见的使用错误有：使用前不对安全带做检查。带着安全带，作业时不用，或刚工作时使用，变换位置后又不再使用。使用的安全带缺少一些附件或有局部损伤。没有按规定每半年做试验仍在使用。

（二）安全绳

安全绳是高空作业时必备的人身安全保护用品，通常与护腰式安全带配合使用。广泛用于线路高空作用，常用的安全绳有 2m、3m、5m 三种。

安全绳使用及保管注意事项：

（1）每次使用前必须进行外观检查，凡连接铁件有裂纹、变形、锁扣失灵、安全绳断股者，均不得使用。

（2）使用的安全绳必须按规程进行定期静荷试验，并有合格标志。

（3）安全绳应高挂低用，如果高处无挂设位置，可挂在等高处，不得低挂高用。

（4）绑扎安全绳的有效长度应根据工作性质和离地高度而定，一般为 3~4m，绑扎安全绳的有效长度必须小于对地高度，以便起到人身保护作用。如果在 500kV 线路上作业，由于瓷瓶串很长，可以将安全绳接长使用。

（5）安全绳切忌接触高温、明火和酸类物质，以及有锐利尖角的物质。

（6）安全绳的试验周期为半年，试验静拉力为 2205N、保持 5min。

（三）安全帽

安全帽是用来保护使用者头部或减缓外来物体冲击伤害的个人防护用品，在工作现场佩戴安全帽可以预防或减缓高空坠落物体对人员头部的伤害，在高空作业的人员，为防止工作时人员与工具器材及构架相互碰撞而头部受伤，或杆塔、构架上工作人员失落的工具、材料击伤地面人员。因此，无论高空作业人员或配合人员都应戴安全帽。

安全帽由帽壳、帽衬、下颏带、吸汗带、通气孔组成。安全帽不仅可使冲击力传递分布在头盖骨的整个面积上，避免打击一点；而且头与帽项的空间位置构成一能量吸收系统，可起到缓冲作用，因此可减轻或避免伤害。

安全帽的使用注意事项：

（1）使用完好无破损的安全帽。

（2）系紧下颏带，以防止工作过程中或外来物体打击时脱落。

（3）帽衬完好。帽衬破损后，一旦承受意外打击时，帽衬失去或减少了吸收外部能量的作用，安全帽就不能很好的保护戴帽人。

（4）所用的安全帽应符合国家有关技术规定。

（5）有问题的安全帽应及时更换。玻璃钢及塑料安全帽的正常使用周期为 2~4 年。

（四）脚爬

脚爬也称脚扣，是攀登电杆的主要工具，分为木杆用脚爬和水泥杆用脚爬两种，木杆用脚爬的半圆环和根部均有突起的小齿，以便登杆时刺入杆中达到防滑的作用，水泥杆用脚爬的半圆环和根部装有橡胶套或橡胶垫来防滑。

脚爬可根据电杆的粗细不同，选择大号或小号，使用脚爬登杆应经过训练，才能达到保护作用，使用不当也会发生人身伤亡事故。

使用脚爬注意事项：

（1）使用前应做外观检查，检查各部位是否有裂纹、腐蚀、开焊等现象。若有，不得使用。平常每月还应进行一次外表检查。

（2）登杆前，使用人应对脚爬做人体冲击检验，将脚爬系于电杆离地 0.5m 左右处，借人体重量猛力向下蹬踩，脚爬及脚套没有变形及任何损坏后方可使用。

（3）按电杆的直径选择脚爬大小，并且不准用绳子或电线代替脚扣绑扎鞋子。

（4）脚爬不准随意从杆上往下摔扔，作业前后应轻拿轻放，并妥善存放在工具柜内。

（5）脚爬应按有关技术规定每年试验一次。

（五）梯子

梯子是工作现场常用的登高工具，分为直梯和人字梯两种，直梯和人字梯又分为可伸缩型和固定长度型，一般用优质木材、竹子、铝合金及高强度绝缘材料如环氧树脂等制成，直梯通常用于户外登高作业，人字梯通常用于室内登高作业。

木梯各构件所用的木质应符合《木结构设计规范》的选材标准，木梯长度不应超过5m，梯梁截面不小于 30mm×80mm，直梯踏板截面尺寸不小于 40mm×50mm，木折梯踏截面尺寸不小于 40mm×45mm，踏板间距离在 275～300mm 之间，最下层踏板与两梯底端距离均为 275mm，宽度不小于 300mm。

梯子的两脚应有胶皮套之类的防滑材料，人字梯应在中间绑扎两道防止自动滑开的防滑拉绳。

作业人员在梯子上正确的站立姿势是：一只脚踏在踏板上，另一条腿跨入踏板上部第三格的空挡中，脚钩着下一格踏板。

登梯作业注意事项：

（1）为了避免梯子向背后翻倒，其梯身与地面之间的夹角不大于80°，为了避免梯子后滑，梯身与地面之间的夹角不得小于70°。

（2）用梯子作业时一人在上工作，一人在下面扶稳梯子，不许两人上梯，不许带人移动梯子，使用的梯子下部要有防滑措施。

（3）伸缩调整长度后，要检查防下滑铁卡是否到位起作用，并系防滑绳。人字梯使用时中间绑扎的防自动滑开的绳子要系好，人在上面时不准调整长度。

（4）在梯子上作业时，梯顶一般不应低于作业人员的腰部，或作业人员在距梯顶不小于 1m 的踏板上作业，以防朝后仰面摔倒。

（5）登在人字梯上操作时，不能采取骑马式站立，以防人字梯自动滑开时造成失控摔伤。

（6）在部分停电或不停电的作业环境下，应使用绝缘梯。

（7）在设备区域或距离运行设备较近时，梯子应由两人平抬，不准一人肩扛梯子，以免触及电气设备发生事故。

三、安全用具的使用、保管和试验

（一）安全用具的使用

应根据工作条件选用适当的安全用具。使用电工安全用具一般应注意以下事项：

（1）使用基本安全用具时，必须同时使用辅助安全用具。

（2）绝缘安全用具应定期做耐压试验，并在试验合格的有效期内使用。

（3）不允许在潮湿天气的户外使用无特殊防护装置的绝缘夹钳。

（4）绝缘棒无特殊防护装置时，不得在下雨或下雪时的户外使用。

（5）使用绝缘靴时应将裤管套入靴筒内；穿绝缘鞋时，裤管不得长及地面，同时应保持鞋帮干燥。

（6）安全用具不得作为普通用具使用，更不能用普通用具代替安全用具。如不能用短路法代替临时接地线，不能用不合格的普通绳带代替安全带等。

（7）安全用具每次使用完毕，应擦拭干净后放回原处，防止受潮、脏污和损坏。

（二）安全用具的保管

安全用具的保管应注意以下事项：

（1）存放电气安全用具的场所，应有明显的标志并对号入座做到存取方便。存放场所要干净、通风良好，无任何杂物堆放。

（2）凡橡胶制品的电气安全用具，不可与石油类的油脂相接触，存放环境不能过冷或过热，也不可与锐器、铁丝等放在一起。

（3）绝缘手套、绝缘鞋、绝缘关钳等，应放在柜内，要与其他安全用具分开。使用中应防止受潮、受污或损伤。

（4）绝缘棒应垂直存放，且架在支架上或吊挂在室内，不可与墙壁接触。

（5）验电笔用过后应存放在匣内并置于干燥处。

（6）绝缘手套、绝缘鞋等，不允许有外伤、裂纹、气泡或毛刺等。发现有问题时，应立即更换。如果绝缘工具遭受表面损伤或者已经受潮，则应及时进行处理或使之干燥，并在试验合格后方可继续使用。

（7）无论任何情况，电气安全用具均不可作为它用，对安全用具应进行定期检验，各检验项目要符合标准与要求。

（8）供电所应设有专（兼）职的安全用具管理人员，对本所使用的安全用具进行分类和统一编号，并做好台账，定期进行检查。试验工作应有县局试验人员进行，管理人员应认真验收，做到账、物、卡相符，并保存好试验卡片。

（三）安全用具的试验

电工安全用具应定期进行试验，主要是进行耐压试验和泄漏电流试验。除几种辅助安全用具要求做两种试验外，一般只要求做耐压试验。试验不合格者不允许使用。试验合格的安全用具应有明显的标志，在标志上注明试验有效日期。登高安全用具如安全带等也应定期进行拉力试验。一些使用中的安全用具的试验内容、标准和周期可参考表10-2和表10-3。对于一些新的安全用具，要求应严格一些。例如，新的绝缘手套试验电压为12kV（泄漏电流为12mA），新的绝缘靴试验电压为20kV（泄漏电流为10mA），都高于表中的要求。

表10-2 绝缘安全用具试验标准

名　　称	电压 /kV	试　验　标　准			试验周期 /a
		耐压试验 /kV	耐压持续时间 /min	泄漏电流 /mA	
绝缘杆	35 及以下	3 倍线电压但不得低于40	5		1
绝缘挡板、绝缘罩	35	80	5		1

续表 10-2

名　　称	电压/kV	试验标准			试验周期/a
		耐压试验/kV	耐压持续时间/min	泄漏电流/mA	
绝缘手套	高压	8	1	≤9	0.5
	低压	2.5		≤2.5	
绝缘靴	高压	15	1	≤7.5	0.5
绝缘鞋	1 及以下	3.5	1	≤2	0.5
绝缘绳	高压	105/0.5m	5		0.5
绝缘垫	1 以上	15	以 2~3m/s 的速度拉过	≤15	2
	1 及以下	5			
绝缘站台	各种电压	40	2	≤5	3
绝缘柄工具	低压	3	1		0.5
高压验电器	10 及以下	40	5		0.5
	35 及以下	105			
钳形电表	绝缘部分 10 及以下	40	1		1
	铁芯部分 10 及以下	20	1		1

表 10-3 登高安全用具试验标准

名　　称	试验静拉力/kgf	试验周期	外表检查周期	试验时间/min	附　注
安全带	大皮带 225	半年一次	每月一次	5	
	小皮带 150				
安全绳	225	半年一次	每月一次	5	
升降板	225	半年一次	每月一次	5	
脚扣	100	半年一次	每月一次	5	
竹（木）梯		半年一次	每月一次	5	试验荷重 180kgf

以上两表未列出的安全用具，可参照《安全用具试行导则》进行试验。

第三节 电气操作与维修安全

在电气设备上进行操作与维护、检修工作时，通常包括全部停电、部分停电和不停电作业等。为了保证操作与维修工作的安全，应当建立和执行各项保证电气作业安全的组织和技术措施，预防各种事故的发生。

一、保证电气作业安全的组织措施

保证电气操作与维修作业安全的组织措施主要有：工作票制度，操作票制度，工作许可制度，工作监护制度，工作间断、转移及终结制度等。电工在进行电气操作与维修作业时，应严格执行《电力安全工作规程》的规定，严格执行各项管理制度，禁止无票作业和无证上岗。

（一）工作票制度

工作票制度是在电气设备上工作保证安全的组织措施之一，所有在电气设备上的工作，均应填用工作票或按命令执行。

工作票分为两大类：第一种工作票（见表10-4）和第二种工作票（见表10-5）。

表10-4 电气第一种工作票

1. 工作负责（监护）人：<u>张三</u> 班组：<u>维修队</u>
2. 工作班人员：<u>李四、王五</u>等共<u>8</u>人
3. 工作内容：<u>断路器2201DL大修</u>
4. 计划工作时间：自<u>2014-10-9 8:59:42</u>至<u>2014-10-21 17:30:00</u>
5. 注意事项（安全措施）

内　容	已执行［√］
（1）停1F发电机；	（1）停1F发电机；
（2）跳断路器2201DL、1021DL，并取下其合闸保险；	（2）跳断路器2201DL、1021DL，并取下其合闸保险；
（3）拉隔离开关22011G、22012G、10211G、10212G、10011G，并在其操作手柄上挂"有人工作，禁止合闸"标示牌；	（3）拉隔离开关22011G、22012G、10211G、10212G、10011G，并在其操作手柄上挂"有人工作，禁止合闸"标示牌；
（4）投地刀220120G；	（4）投地刀220120G；
（5）在10011G和1B、1021DL和10212G之间各挂一组三相短路接地线	（5）在10011G和1B之间挂一组三相短路接地线（3#），在1021DL和10212G之间挂一组三相短路接地线（2#）
工作票签发人：<u>赵一</u>（签名）	工作许可人：<u>马六</u>（签名）
收到工作票时间：2014-10-09 09:30:00	
值班负责人：<u>张三</u>（签名）	

6. 许可开始工作时间：<u>2014-10-9 9:50:00</u>
　　工作许可人：<u>马六</u>（签名） 工作负责人：<u>张三</u>（签名）
7. 工作负责人变动：
　　原工作负责人：_____离去，变更：_____为工作负责人；
　　变更时间：_____
8. 工作票延期，有效期延长到：_____
　　工作负责人：_____（签名） 值班负责人：_____（签名）
9. 工作终结：
　　工作人员已全部撤离，现场已清理完毕。
　　全部工作于<u>2014-10-17 8:30:00</u>结束。
　　工作负责人：<u>张三</u>（签名） 工作许可人：<u>马六</u>（签名）
　　接地线共_____组已拆除。
　　值班负责人：<u>张三</u>（签名）
10. 备注：<u>此票已办结束，但工作面工作尚未结束，安全措施未解除，另开票继续工作。</u>

表 10-5　电气第二种工作票

编号：

1. 工作负责人（监护人）：_____班组：_____

　　工作班人员：_____

2. 工作任务：_____

3. 计划工作时间：自_____年____月____日____时____分至_____年____月____日____时____分

　　同意工作延期至_____年____月____日____时____分

　　值班班长签名：_____

4. 工作条件（停电或不停电）：_____

5. 注意事项（安全措施）：_____

　　工作票签发人签名：_____

6. 许可开始工作时间：_____年____月____日____时____分

　　工作许可人（值班员）签名：_____工作负责人签名：_____

7. 工作结束时间：_____年____月____日____时____分

　　工作许可人（值班员）签名：_____工作负责人签名：_____

8. 备注：_____

　　需要填写第一种工作票的工作为：（1）高压设备需要全部停电或部分停电者；（2）在高压室内的二次接线和照明回路上工作，需要将高压设备停电或做安全措施者；（3）运行中变电所的改扩建、基建工作，需要将高压设备停电或因安全距离不足需装设绝缘罩（板）等安全措施者；（4）一经合闸即可送电到工作地点设备上的工作。

　　需要填写第二种工作票的工作为：（1）带电作业和在带电设备外壳上的工作；（2）控制盘和低压配电盘、配电箱、电源干线上的工作；（3）二次接线回路上的工作，无需将高压设备停电者；（4）转动中的发电机、同步调速电机的励磁回路或高压电动机转子电阻回路工作；（5）非当值值班人员用绝缘棒和电压互感器定相或用钳形电流表测量高压回路电流。

　　在电气设备上工作，至少应有两人在一起进行。对某些工作（如测极性，回路导通试验等）在需要的情况下，可以准许有实际工作经验的人员单独进行。

　　特殊工作，如离带电设备距离较近，应设人监护或加装必要的绝缘挡板（应填入工作票安全措施栏内）。

　　测量接地电阻，涂写杆塔号，悬挂警告片，修剪树枝，检查杆根地锚，打绑桩、杆、塔基础上的工作，低压带电工作和单一电源低压分支线的停电工作等，按口头和电话命令执行。

　　工作票签发人可由线路工区（所）熟悉人员技术水平、熟悉设计情况、熟悉本规程的主要生产领导人、技术人员或经供电局主管生产领导（总工程师）批准的人员来担任。工作票签发人不得兼任该项工作的工作负责人。

　　工作票所列人员的安全责任如下所示。

　　工作票签发人：工作必要性；工作是否安全；工作票上所填安全措施是否正确完备；所派工作负责人和工作班人员是否适当和充足。

　　工作负责人（监护人）：正确安全地组织工作；结合实际进行安全思想教育；工作前

对工作班成员交代安全措施和技术措施；严格执行工作票所列安全措施，必要时还应加以补充；督促、监护工作人员遵守本规程；工作班人员变动是否合适。

工作许可人（值班调度员、工区值班员或变电所值班员）：审查工作必要性；线路停、送电和许可工作的命令是否正确；发电厂或变电所线路的接地线等安全措施是否正确完备。

工作班成员：认真执行本规程和现场安全措施，互相关心施工安全，并监督本规程和现场安全措施的实施。

工作票应用钢笔或圆珠笔填写一式两份，应正确清楚，不得任意涂改。如有个别错、漏字要修改时，应字迹清楚。工作票一份交工作负责人，一份留存签发人或工作许可人处。

一个工作负责人只能发给一张工作票。

第一种工作票，每张只能用于一条线路或同杆架设且停送电时间相同的几条线路。第二种工作票，对同一电压等级、同类型工作，可在数条线路上共用一张工作票。在工作期间，工作票应始终保留在工作负责人手中；工作终结后交签发人保存三个月。

第一、二种工作票的有效时间，以批准的检修期为限。

事故紧急处理不填工作票，但应履行许可手续，做好安全措施。

（二）操作票制度

操作票是指在电力系统中进行电气操作的书面依据，包括调度指令票和变电操作票。操作票是防止误操作（误拉，误合，带负荷拉、合隔离开关，带地线合闸等）的主要措施。

操作票包括：编号、操作任务、操作顺序、发令人、受令人、操作人、监护人、操作时间等。

电气设备分为运行、备用（冷备用及热备用）、检修三种状态。通过操作隔离开关、断路器以及挂、拆接地线将设备由一种状态转变为另一种状态的过程叫倒闸，所进行的操作叫倒闸操作。倒闸操作必须执行操作票制和工作监护制。

倒闸操作必须根据值班负责人或部门负责人的命令执行。

电气倒闸操作须由熟悉现场设备，熟悉运行方式和有关规章制度，并经考试合格的人员担任，担任倒闸操作和监护的人员名单，须经部门负责人批准并书面现场公布。

倒闸操作必须由两人执行，其中一人担任操作，有监护权的人员担任监护，在进行操作的全过程不准做与操作无关的事。

倒闸操作必须填写倒闸操作票，操作票必须票面整洁，任务明确，书写工整，并使用统一的调度术语。

在进行倒闸操作时，严格按照基本步骤操作，电气倒闸的基本操作步骤为：（1）受令、审令；（2）填票、审票；（3）操作准备；（4）模拟演习；（5）执行操作；（6）复查；（7）汇报记录。

每张操作票只能填写一个操作任务，所谓"一个操作任务"具体含义为：（1）将一种电气运行方式改变为另一种运行方式；（2）将一台电气设备由一种状态（运行、备用、检修）改变到另一种状态；（3）同一母线上的电气设备，一次倒换到另一母线；（4）属于同一主设备的所有辅助设备与主设备同时停送电的操作，如一台主变和所供电的全部出线间隔设备由一种状态改变为另一种状态。

操作票由当班执行操作的人员填写，填票人按照调度命令，弄清操作目的、运行方式、设备状态后，再填写操作票，填票人和审票人应对操作票的正确性负责。

自设安全措施的装、拆，要填写操作票。

下列情况可以不用操作票操作：

（1）事故处理。

（2）单一操作，仅拉、合一台开关，退、投一块压板。

（3）压负荷。

（4）为了解救触电人或为了避免即将发生的人员触电事故。

操作票应保存一年。

（三）工作许可制度

工作许可制度包含以下内容：

（1）填用第一种工作票进行工作，工作负责人必须在得到值班调度员或工区值班员的许可后，方可开始工作。

（2）线路停电检修，值班调度员必须在发电厂、变电所将线路可能受电的各方面都拉闸停电，并挂好接地线后，将工作班、组数目及工作负责人的姓名，工作地点和工作任务记入记录簿内，才能发出许可工作的命令。

（3）许可开始工作的命令，必须通知到工作负责人，其方法可采用：当面通知；电话传达；派人传达。

（4）对于许可开始工作的命令，在值班调度员或工区值班员不能和工作负责人用电话直接联系时，可经中间变电所用电话传达。中间变电所值班员应将命令全文记入操作记录簿，并向工作负责人直接传达。电话传达时，上述三方必须认真记录，清楚明确，并复诵核对无误。

（5）严禁约时停、送电。

（6）填用第二种工作票的工作，不需要履行工作许可手续。

（四）工作监护制度

完成工作许可手续后，工作负责人（监护人）应向工作班人员交代现场安全措施、带电部位和其他注意事项。工作负责人（监护人）必须始终在工作现场，对工作班人员的安全应认真监护，及时纠正不安全的动作。

分组工作时，每个小组应指定小组负责人（监护人）。在线路停电时进行工作，工作负责人（监护人）在班组成员确无触电危险的条件下，可以参加工作班工作。

工作票签发人和工作负责人，对有触电危险、施工复杂容易发生事故的工作，应增设专人监护。专责监护人不得兼任其他工作。

如工作负责人必须离开工作现场时，应临时指定负责人，并设法通知全体工作人员及工作许可人。

在工作中遇雷、雨、大风或其他任何情况威胁到工作人员的安全时，工作负责人或监护人可根据情况，临时停止工作。

白天工作间断时，工作地点的全部接地线仍保留不动。如果工作班须暂离开工作地点，则必须采取安全措施和派人看守，不让人、畜接近挖好的基坑或接近未竖立稳固的杆塔以及负载的起重和牵引机械装置等。恢复工作前，应检查接地线等各项安全措施的完整性。

填用数日内工作有效的第一种工作票，每日收工时如果要将工作地点所装的接地线拆除，次日重新验电装接地线恢复工作，均须得到工作许可人许可后方可进行。

如果经调度允许的连续停电、夜间不送电的线路，工作地点的接地线可以不拆除，但次日恢复工作前应派人检查。

（五）工作票间断、转移、终结制度

规定当天的工作间断时，工作班人员应从工作现场撤出，所有安全措施保持不变，工作票仍由工作负责人执存，间断后继续工作无须通过工作许可人许可，而对隔天间断的工作在每日收工后应清扫工作地点，开放封闭的通路，并将工作票交回值班员，次日复工时应征得值班员许可，取回工作票。工作负责人必须事前重新认真检查安全措施是否符合工作票的要求后，方可工作，若无工作负责人或监护人带领，工作人员不得进入工作地点。

工作转移指的是在同一电气连接部分或一个配电装置，用同一工作票依次在几个工作地点转移工作时，全部安全措施由值班员在开始许可工作前，一次做完。因此，同一张工作票内的工作转移无须再办理转移手续。但工作负责人在每转移一个工作地点时，必须向工作人员交代带电范围、安全措施和注意事项，尤其应该提醒工作条件的特殊注意事项。

完工后，工作负责人（包括小组负责人）必须检查线路检修地段的状况以及在杆塔上、导线上及瓷瓶上有无遗留的工具、材料等，通知并查明全部工作人员确由杆塔上撤下后，再命令拆除接地线。接地线拆除后，应即认为线路带电，不准任何人再登杆进行任何工作。

工作终结后，工作负责人应报告工作许可人，报告方法如下：从工作地点回来后，当面报告；用电话报告并经复诵无误。电话报告又可分为直接电话报告或经由中间变电所转达两种。

工作终结的报告应简明扼要，包括下列内容：工作负责人姓名，某线路上某处（说明起止杆塔号、分支线名称等）工作已经完工，设备改动情况，工作地点所挂的接地线已全部拆除，线路上已无本班组工作人员，可以送电。工作许可人在接到所有工作负责人（包括用户）的完工报告后，并确知工作已经完毕，所有工作人员已由线路上撤离，接地线已经拆除，并与记录簿核对无误后方可下令拆除发电厂、变电所线路侧的安全措施，向线路恢复送电。

二、保证检修安全的技术措施

在检修工作中，工作人员应明确工作任务、工作范围、安全措施、带电部位等安全注意事项。工作负责人必须始终留在工作现场，对工作人员的安全认真监护，随时提醒工作人员注意安全。对需要进行监护的工作，如不停电检修工作和部分停电检修工作等，指定专人监护。监护人应认真负责、精力集中，随时提醒工作人员应注意的事项，以防止可能发生的意外事故。

全部停电和部分停电的检修工作应采取下列步骤以保证安全。

（1）停电。检修工作中，如人体与其他带电设备的间距较小，10kV及以下者的距离小于 0.35m，20~35kV 者小于 0.6m 时，该设备应当停电，如距离大于上列数值，但分别小于 0.7m 和 1m 时，应设置遮栏，否则也应停电。停电时，应注意对所有能够给检修部分送电的线路，要全部切断，并采取防止误合闸的措施，而且每处至少要有一个明显的断开点。对于多回路的线路，要注意防止其他方面突然来电，特别要注意防止低压方面的反送电。

（2）放电。放电的目的是消除被检修设备上残存的静电。放电应采用专用的导线，用绝缘棒或开关操作，人手不得与放电导体相接触。应注意线与地之间、线与线之间均应放电。电容器和电缆的残存电荷较多，最好有专门的放电设备。

（3）验电。对已停电的线路或设备，不论其正常接入的电压表或其他信号是否指示无电，均应进行验电。验电时，应按电压等级选用相应的验电器。

（4）装设临时接地线。为了防止意外送电和二次系统意外的反送电，以及为了消除其他方面的感应电，应在被检修部分外端装设必要的临时接地线。临时接地线的装拆顺序一定不能弄错，装时先接接地端，拆时后拆接地端。

（5）装设遮栏。在部分停电检修时，应将带电部分遮拦起来，使检修工作人员与带电导体之间保持一定的距离。

（6）悬挂标示牌。标示牌的作用是提醒人们注意。例如，在一经合闸即可送电到被检修设备的开关上，应挂上"有人工作，禁止合闸"的标示牌；在邻近带电部位的遮栏上，应挂上"止步，高压危险"的标示牌等。

电气设备或电路出现故障进行检修时，一般应拉下电闸断电工作，以保证安全。在某些情况下，需要带电检修作业时，维修人员应具有一定的带电维修基础知识，并注意以下安全事项：

（1）带电检修要有人监护，万一发生意外事故，监护人可立即拔掉电源插座，或拉断刀闸开关。另外，监护人发现操作者有可能触及带电体时，可及时提醒，以防造成触电事故。

（2）带电工作应使用带绝缘把柄的工具，站立在干燥的木板、凳子、竹梯等绝缘物上进行，并戴上绝缘手套，穿绝缘鞋。注意不要站在铁、铝等金属制作的梯子、凳子上工作。

（3）带电检修时，一般不要带负载工作，即操作前应把负载（如家用电器、照明灯等）的电源开关关闭。

（4）检修时，人体不得同时接触到两根线头。养成单手操作的习惯。另一只手可戴上绝缘手套，握住设备的绝缘部分或做一些辅助工作。

（5）检修时，注意人体不要接触墙壁、金属支架等，头部不要碰触屋顶天花板或其他导电物体，以免造成触电事故。

（6）站立的梯子、凳子等要安置稳固，为防止上面作业的人滑跌下来，下面要有人帮忙扶好，但注意不要接触检修人员的身体，以免造成二人的触电事故。

（7）处于高处的检修人员需地面他人传递工具用品时，应将手离开导线或带电体，不得在手握导线或接触带电体时传接工具，以免造成二人同时触电。

本章小结

　　本章主要介绍了电气安全的组织管理、常用电气安全用具、电气操作和维修作业时的组织措施和技术措施。重点掌握常用电气安全用具的使用注意事项和电气操作与维修作业时的组织措施和技术措施。

自我小结

_____

_____

_____

_____

_____

_____

_____

_____

_____

自测题

一、是非判断题（每题 1 分，共 20 分）

1. 绝缘手套是在高压电气设备上进行操作时使用的基本安全用具。　　　　　　（　　）

2. 绝缘棒必须具有良好的绝缘性能和足够的机械强度。　　　　　　　　　　（　　）

3. 绝缘棒由工作部分和绝缘部分组成。　　　　　　　　　　　　　　　　　（　　）

4. 使用绝缘手套时，应将绝缘手套掖在人外衣袖口内。　　　　　　　　　　（　　）

5. 使用绝缘手套前，应检查胶质有无破损和漏气。　　　　　　　　　　　　（　　）

6. 使用高压验电器验电时，要选用和被验设备电压等级相一致的合格的验电器。（　　）

7. 绝缘靴可作为防跨步电压触电的基本安全用具。　　　　　　　　　　　　（　　）

8. 临时遮栏是用来防护工作人员意外碰触或过分接近带电体而造成人身触电事故的一种安全防护用具。　　　　　　　　　　　　　　　　　　　　　　　　　（　　）

9. 安全带是防止高处坠落的辅助安全用具。　　　　　　　　　　　　　　　（　　）

10. 高压验电器验电时应逐渐靠近被验设备，直到有声光显示。　　　　　　（　　）

11. 使用绝缘杆操作时，因其绝缘部分足以承受工作电压，可不戴绝缘手套。（　　）

12. 使用绝缘夹钳时，应戴绝缘手套和护目眼镜。　　　　　　　　　　　　（　　）

13. 登高安全用具应定期做耐压试验。　　　　　　　　　　　　　　　　　（　　）

14. 紧急事故处理时，可以不填写工作票，但应履行工作许可手续，做好安全措施，执行监护制度。　　　　　　　　　　　　　　　　　　　　　　　　　　　（　　）

15. 电动开关停电检修时，不需断开开关的操作电源。　　　　　　　　　　（　　）

16. 装设接地线应由两人进行，一人监护，一人操作。　　　　　　　　　　（　　）

17. 线路停电检修，电杆上没有接地点，检修人员可将接地线的接地端缠绕在拉线上。（　　）

18. 在检修工作中，若工作地点空间小，装设的接地线妨碍工作，可将接地线临时拆除，工作完成后，再将接地线挂好。　　　　　　　　　　　　　　　　　　　　　　（　　）

19. 某配电室部分设备停电检修，在停电检修设备周围的临时遮栏上朝外悬挂"止步，高压危险！"

的标示牌。　　　　　　　　　　　　　　　　　　　　　　　　　　　（　　）

20. 工作人员工作过程中不得移动或拆除临时遮栏和标示牌。　　　（　　）

二、单项选择题（每题1分，共10分）

1. （　　）属于基本绝缘安全用具。

    A. 绝缘手套　　　　　B. 绝缘棒　　　　　C. 临时遮栏　　　　　D. 携带型接地线

2. （　　）属于一般防护安全用具。

    A. 绝缘棒　　　　　　B. 绝缘台　　　　　C. 绝缘夹钳　　　　　D. 安全带

3. （　　）属于辅助安全用具。

    A. 绝缘手套　　　　　B. 携带型接地线　　　C. 绝缘棒　　　　　　D. 防护眼镜

4. 绝缘台是一种用在任何电压等级电力装置中作为带电工作时的（　　）。

    A. 基本安全用具　　　　　　　　　　　B. 辅助安全用具

    C. 一般防护安全用具　　　　　　　　　D. 登高用具

5. 设备停电检修时，在设备开关和刀开关操作把手上应悬挂（　　）标示牌。

    A. 禁止合闸，有人工作　　　　　　　　B. 线路有人工作

    C. 止步，高压危险　　　　　　　　　　D. 高压危险

6. 绝缘手套和绝缘靴试验包括（　　），试验周期为6个月。

    A. 绝缘电阻试验和耐压试验　　　　　　B. 耐压试验和泄漏电流试验

    C. 绝缘电阻试验和泄漏电流试验　　　　D. 绝缘电阻试验、耐压试验和泄漏电流试验

7. 更换低压线路导线应（　　）。

    A. 填用第一种工作票　　　　　　　　　B. 填用第二种工作票

    C. 按口头命令执行　　　　　　　　　　D. 按电话命令执行。

8. 测量配电变压器低压侧负荷电流时，应（　　）。

    A. 填用第一种工作票　　　　　　　　　B. 填用第二种工作票

    C. 按口头命令执行　　　　　　　　　　D. 按电话命令执行

9. 不停电检修工作必须严格执行（　　）制度。

    A. 工作间断制度　　B. 工作转移制度　　C. 工作终结制度　　D. 工作监护制度

10. 操作票应由操作人员根据操作任务、设备系统的运行方式和运用状态填写，1份操作票填写（　　）个操作任务。

    A. 1　　　　　　　　B. 2　　　　　　　　C. 3　　　　　　　　D. 不限

三、多项选择题（每题2分，共10分。5个备选项：A、B、C、D、E。至少2个正确项，至少1个错误项。错选不得分；少选，每选对1项得0.5分）

1. 绝缘安全用具分为（　　）。

    A. 基本安全用具　　　　B. 主要安全用具　　　　C. 防护安全用具

    D. 一般防护用具　　　　E. 辅助安全用具

2. 在下列绝缘安全用具中，属于基本安全用具的是（　　）。

    A. 绝缘杆　　　　　　　B. 绝缘手套　　　　　　C. 绝缘靴

    D. 绝缘夹钳　　　　　　E. 绝缘垫

3. 下面绝缘安全工具试验周期为一年的是（　　）。

    A. 绝缘棒　　　　　　　B. 高压验电器　　　　　C. 绝缘手套

    D. 绝缘夹钳　　　　　　E. 绝缘靴

4. 下列哪些工作，应填用第二种工作票（　　）。

    A. 控制盘和低压配电盘、配电箱、电源干线上的工作

B. 二次系统上的工作，无需将高压设备停电但需要做一定安全措施者

C. 运行人员用钳形电流表测量高压回路的电流

D. 非运行人员用绝缘棒和电压互感器定相

E. 高压设备需要全部停电或部分停电者

5. 在电气设备上工作保证安全的技术措施有（   ）。

A. 停电   B. 验电   C. 执行工作票制度

D. 装设遮栏和悬挂标识牌   E. 挂接地线

四、填空题（每空 2 分，共 20 分）

1. 绝缘安全用具分为_____安全用具和_____安全用具。

2. 绝缘靴一般为辅助安全用具，但可作为防护_____触电的基本安全用具。

3. 携带式电流指示器通常叫钳形电流表，主要用来在_____线路的情况下测量线路_____。

4. 脚爬是攀登电杆的主要工具，应按电杆的直径选择大小，登杆前应对脚爬做_____检验，将脚爬系于电杆离地 0.5m 处，借人体重量猛力向下蹬踩，脚爬及脚套没有变形及任何损坏后方可使用。

5. 绝缘安全用具应定期做_____试验，登高安全用具如安全带应定期进行_____试验。

6. 凡在高压设备上进行检修、试验、清扫、检查等工作时，需要全部停电或部分停电者，应填写_____。

7. 带电作业和在带电设备外壳上工作，应填写_____。

五、名词解释（每题 5 分，共 10 分）

1. 基本安全用具

2. 辅助安全用具

六、问答题（每题 10 分，共 30 分）

1. 如何做好电气安全组织管理工作？

2. 使用电工安全用具应注意哪些事项？

3. 不停电检修的安全措施。

扫描封面二维码可获取自测题参考答案

参 考 文 献

[1] 杨有启. 电气安全工程 [M]. 北京：北京经济学院出版社，1991.

[2] 杨有启，钮英建. 电气安全工程 [M]. 北京：首都经济贸易大学出版社，2000.

[3] 钮英建. 电气安全工程 [M]. 北京：中国劳动社会保障出版社，2009.

[4] 夏洪永，俞章毅. 电气安全技术 [M]. 北京：化学工业出版社，2008.

[5] 梁慧敏，张奇，白春华. 电气安全工程 [M]. 北京：北京理工大学出版社，2010.

[6] 夏兴华. 电气安全工程 [M]. 北京：人民邮电出版社，2012.

[7] 徐格宁，袁化临. 机械安全工程 [M]. 北京：中国劳动社会保障出版社，2008.

[8] 崔政斌，王明明. 机械安全技术 [M]. 北京：化学工业出版社，2009.

[9] 胡兴志. 机电安全技术 [M]. 北京：国防工业出版社，2011.

[10] 王明明. 机械安全技术 [M]. 北京：化学工业出版社，2004.

[11] 《"绿十字"安全生产教育培训丛书》编写组. 机械与电气安全知识 [M]. 北京：中国劳动社会保障出版社，2008.

[12] 中国安全生产协会注册安全工程师工作委员会. 安全生产技术 [M]. 北京：中国大百科全书出版社，2011.

[13] 吉林省安全科学技术研究院，长春工业大学，长春工程学院. GB 4053.3—2009 固定式钢梯及平台安全要求 第3部分：工业防护栏杆及钢平台 [S]. 北京：中国标准出版社，2009.

[14] 辽宁省安全科学研究院，等. GB/T 6067.1—2010 起重机械安全规程 第1部分：总则 [S]. 北京：中国标准出版社，2011.

[15] 大连博瑞重工有限公司，等. GB/T 5972—2016 起重机钢丝绳保养、维护、检验和报废 [S]. 北京：中国标准出版社，2016.

[16] JGJ 46—2005 施工现场临时用电安全技术规范 [S].

[17] GB 50194—1993 建设工程施工现场供用电安全技术规范 [S].

[18] 上海电动工具研究所（集团）有限公司，等. GB/T 3787—2017 手持式电动工具的管理、使用、检查和维修安全技术规程 [S]. 北京：中国标准出版社，2018.

[19] 中华人民共和国水利电力部. 全国供用电规则，1983.

[20] 福建省闽旋科技股份有限公司，等. GB/T 16856—2015 机械安全风险评估实施指南和方法举例 [S]. 北京：中国标准出版社，2016.

[21] 上海电器科学研究所、施耐德电气（中国）投资有限公司. GB/T 3805—2008 特低电压（ELV）限值 [S]. 北京：中国标准出版社，2008.

[22] 机械工业北京电工技术经济研究所，等. GB/T 4208—2017 外壳防护等级（ZP代码）[S]. 北京：中国标准出版社，2018.

[23] 北京市劳动保护科学研究所. GB 12158—2006 防止静电事故通用导则 [S]. 北京：中国标准出版社，2006.

[24] GB 50054—2011 低压配电设计规范 [S]. 北京：中国标准出版社，2011.

[25] GB 50057—2010 建筑物防雷设计规范 [S].

[26] GB 50058—1992 爆炸和火灾危险环境电力装置设计规范 [S]. 北京：中国标准出版社，1992.

[27] 机械科学研究院中机生产力促进中心，等. GB/T 2900.1—2008 电工术语：基本术语 [S]. 北京：中国标准出版社，2008.

[28] SDJ8—1979 电力设备接地设计技术规程（中华人民共和国水利电力部）[S].

[29] 国家电力公司. 电力安全工器具预防性试验规程 [S]. 2002.

[30] 机械工业北京电工技术经济研究所，等. GB/T 13869—2017 用电安全导则 [S]. 北京：中国标准出版社，2018.

[31] GB 50005—2003 木结构设计规范［S］. 北京：中国建筑工业出版社，2005.

[32] 国家电网公司，等 . GB 26860—2011 电力安全工作规程发电厂和变电站电气部分［S］. 北京：中国标准出版社，2012.

[33] 国家电网公司，中国南方电网有限责任公司 . GB 26859—2011 电力安全工作规程电力线路部分［S］. 北京：中国标准出版社，2012.

[34] 国网电力科学研究院 . GB 26861—2011 电力安全工作规程高压试验室部分［S］. 北京：中国标准出版社，2012.